材料腐蚀

学科发展报告

REPORT ON ADVANCES IN MATERIAL CORROSION SCIENCE

中国科学技术协会 主编
中国腐蚀与防护学会 编著

中国科学技术出版社
·北 京·

图书在版编目(CIP)数据

2011—2012 材料腐蚀学科发展报告/中国科学技术协会主编;中国腐蚀与防护学会编著.—北京:中国科学技术出版社,2012.4
(中国科协学科发展研究系列报告)
ISBN 978-7-5046-6033-6

Ⅰ.①2… Ⅱ.①中… ②中… Ⅲ.①工程材料-腐蚀-学科发展-研究报告-中国-2011—2012 Ⅳ.①TB304-12

中国版本图书馆 CIP 数据核字(2012)第 042202 号

选题策划 许 英
责任编辑 夏凤金
封面设计 中文天地
责任校对 刘洪岩
责任印制 王 沛

出 版 中国科学技术出版社
发 行 科学普及出版社发行部
地 址 北京市海淀区中关村南大街 16 号
邮 编 100081
发行电话 010-62173865
传 真 010-62179148
网 址 http://www.cspbooks.com.cn

开 本 787mm×1092mm 1/16
字 数 300 千字
印 张 12
印 数 1—2500 册
版 次 2012 年 4 月第 1 版
印 次 2012 年 4 月第 1 次印刷
印 刷 北京凯鑫彩色印刷有限公司

书 号 ISBN 978-7-5046-6033-6/TB·85
定 价 36.00 元

2011—2012
材料腐蚀学科发展报告
REPORT ON ADVANCES IN MATERIAL CORROSION SCIENCE

首席科学家 肖纪美

专 家 组

组 长 曹楚南

副组长 陈光章 李晓刚

成 员 （按姓氏笔画排序）

王 佳 王福会 左 禹 乔利杰
杜翠薇 杨德钧 李 劲 李金许
李 瑛 张鉴清 林 安 林昌健
孟国哲 高 瑾 郭兴蓬 彭 晓
韩恩厚 路民旭

学术秘书 杜翠薇

序

科学技术作为人类智慧的结晶，不仅推动经济社会发展，而且不断丰富和发展科学文化，形成了以科学精神为精髓的人类社会的共同信念、价值标准和行为规范。学科的构建、调整和发展，也与其内在的学科文化的形成、整合、体制化过程密切相关。优秀的学科文化是学科成熟的标志，影响着学科发展的趋势和学科前沿的演进，是学科核心竞争力的重要内容。中国科协自2006年以来，坚持持续推进学科建设，力求在总结学科发展成果、研究学科发展规律、预测学科发展趋势的基础上，探究学科发展的文化特征，以此强化推动新兴学科萌芽、促进优势学科发展的内在动力，推进学科交叉、融合与渗透，培育学科新的生长点，提升原始创新能力。

截至2010年，有87个全国学会参与了学科发展系列研究，编写出版了学科发展系列报告131卷，并且每年定期发布。各相关学科的研究成果、趋势分析及其中蕴涵的鲜明学术风格、学科文化，越来越显现出重要的社会影响力和学术价值，受到科技界、学术团体和政府部门的高度重视以及国外主要学术机构和团体的关注，并成为科技政策和规划制定学术研究课题立项、技术创新与应用以及跨学科研究的重要参考资料和国内外知名图书馆的馆藏资料。

2011年，中国科协继续组织中国空间科学学会等23个全国学会分别对空间科学、地理学(人文-经济地理学)、昆虫学、生态学、环境科学技术、资源科学、仪器科学与技术、标准化科学技术、计算机科学与技术、测绘科学与技术、有色金属冶金工程技术、材料腐蚀、水产学、园艺学、作物学、中医药学、生物医学工程、针灸学、公共卫生与预防医学、技术经济学、图书馆学、色彩学、国土经济学等学科进行学科发展研究，完成23卷学科发展系列报告以及1卷学科发展综合报告，共计近800万字。

参与本次研究发布的，既有历史长久的基础学科，也有新兴的交叉学科和紧密结合经济社会建设的应用技术学科。学科发展系列报告的内容既有学术理论探索创新的最新总结，也有产学研结合的突出成果；既有基础领域的研究进展，也有应用领域的开发进展，内容丰富，分析透彻，研究深入，成果显著。

参与本次学科发展研究和报告编写的诸多专家学者，在完成繁重的科研项目、教学任务的同时，投入大量精力，汇集资料，潜心研究，群策群力，精雕细琢，体现出高度的使命感、责任感和无私奉献的精神。在本次学科发展报告付梓之际，我衷心地感谢所有为学科发展研究和报告编写奉献智慧的专家学者及工作人员，正是你们辛勤的工作才有呈现给读者的丰硕研究成果。同时我也期待，随着时间的久远，这些研究成果愈来愈能够显露出时代的价值，成为我国科技发展和学科建设中的重要参考依据。

2012 年 3 月

前　言

腐蚀是环境引起的材料退化，导致的直接后果就是缩短工程材料的使用寿命和灾难性的事故，例如：飞机的坠毁、舰船的沉没、石油管线及储罐的爆炸、桥梁倒塌及海上石油钻井平台的损毁等，不但会造成严重的人员伤亡，而且带来巨大的经济损失和环境污染。据统计，发达国家的材料腐蚀经济损失占其年生产总值的2%～4%。在我国，据不完全统计，每年为腐蚀支付的直接费用已达人民币2000亿元以上，如果考虑间接损失，腐蚀费用的总和超过10000亿元。另外，腐蚀还威胁着环境安全，腐蚀产物或由腐蚀引发的化学物质的泄漏可能严重污染水资源、大气和土壤资源。腐蚀造成的材料使用寿命的缩短，将造成装备生产力的损失、基础设施的恶化、军事装备与工业设施服役能力的降低，会给公共安全和国防建设造成极大的风险。由此可见，腐蚀学科的发展对国民经济各个领域的发展和国防建设有着举足轻重的作用。特别是随着大规模基础设施建设投入的增加，材料腐蚀控制问题更是关系到国家建设的百年大计，对我国材料腐蚀状况的了解，特别是腐蚀学科的建设与发展就变得尤为重要。

我国腐蚀与防护学科经过几十年的积累和发展，不但支撑了我国制造业和国民经济的高速发展，而且正在脱颖而出，成为引领世界腐蚀与防护研究的重要力量。

感谢中国科学技术协会及其各级领导对本学科的长期大力支持，特别是给了这次展示学科发展状况的机会，不但资助，而且在每一个时间节点上关心和指导了本书的出版。

感谢中国腐蚀与防护学会原理事长肖纪美院士的大力支持，九十岁高龄的肖纪美院士担任了本书的首席科学家，并亲自审查了全文。我国腐蚀电化学的奠基人、原理事长曹楚南院士担任本书专家组的组长。两院院士师昌绪也对该项工作给予了大力支持和指导。

中国腐蚀与防护学会理事长、中船重工第七二五研究所副总工程师陈光章研究员一直关注和指导本书的编写工作。中国腐蚀与防护学会秘书长、北京科技大学李晓刚教授，哈尔滨工程大学孟国哲教授和中国腐蚀与防护学会常务副秘书长、北京科技大学杜翠薇教授负责起草了综合报告；中国腐蚀与防护学会监事长、北京化工大学左禹教授，中国腐蚀与防护学会常务理事、浙江大学张鉴清教授，腐蚀与防护国家重点实验室主任、中国腐蚀与防护学会常务理事王福会研究员，中国腐蚀与防护学会副理事长、北京科技大学乔利杰教授，复旦大学李劲教授等不但起草了分报告，而且多次对综合报告进行精心修改。各分报告作者也不辞辛劳，多次修改报告，圆满完成了任务。

腐蚀与防护国家重点实验室2011年度的学术委员会会议专门审核了本书，武汉大学林安教授、北京航空航天大学宫声凯教授、厦门大学林昌健教授、华中科技大学郭兴蓬教授、中国科学院金属研究所韩恩厚研究员、大连理工大学雷鸣凯教授等提出了很多建议和修改意见。中国腐蚀与防护学会八届五次常务理事会审核了本书，出席会议的36位常务理事和企业副理事长孙明先、毕士君和吴金岳高级工程师都提出了宝贵的意见。北京科技大学博士后刘智勇、博士生孙飞龙协助了部分数据查询工作。

中国腐蚀与防护学会秘书处杜翠薇教授进行了大量的组织和文字编辑工作，杨德钧教授、李久青教授、程学群副教授、肖葵博士、张小红研究员、张钦京研究员和孙辉、靳宛平、李月秘书以及武汉材料保护研究所高工张帆也参加和协助了本项工作。

因此，可以说本书是我国腐蚀与防护学科老、中、青三代学者集体智慧的结晶，是近百位学者大力协同、合作研究的结果。在此，向所有参与本书编写和出版工作的学者和工作人员，特别是向中国科协各级领导和中国科学技术出版社的编辑们表示深深的谢忱！并衷心祝愿我国腐蚀与防护学科蓬勃发展、人才辈出、成果卓著，为国家经济和国防建设作出更大的贡献！

中国腐蚀与防护学会秘书长
北京科技大学教授　李晓刚

2012年1月12日

目　录

综合报告

专题报告

ABSTRACTS IN ENGLISH

Comprehensive Report

Reports on Special Topics

综合报告

材料腐蚀学科发展研究

一、引言

腐蚀是材料受环境介质作用而破坏的现象。腐蚀、疲劳与磨损是结构材料、部件与装备的三大失效方式。腐蚀也是各类功能材料的重要失效方式之一。据发达国家统计，每年因腐蚀造成的损失是水灾、风灾和地震等自然灾害总和的5倍以上。因此，各国无不对腐蚀研究与防护技术的开发和利用给予高度重视。产业与社会发展的需求构成了腐蚀学科持续繁荣发展的强大动力；同时，物理、化学等基础学科的进步构成了腐蚀研究深入发展的科学支撑。

腐蚀学科作为一门应用科学，其目的主要在三个方面：一是澄清不同材料/环境体系下的腐蚀规律与机制，服务于选材与材料开发、结构与工艺设计、优化、失效分析、可靠性评价与寿命预测；二是发展防护技术，有效控制材料腐蚀的过程；三是发展腐蚀检监测理论与技术，以实现结构服役状况的评价。

腐蚀学科的基础理论框架是在20世纪前半叶确立的。以1929年Evans建立的腐蚀金属极化图，1933年Wagner建立的氧化扩散理论和1938年Pourbaix建立的电位－pH值图等为重要基础内容。此后，针对多元与多层次的具体问题，以辐射方式多方向发展。由于材料与环境因素的复杂性，腐蚀研究与各基础学科相比，较多地体现出经验性特点，以阐明腐蚀规律和控制方法有效性为主要特征。

近年来，国际上腐蚀研究的主要趋势是：①在材料上趋于多元化。由传统材料为主向传统与功能材料并重方向发展。②在环境上，逐渐向特殊、苛刻条件发展，并考虑光声力热电磁及生物物质影响。③现代物理理论与实验技术基础上的微观与深度方向的发展。④新的表征与腐蚀控制技术。环境保护、新能源、资源节约、生物技术、电子信息技术、空间技术、国防技术的发展是腐蚀工作者日益关注的新领域，构成了广大的新生长点。

由于腐蚀学科的经验性与积累性，在我国，腐蚀研究具有很好前途。近年来腐蚀研究的进展大体在以下三个方面：①跟踪国际前沿热点，取得了大量基础性研究结果。这方面的工作体系与实验方法新颖。虽然尚未形成强势的基础研究方向，但体现在大量的基础研究课题与论文发表上，研究非常活跃且有很好的学科研究显示度，并通过这些工作培养了大量研究生。②跟踪、理解性的研究取得较好成果。这方面的工作虽然体系方法重复国外已有工作，但是系统性好，水平较高，对整体水平提升发挥了重要作用。缺点是创新性不强。③各种防护技术与产品的引进消化，促进了技术进步，缩短了与国际先进水平的差别。同时，也出现数量较多的新方法的探索和自主知识产权的防护技术，这方面的工作表现的尚不成熟，但是已成为广泛努力的一个重要方向。

腐蚀学科是一门融合多种学科的综合交叉学科，其理论研究与材料科学、化学、物理学、表面科学、力学、生物学、环境科学和医学等学科密切相关；其研究手段包括各种现代电化学测试分析设备(如微区电化学测量与分析系统)、先进的材料微观分析设备(如环境扫描电镜和原子力显微镜)、现代物理学的物相表征技术(如激光拉曼光谱)和先进的环境因素测量装备(如色谱仪等);其防护技术应用范围涉及各种工业领域的介质环境,大气、土壤、水,甚至太空等自然环境。

腐蚀学科又是一门工程应用学科,目前,不仅一系列标准化、规范化的材料腐蚀与防护技术的观测、分析、表征、测试与评价研究方法和实验技术已经建立,而且大批相关标准与规范方法与技术正在发展过程中;材料腐蚀学还是一门依赖于基础数据的学科,无论是材料腐蚀基础理论和机理研究,还是发展防护技术和建立实验技术与方法,必须不断积累材料在各种环境中的腐蚀数据,这些数据才是构成本学科所有理论、技术和方法的基础。材料腐蚀数据积累必须采用标准化与规范化的方法采集获得,只有这样,这些数据才具有科学性与实用性。

1949 年后,我国的材料腐蚀理论研究和防护技术的发展,一直得到高度重视,以张文奇、石声泰、左景伊、肖纪美、曹楚南和李铁藩等为代表的一代学者奠定了我国腐蚀与防护学科的基础,他们不仅是一代研究宗师,也是腐蚀与防护学科的教育大师,奠定了我国腐蚀与防护学科教育体系的基础,为我国经济和国防建设作出了巨大贡献。改革开放以后,随着经济的高速增长和工业体系的日渐完备,腐蚀学科理论和各种防护技术得到快速发展,这一时期我国有关腐蚀学科理论研究和各种防护技术工程学科的发展不仅完全可以解决自己出现的各种材料腐蚀问题,而且正逐渐成为世界上该学科的重要组成部分,且焕发出朝气蓬勃的活力。

近 10 年来,我国材料腐蚀学科发展特点为:传统腐蚀理论迅速从金属材料扩展到陶瓷、高分子材料、复合材料等所有的材料,从结构材料扩展到功能材料,学科呈现高度分化的趋势;理论研究特别是电化学理论研究日趋完善,并将重点转向局部腐蚀电化学理论研究上;宏观大尺度、微米尺度、分子尺度等各个层次的腐蚀规律研究全面展开;多种基础学科交叉的成果进一步迅速渗透到材料腐蚀的理论研究中;多种现代测试技术用于腐蚀理论研究的表征,极大地推动了腐蚀理论研究;腐蚀防护技术规模日益扩大,不仅渗透到所有工业领域和民用领域以及军事领域,而且自身也形成了包含有产业和服务业等庞大的行业,并且向标准化、规范化和大规模化方向发展。

近 3 年来,我国制造业规模达到世界第一,质量也正在快速发展提升中,腐蚀学科也得到迅速发展,在基础研究方法方面,在腐蚀电化学上,例如微区腐蚀电化学、薄液膜电化学、各尺度尤其是微纳米尺度的腐蚀机理等研究取得了较多原创性成果。2010 年国际上发表的腐蚀科学相关 SCI 论文数约为 1995 年的 3 倍,表明过去的 15 年是腐蚀科学蓬勃发展的 15 年,2010 年国内发表的腐蚀科学相关 SCI 论文数约为 1995 年的 16 倍,表明我国腐蚀科学研究活跃,发展已经进入一个全新的阶段。发表 SCI 论文最多的国家是美国,为 12467 篇,达到了 17.9%。表明美国作为全球最发达国家,对腐蚀科学的研究是领先的。中国 SCI 论文达到了 7803 篇,占到总数的 11.2%,位居世界第二,这表明我国腐蚀与防护基础研究不仅已经成为国际腐蚀与防护研究的重要部分,而且也处于世界领先水平;在防护技术方面,我国各类传统和新型耐蚀材料、缓蚀剂、各类新型涂层与涂料和电化学保护新技术基本突破跟踪期,正在进入发展快车道的起点上,成为推动我国,乃至世界腐蚀与防护学科发展的重要推动力；在腐蚀与防护产业和企业发展方面，发展速度更加惊人！除了各类大中型企业更加重视发展腐蚀与防护技术外，超过万家的民营企业应运而生，从业人员超过300万人，成为我国腐蚀与防护学科的重要生力军。另一方面，随着我国经济快速发展和经济活动范围的不断拓展，各种新设备不断出现，前所未有地开拓了材料的服役环境(例如高原极端环境、严酷的海洋环境与深海开发、地球深层开采、核电极端环境、航空航天新环境、高铁设备面临的海洋大气和污染环境)。此外，日益严重的环境污染和中国制造的产品迅速在世界各地服役所面临的各种环境等，对我国腐蚀与防护学科的确提出了严峻的挑战。

挑战就是机遇。虽然我国已经在材料腐蚀研究与防护技术研发方面已取得了不小的成就，但是我们基础研究属于跟踪研究，尚未形成在基础理论研究方面能够牵引国际研究发展的强势研究方向；高端研究设备需要进口，尚未形成为数较多的重要原创性研究方法；微纳米尺度的腐蚀机理研究尚处于入门阶段，导致耐蚀材料服役寿命明显劣于国外产品；对特殊极端和新型环境条件下的腐蚀机理研究较少，例如人体环境腐蚀机理研究基本没有开展；防腐蚀技术整体水平较低；等等。本报告在回顾我国近年来腐蚀与防护学科的重要研究成果的基础上，将国内外研究进行对比分析，试图给出我国腐蚀与防护学科的发展方向、趋势和不足之处。希望本报告能够见证我国由材料腐蚀研究与防护技术大国向材料腐蚀研究与防护技术强国转变的过程。

二、最新研究进展

(一)腐蚀电化学最新研究进展

腐蚀电化学是腐蚀学科的理论灵魂，也是学科的主体部分。我国从事腐蚀电化学研究的主要单位有浙江大学、中科院金属研究所、北京科技大学、厦门大学、武汉大学、天津大学、中国海洋大学、哈尔滨工业大学、哈尔滨工程大学和华中科技大学所属的腐蚀研究团队。其中浙江大学曹楚南院士不仅是我国腐蚀电化学的奠基人，而且具有重要的国际影响。30年来，他的研究团队在腐蚀电化学研究上一直具有代表性，特别是提出的电化学阻抗的分析理论与模型为宏观腐蚀电化学作出了重要贡献。在腐蚀电化学研究方面，近年来的研究热点主要集中在腐蚀电化学噪声解析、薄液膜腐蚀电化学、纳米尺度腐蚀电化学和新型和极端环境腐蚀电化学等四个方面。

在腐蚀电化学噪声解析研究方面，主要表现为在积累了较多的电化学噪声信号与腐蚀行为之间关系的基础上，开始较系统地探索其理论关系。例如北京航空材料研究院陆峰研究员团队与天津大学宋诗哲教授团队合作，采用电化学噪声技术和大气腐蚀便携式现场实时监测系统，对北京地区大气环境下铝合金腐蚀过程进行长期监测，探索了电化学噪声方法在铝合金腐蚀现场监测方面的应用及腐蚀速率表征参数，认为噪声电阻 R_n 和电流噪声标准偏差 SI 可作为反映铝合金大气腐蚀速率的表征参数[1]。南昌航空大学杜楠教授团队采用电化学噪声和电化学阻抗谱技术，研究1Cr18Ni9Ti不锈钢在3.5%NaCl溶液中的早期腐蚀行为，认为在浸泡初期(0—48h)和中期(48—60h)，电化学噪声电位、电流能完整表征电蚀生成和长大过程[2]。华中科技大学郭兴蓬教授团队通过测量16Mn钢在0.1mol/L Cl^- +

0.5mol/L HCO^{-3}溶液中的电化学噪声，发现在点蚀诱导期，亚稳态蚀点的形核速率 λ 不到 $0.002s^{-1}$，噪声电流峰平均宽约 3—5s，而噪声电位峰却平均宽达 200s；在点蚀从亚稳态转变为稳态过程中，λ 急剧增加，且电流噪声峰宽度也开始增加，但电位峰宽度却开始减小。随着局部腐蚀进入稳定发展期，噪声中出现了大尺度的波动，且噪声电位峰与电流峰宽度基本相等，但 λ 却有所下降。宏观点蚀的出现导致噪声电阻 Rn 迅速下降，在腐蚀进入稳定发展期后逐渐趋于稳定[3]。哈尔滨工业大学李宁教授团队采用同电极体系，测量了电沉积镍、铜镀层以及铂片在 HCl 和 NaCl 溶液中的电化学噪声，认为噪声电阻是评价材料耐蚀性的重要指标，而点蚀指数反映了电极表面反应的均匀程度；高频段斜率可以用于评价镀层发生腐蚀的类型，白噪声水平可作为判断材料耐蚀性的指标之一[4]。浙江大学曹楚南院士、张鉴清教授团队应用电化学噪声技术对航空铝合金结构材料 LC4、LY12 及纯铝在 NaCl 溶液中的腐蚀过程进行了研究，发现不同材料在发生点蚀时其电化学噪声的时域谱波形特征各不相同，电化学噪声的频域谱 SPD 曲线的三个特征参数：白噪声水平 W，截止频率 f_c 和高频线性部分的斜率 K 均随浸泡时间的延长而变化，在发生点蚀时三者均趋于极值，但三者都不能单独正确地表征点蚀的强度和趋势。实验结果同时表明：点蚀时从不同材料的 SPD 曲线获得的点蚀参数 S_E 和 S_G 的数值具有一致性，且与未点蚀时的参数值存在着明显的区别，S_E 和 S_G 分别主要反映腐蚀过程的快步骤信息和慢步骤信息[5]。同时，他们还创新性地采用电化学噪声的 EDP(相对能量分布)谱图实现了金属镀层结构和性能及金属腐蚀类型在线监测；开发了电化学噪声分析软件 ENAN，该软件可以分析实验室现有电化学工作站所采集的电化学噪声，得到功率密度谱(PSD)和点蚀判据 S_E/S_G。近期，他们还将混沌分析和分形引入到局部腐蚀行为的研究中，初步建立具有确定性的随机电化学噪声与局部腐蚀之间的本质联系。

在薄液膜腐蚀电化学研究方面，主要集中在稳态薄液膜和非稳态薄液膜腐蚀、电化学上，尤其是薄液膜腐蚀电化学阻抗测试解析及对腐蚀机理的表征是其中的研究热点。在稳态薄液膜腐蚀电化学方面，浙江大学曹楚南院士、张鉴清教授团队设计了独特的试验装置，对镁合金、纯铜和青铜合金开展了系统的研究。研究表明：AM60 镁合金在 NaCl 本体溶液和薄液膜下均表现为中高频两个容抗弧和低频感抗行为，且中高频的两个容抗弧存在部分重叠现象。中频容抗弧与电荷转移过程有关，而低频较为离散的感抗行为则与镁合金的高活性有关，薄液膜下腐蚀形式存在“未破坏区域”和严重的局部腐蚀区域。薄液膜下局部孔核形成受到抑制，而孔生长过程则被加速，并解析提出了一个简单腐蚀模型，表明薄液膜下阴阳极反应均受到抑制。北京科技大学李晓刚教授团队也有类似的研究工作，对典型铝合金 7A04 在 0.6mol/L NaCl 和 1mol/L Na_2SO_4 溶液(pH 值为 5)不同厚度薄液膜下的电化学规律进行了系统研究，阴极极限电流密度都接近或高于其在本体溶液中的电流密度，表明阴极极化曲线没有受到电流密度分布不均匀的影响；薄液膜下的阴极极化曲线与标准的扩散控制阴极极化曲线存在偏离，表现为氧的还原电流在极限区随阴极过电位的增大而增大，薄液膜下的电化学阻抗谱测试过程中电流分布比较均匀，测试结果没有受到电流密度分布不均匀的影响。铝合金 7A04 电极在 1mol/LNa_2SO_4 溶液(pH 值为 5)薄液膜下的阻抗谱结果表明：随腐蚀时间的延长，铝合金 7A04 的腐蚀速率增加；在腐蚀前期(0—96 小时)，在 110μm 液膜厚度下腐蚀速率最大；腐蚀后期(96—168 小时)，在 110μm 液膜厚度下电极的腐蚀速率趋于稳定，本体溶液中铝合金 7A04 腐蚀速率继续增大并达到最大[6]。华中科技大学郭兴蓬教授课题组近两年建立吸附薄液膜研究装置，并研究吸附液膜对印刷电路板用铜 PCB－Cu 腐蚀行为的影响，主要研究结论为液膜厚度的变化能改变溶解氧的扩散传质过程，腐蚀产物的累积和溶解金属离子的水合过程等影响腐蚀速率。

非稳态薄液膜腐蚀电化学的代表性研究工作主要来自于中国海洋大学王佳教授团队，他们最近在研究干湿交替循环大气环境中腐蚀电位分布变化时，发现了腐蚀原电池电动势随干湿循环次数增加而线性增加的现象，证实了薄液膜厚度动态变化会加速腐蚀电化学过程。此外亦发现了阴极电化学过程随着三相线界面区长度的增加而线性增加的行为，证实了薄液膜的分散程度对腐蚀电化学过程也具有重要的加速作用。经过近年的系统研究，在非稳态薄液膜腐蚀电化学领域获得若干深入认识，包括提出了微液滴形成和三相线界面区液/金属界面电荷状态是接触角随阴极极化及溶液性质变化的主要原因；液相分散程度对气相环境金属腐蚀速度具有重要影响，可以用三相线界面区参数评价大气腐蚀行为；多种电化学方法研究结果证实碳钢阴极极限电流和腐蚀速率均随三相线界面区的宽度的增加而线性增加；采用分区积分法分析了三相线界面区的阴极极限电流密度的变化，建立了气/液/金属三相线界面区长度及宽度阴极反应速度的数学模型 TPB－Model，并对大气腐蚀和土壤腐蚀的薄液膜腐蚀行为和机理进行了分析与实验。以上薄液膜形态对大气腐蚀过程影响、作用机理和预测模型研究的成果，不仅对深入认识大气、飞溅区、土壤和混凝土钢筋等“气/液/固”复杂腐蚀体系的过程特征和作用机理，发展动态分散薄液膜电化学测试技术和数据解析方法等具有重要意义，而且能够丰富和深化材料的薄液膜腐蚀电化学理论，是我国为数不多的在国际上正在形成优势研究的一个方向。

纳米尺度腐蚀电化学研究应该是极其重要的研究热点，目前制约我国耐蚀材料长寿命服役的关键点之一就是这方面基础研究薄弱。代表性的研究团队是中科院金属研究所王福会、李瑛研究员团队：采用磁控溅射技术制备的溅射纳米晶金属薄膜与同成分的传统粗晶合金相比开展研究发现，当金属材料的腐蚀形式为活性溶解时，纳米化将显著促进材料的腐蚀，且存在明显的尺寸效应，腐蚀速度随晶粒尺寸的减小而增大，而当金属材料在腐蚀介质中具有钝化倾向或金属表面可以形成腐蚀产物膜时，纳米化将提高金属的钝化能力和耐点蚀能力。例如，研究发现纳米化改变了不锈钢的 1/8 规则，使原本不具备钝化能力的 Fe－10Cr 合金表面形成了稳定的钝化膜[7]，使众多具有钝化能力的合金如 Fe－20Cr、纯 Al、高温 Ni 基合金等的耐点蚀能力显著提高，进一步对决定钝化膜性能的钝化膜原位生长机制，钝化膜的破坏行为和点蚀行为进行深入探讨的研究结果显示，纳米材料的钝化膜形核方式均为瞬时形核，而传统轧制粗晶 304 不锈钢钝化膜形核方式为连续形核，纳米化提高了亚稳态点蚀的形成速度但却降低了亚稳态点蚀向稳态点蚀转化的可能性，降低了稳态点蚀的形成速度，有效抑制了稳态点蚀的生长，提高了材料的耐点蚀能力[8]。

新型和极端环境腐蚀电化学研究主要体现在深海、中高温和核电环境等方面。对深海腐蚀电化学的研究，我国正在起步并且出现协同研究的格局，主要研究单位有中国科学院金属研究所、北京科技大学、中船重工第七二五研究所、哈尔滨工程大学、浙江大学、中国科学院海洋研究所和中国海洋大学相关的课题组。目前该研究方向主要针对金属深海腐蚀异常现象的试验观察和现役防腐涂层体系在深海高静水压力环境下的失效机制进行探讨，并对在该环境下涂层失效过程的电化学分析方法进行尝试。随着我国蛟龙号深潜器突破 7000m 大关，这方面相关研究可能在未来形成我国腐蚀研究的“亮点”。中高温腐蚀电化学研究方面，代表性的研究团队是中国科学院金属研究所王福会研究员团队，他们针对长期在近海地区工作服役温度为 400－700℃的飞机发动机叶片腐蚀严重的研究结果表明：固态 NaCl 和水蒸气协同作用加速金属/合金的腐蚀，并提出了一个新的中温电化学腐蚀“动态水膜理论”理论，认为由于水蒸气不断的在基体表面吸附、脱附形成动态水膜，为电化学腐蚀反应的发生提供了条件，金属作为阳极发生溶解，形成水合金属氧化物的疏松氧化膜，并很好地解释了实验现象。近期李瑛团队将电化学测试技术引入到该研究领域，不仅证实了体系中电化学腐蚀历程的存在，验证了动态水膜理论的可靠性，而且发现虽然电化学腐蚀历程的份额在整个腐蚀历程的所占比例不足 5%，但却使材料的总体腐蚀速度提高了 4 倍以上，进一步的化学氧化和电化学腐蚀历程间的协同作用机制研究表明，腐蚀电化学历程的存在是以催化作用的形式强烈促进了整体腐蚀历程的发展，进而大大提高了材料的腐蚀速度[9]。核电环境腐蚀电化学研究代表性团队是中科院金属研究所韩恩厚研究员团队和苏州热工研究院团队：针对核电站环境中的腐蚀损伤实质上是核电材料在高温高压水中的电化学行为，开发高温高压环境中 pH 值在线电化学测试系统，能够准确测定在 550℃ 以内的任意温度的实验介质中的电位和 pH 值，精度达±0.01pH单位；304 不锈钢和 625 镍基合金在模拟核电站回炉高温高压水中的电化学动力学与常温条件下不同，高温下是由化学反应控制，常温下则是由离子在液相中的迁移控制，同时，其电化学特征与材料自身的微观结构、表面膜的化学成分、膜的微观结构与电子结构及损伤存在一定关系。690 合金在模拟缝隙水化学条件下，无论是在高温还是常温下都表现出由离子在液相中的迁移控制[10]。

（二）局部腐蚀机理研究最新进展

局部腐蚀机理研究是腐蚀与防护学科研究前沿关注的另一个重要方面，因为灾难性的腐蚀事故多由局部腐蚀诱发。近年来，我国学者在局部腐蚀领域也开展了大量研究工作并取得不少重要进展。厦门大学林昌健团队用扫描电化学探针研究了钢的局部腐蚀，结果表明，Cl^- 优先吸附并聚集在表面的缺陷位置，导致小孔萌生并发展，钢中的硫化锰夹杂是最容易诱发小孔腐蚀的缺陷[11]。北京科技大学乔利杰教授课题组发现氢对点蚀有巨大的影响，无氢不锈钢在 6%$FeCl_3$ 溶液中浸泡一个月也不发生点蚀，含氢时则在几个小时内就发生大量点蚀，原子力显微镜研究表明，氢在晶界、相界和铁素体相内富集形成大量的低电位区，从而导致点蚀的发生。韩恩厚研究员团队用扫描电化学显微镜和原子力显微镜研究了划痕对合金 690TT 在 10%NaOH 溶液和 250℃高温高压水中的局部腐蚀的影响，电化学测试表明，划痕部位电化学活性增强，划痕沟及整个形变区作为阳极具有最高的峰值电流，较强的局部腐蚀可以在沟槽底部诱发裂纹[12]。

关于亚稳态孔蚀行为我国学者也开展了不少研究。北京化工大学左禹教授团队的研究表明，碳钢和纯铁上亚稳态小孔形成并再钝化后，钝化的小孔及其周边区域仍然是后续亚稳态小孔优先形核的位置，从而容易形成聚集态的小孔；小孔很容易沿着表面的划痕沟槽形成，说明除了夹杂物以外，表面的几何形态在小孔最初的形核过程中也起着重要作用；电化学信号特征与实际小孔的大小和数目存在良好的一致性。不同离子对亚稳态小孔与稳态小孔生长有相似的影响，表明二者的生长过程本质相同[13]。复旦大学李劲教授团队利用超声换能器与电化学电池结合研究了不锈钢的小孔腐蚀，通过超声作用能够控制亚稳态或稳态小孔生长过程中小孔上部的膜盖破裂，证实了膜盖对小孔稳定性的作用。较浅的小孔上膜盖破裂会导致小孔钝化，而深孔则有可能在无膜盖条件下继续生长。研究还表明，循环极化测量的再钝化电位能够较好地描述小孔内部闭塞区的行为[14]。华中科技大学董泽华教授等用电化学噪声法研究了 Q345 钢在混凝土孔隙液中的亚稳态孔蚀行为，亚稳态小孔的萌生速度开始时迅速增大，但随后达到一个稳定值；稳态孔蚀发生后，亚稳态小孔的形核受到锈层的诱发而主要发生在锈层边缘。李晓刚教授团队引入原胞自动机算法用计算机模拟了小孔腐蚀过程，结果与试验一致，并分析了影响亚稳态小孔转变为稳定小孔的主要因素如扩散条件、小孔半径等的影响[15]。

李瑛等的结果表明：纳米晶涂层的孔蚀阻力明显高于普通多晶合金，其亚稳态孔蚀频率增大，而稳定蚀孔形核与生长速度降低，认为纳米晶促进了钝化膜中纳米尺寸的氧化物离子的形成和生长，从而增强了涂层的再钝化能力。中科院金属研究所吴欣强等研究了 304 不锈钢在 H_2SO_4 溶液中发生孔蚀时的声发射特征，观察到两种类型的声发射信号，认为小孔内产生的氢气泡是声信号的来源。郭兴蓬等研究了 13Cr 不锈钢在 NaCl 溶液中的晶间腐蚀，考虑了缝隙开口尺寸和缝外/内面积比 r 的影响，r 值增大使缝隙腐蚀孕育期延长，但一旦腐蚀发生，其发展速度更快。李劲等对双环电位反应测量晶间腐蚀敏感性的方法进行了改进，针对双相不锈钢 UNS S31803 得到了晶间敏化试验的优化条件。

局部腐蚀研究中最困难的部分莫过于由环境和应力因素联合诱发的腐蚀开裂裂纹起始和扩展规律与机理研究，其中裂纹顶端的力学一化学行为与腐蚀机理的认识是关键，但是总体来看，近 20 多年来，有关应力腐蚀机理研究进展不大，主要原因是缺乏对裂尖部位的微区测量与观察的结果。在应力腐蚀研究方面有较多研究工作的单位是中国科学院金属研究所柯伟院士团队，北京科技大学乔利杰教授、吴荫顺教授、李晓刚教授和路民旭教授团队，天津大学宋诗哲教授团队，中国科学院海洋研究所黄颜良教授等。

应力腐蚀研究热点主要集中在裂纹顶端的力学一化学行为与腐蚀机理和各种新型环境的应力腐蚀两个方面，例如土壤环境、大气环境下高强管线钢的应力腐蚀机理与规律、油气管线硫化氢应力腐蚀开裂、二氧化碳应力腐蚀开裂、核电材料应力腐蚀开裂等。柯伟院士团队在高强管线钢土壤应力腐蚀行为与机理方面开展了较多的研究。乔利杰等对模拟土壤溶液中管线钢应力腐蚀裂纹的起始和扩展速率进行了系统研究与测量，并对其机理进行了深入的分析。他们对铁电功能材料环境开裂行为与机理研究，对其环境开裂行为有了更深入的认识，取得了一系列创新性结果。刘智勇、李晓刚和杜翠薇等[16]围绕 X70 级管线钢在我国酸性土壤环境中的 SCC 可能性及其发生的规律和机制开展研究，探索了确定酸性土壤实验室模拟介质的方法，研究了 X70 钢及其焊缝区组织在鹰潭土壤环境中的 SCC 行为规律及机制，随着外加电位的变化而呈现阳极溶解机制（AD）、氢脆机制（HE）、AD 和 HE 复合机制（AD＋HE）。各机制电位区可以通过快速和慢速扫描极化曲线的对比关系确定。用快扫和慢扫极化曲线结合 SSRT 方法可以计算各种机制下的

SCC 的敏感性，其计算结果与实测结果能很好地吻合。李晓刚、董超芳和生海等[17]利用扫描开尔文探针技术对 2024－T351 铝合金 WOL 试样在 3.5%NaCl 溶液中浸泡前以及浸泡不同时间后裂纹附近区域伏打电位的分布情况进行了测量，浸泡前，与远离裂纹尖端的区域相比，裂尖具有较负的伏打电位。这说明在裂尖区域内电子具有较高的能量和电化学反应活性。当 WOL 试样与溶液接触后，裂尖区域内的伏打电位明显增加，并且较远离裂纹尖端区域更正。这是由于在外加应力的作用下，在裂纹尖端储存有较大的弹性能并出现大量的位错露头，使得该区域内的电化学活性明显高于远离裂尖的区域。2024－T351 铝合金在 NaCl 溶液中的腐蚀产物主要为铝的氧化物以及 S 相发生选择性溶解后残余的富 Cu 颗粒。以上两种腐蚀产物均具有较正的腐蚀电位，因此导致裂尖区域伏打电位的正移。但由于 WOL 试样裂尖的应力强度因子随裂纹的扩展而不断降低，因此应力对裂尖区域内的阳极溶解过程的促进作用逐渐减弱，导致裂尖具有较正的伏打电位的区域随浸泡时间的增加而不断扩展。陆峰研究员团队针对新型高强度铝合金 2D12，采用慢应变速率拉伸试验对其应力腐蚀开裂敏感性进行评价，并研究电化学极化对对铝合金应力腐蚀断裂敏感性的影响。

镍基合金在核电站压力容器高温水环境中应力腐蚀开裂，主要是由裂纹尖端的腐蚀环境、应力和材料共同作用下的电化学阳极反应，从 SCC 裂纹尖端的腐蚀环境、应力和材料各参量入手，定量预测各种核结构材料在高温水环境下的应力腐蚀开裂速率已成为核电站结构安全研究工作者的一个重要研究领域。经过近年来的努力，在定量预测高温水环境中镍基合金和不锈钢应力腐蚀开裂速率研究方面已取得了丰硕的成果，但如何提高高温水环境中镍基合金应力腐蚀开裂速率预测精度仍是相关研究工作者关注的焦点之一。裂尖氧化膜形成与破裂理论被广泛应用于定量预测高温水环境中镍基合金应力腐蚀开裂速率。薛河等对镍基合金应力腐蚀裂尖氧化膜力学特性进行了分析，裂纹尖端氧化膜形成与破裂是核电站压力容器高温水环境中镍基合金材料应力腐蚀开裂（SCC）的主要过程之一。由于应力腐蚀裂纹尖端形貌和扩展方式的特殊性，利用 ABAQUS 有限元软件的子模型技术，在微观尺度下对由裂尖氧化膜和基体金属共同构成的应力腐蚀裂尖应力应变场进行了分析。结果表明，SCC 裂尖氧化膜前端沟形裂纹的存在，会造成氧化膜中应力和应变的很大变化，且随着沟形裂纹的长度增加，这种变化越加明显；另一方面，与氧化膜中应力相比，塑性应变对裂尖形貌变化更加敏感，从一个侧面说明，裂尖塑性应变是研究 SCC 裂尖氧化膜形成与破裂比较理想的力学参量。

总之，近年来我国关于局部腐蚀的研发展很快，在国际学术界发表了较多论文，逐渐产生了影响，但在研究的理论深度和研究手段的新颖性方面还存在明显的差距。

（三）高温腐蚀研究最新进展

金属材料与环境介质在高温下发生不可逆转的化学反应而退化的过程称为高温腐蚀。高温腐蚀按与介质发生反应的形式可分为氧化、氯化、碳化和热腐蚀等几类。高温腐蚀研究主要分为两个方面。一是高温腐蚀的基础研究，涉及高温氧化和热腐蚀等理论等；二是高温防护涂层的研制和性能研究。高温氧化是最常见的高温腐蚀。一种金属材料是否具有理想的抗高温氧化性能，取决于它一旦暴露在高温环境中能否形成致密、热稳定性高、热生长速度慢的保护性氧化物层，如 Cr_2O_3 或 Al_2O_3。但是，普通商用合金，通常形成保护性较差的以基体主元的氧化物为主的氧化物层。为此，它们一般需施加热生长 Cr_2O_3 或 Al_2O_3 氧化层的高温防护涂层以提高抗高温腐蚀性能。高温防护涂层往往通过显著提高 Cr 或(和)Al 的含量来达到防护目的。第 1 代高温防护涂层为扩散涂层(例如：渗 Cr，渗 Al 或 Cr、Al 共渗涂层)；包覆涂层 MCrAlY 是第 2 代高温防护涂层，它也常用作第 3 代防护涂层—热障涂层(一般为 Y_2O_3 稳定的 ZrO_2 涂层与金属基材的中间粘结层)。

近年来，我国学者在高温腐蚀的机理研究和防护涂层的设计、研制和性能研究方面都卓有成效地开展了工作，取得了有特色、有国际影响并被国际同行关注的一系列成果。我国在高温腐蚀研究方面主要的单位有中科院金属研究所、北京科技大学、北京航空航天大学和北京航空材料研究院等相关研究群体。代表性研究群体为王福会研究员团队、何业东教授团队、徐惠彬院士和宫声凯教授团队和陆峰研究员团队。我国在这方面有很强的研究实力，出现过较多有影响力的研究成果。

例如，王福会研究员领衔的中科院金属所研究群体在高温腐蚀机理和防护研究方面取得了多项代表性成果。在基础研究方面，牛焱[18]开展了多元合金单一或双氧化剂条件下的氧化机理研究，完善了含 Al 三元合金氧化的第三组元效应，发现 Cr 促进 Al_2O_3 膜的形成不能用经典理论来描述；构建了可半定量描述合金在各成分范围内的氧化热力学和动力学过程的四元合金的三维氧化图。研究成果拓展了经典 Wagner 理论，为合金设计提供理论指导。在高温防护研究方面，王福会和朱圣龙研制新型涂层，如搪瓷一金属复合涂层并研究了相关腐蚀行为，发现颗粒增强可降低涂层/基体的热膨胀系数差异，从而降低冷却时涂层的热应力；氧化物颗粒可提高裂纹萌生应力水平，从而降低涂层的开裂和剥落倾向；金属颗粒可提高裂纹扩展功，从而降低涂层的开裂和剥落倾向。基于大量研究结果，一些搪瓷一金属复合涂层已应用于 XX 型试验机上。徐惠彬和宫声凯教授群体在热障涂层方面，相继开发了几种新型的陶瓷层材料(如在 YSZ 中掺杂稀土氧化物以提高热障涂层的隔热效果与抗烧结温度)，研发出高服役温度的 $La_2Zr_2O_7$ 和 $La_2Ce_2O_7$ 陶瓷隔热材料，提出了兼具有 PS 和 EB－PVD 优点的等离子喷涂物理气相沉积(PS－PVD)和溶液先驱体等离子喷涂(SPPS)等新的热障涂层制备方法。何业东教授团队设计了新的抗高温腐蚀复合涂层体系，发现复合结构不仅使涂层具有优异的力学性能，且可有效阻碍氧和其他腐蚀物质传质的、封闭合金基体的、连续相的存在，使涂层具有优异的抗高温腐蚀性能。

另外，我国学者还有针对性地设计并研制了不同组成和结构的纳米晶和超细晶涂层、开展了相关涂层的高温腐蚀性能研究，发现细结构利于生长粘附性强的保护性氧化膜，这项研究在国际上具有特色创新性，一些成果简述如下：由 Wagner 理论可知，晶粒细化可通过促进成膜元素扩散而降低其形成连续氧化膜的临界含量。1970 年前后有人发现含 Cr 合金的晶粒细化促进了 Cr_2O_3 氧化层的形成。近年来王福会等人把晶粒度对高温氧化的影响研究拓展至纳米尺度，针对不同合金体系进行了大量研究。例如，金属间化合物 γ-Ni_3Al 由于具有低密度、高强度等特性及良好的抗高温氧化性能，在航空航天、钢铁等产业得到广泛应用。采用磁控溅射法制备的纳米晶 Ni_3Al 涂层，可促进 Al 的选择氧化形成保护性 α-Al_2O_3 膜而提高合金的抗氧化性能。再如，Ni20Cr 合金是一种固溶强化型高温合金，组织结构为单相奥氏体，具有良好的抗高温氧化和热疲劳、冷冲压和焊接工艺性能。此种合金主要用800℃以下工作的涡轮发动机燃烧室部件和1100℃以下要求抗氧化但承受载荷较小的其他高温部件。Ni20Cr合金的氧化行为已有报道，高温氧化后生成的氧化膜分为两层，外层为夹杂Cr_2O_3氧化物颗粒的NiO层，内层为Cr_2O_3或$NiCr_2O_4$氧化物层。已有研究表明，采用溅射方法使晶粒细化到纳米级后，Ni20Cr合金在1000℃氧气气氛中氧化只生成以Cr_2O_3为主的单一氧化膜层，即晶粒细化可促进Cr发生选择性氧化。结果表明：纳米结构的合金无需增加Cr、Al含量就可实现自防护；合金表面进行纳米化处理改性或者直接施加纳米晶涂层是提高合金抗高温腐蚀性能的另一有效途径[19]。彭晓等人[20]提出了一种从纳米尺度设计抗高温腐蚀防护材料的新思想，认为在纳米晶金属基体弥散“种植”纳米尺度的Cr或(和)Al颗粒“种子”，可促进“种子”选择性氧化并形成连续的氧化膜；验证了该新型材料快速生长Cr_2O_3或Al_2O_3与其产生的颗粒“纳米效应”和基体的“纳米晶化”有关；提出了该特殊纳米结构的材料可由共电沉积技术制备，首次用这种电化学方法制备了通常由物理气相沉积的方法制备的Ni－Cr－Al型防护涂层。这方面研究结果为用电沉积技术制备高性能涂层、为纳米技术改造传统产业奠定了理论和实验基础，制备的纳米复合膜有望用为1100℃下服役的高温防护涂层，可能在工业发电锅炉、燃气轮机、地面燃机和飞机发动机等动力系统的相关部件上获得应用。

针对钛合金和TiAl基合金的高温氧化行为差，而通常的防护涂层例如扩散渗Al涂层(产生脆而易裂的$TiAl_3$)和MCrAlY涂层(互扩散明显)的问题，孙超和王福会提出设计新的涂层体系，其中包括梯度涂层和扩散障涂层(在腐蚀防护涂层和基体间设计并制备一层扩散障)，这方面的工作也连续在国际刊物发表。

(四)自然环境腐蚀研究最新进展

在自然环境腐蚀硬件设施建设方面，近年来取得了长足进步。国家材料环境腐蚀野外科学观测研究平台完善了大气、土壤、水环境等28个国家级腐蚀野外试验站的建设，进行了新中国成立以来最大规模的材料投试，共投试试样5万多片，为材料环境适应性研究工作的开展奠定了坚实的基础。在数据库建设和数据共享服务方面，搭建公益性网络平台“国家材料环境腐蚀数据共享与服务网”，提升了资源的保存和利用水平。建设的材料环境腐蚀数据库系统包括：由43种环境因素和材料腐蚀(老化)数据表所构成的原始数据库、面向数据共享与应用服务的环境因素和材料腐蚀(老化)数据库、材料环境腐蚀图谱数据库以及材料腐蚀信息资源数据库。这一大型材料环境腐蚀数据库的建立也标志着材料环境腐蚀站网数据共享体系的初步形成，也是到目前为止我国材料腐蚀领域种类最全，数据量最大的共享数据库。在基础研究方面，近年来共计在国内外发表论文136篇，其中在国外刊物上发表67篇，这些系列化论文标志着我国已经进入自然环境腐蚀研究强国之列。主要研究进展如下：

在金属材料自然环境腐蚀幂指数规律的建立和金属大气腐蚀初期行为与规律研究方面，以黑色金属和有色金属材料在我国典型大气环境中的长期现场腐蚀试验为基础，获得了金属材料在我国典型大气环境中的腐蚀速率幂函数规律和相关参数以及拟合曲线，由此建立的幂函数模型可以表征我国典型大气环境下金属材料的腐蚀规律，这一规律的确认与获得是我国材料大气腐蚀学科领域的重要进展：

$$D = At^n$$

式中，t：暴露时间，年；A：第一年的腐蚀损失；n：常数，数值一般小于1；D：腐蚀深度。通过大量的我国典型大气环境暴晒数据，基本建立了我国自然环境下典型钢铁材料和有色金属材料的幂指数函数规律。

李晓刚教授团队对Q235和09CuPCrNi耐候钢在模拟潮湿和湿热大气环境中的腐蚀初期行为；铝合金AZ91D镁合金在模拟大气环境中的腐蚀初期行为与机理；Q235、09CuPCrNi耐候钢、铝合金、AZ91D镁合金在单一SO_2、CO_2、NaCl沉积污染状况下和SO_2、CO_2、NaCl沉积复合污染下的腐蚀初期行为与机理等进行了系统研究，得到了一系列结果加深了对大气腐蚀初期行为的认识。对海洋工程用钢/涂层体系在海洋大气环境下的初期腐蚀行为、不锈钢（如304奥氏体不锈钢和2205双相不锈钢）在模拟海洋大气环境下的局部腐蚀行为及其与薄液层介质参数的关系、管线钢在涂层缺失处的局部腐蚀行为以及管线钢焊缝处不同组织结构的微区的腐蚀行为和机理进行了系统研究，得到了系列涂层下微小缺陷处腐蚀电位的测量结果、交流阻抗的测量结果以及与时间、缺陷大小和溶液特性之间的关系；得到了不同金属夹杂物对不锈钢初期腐蚀及局部腐蚀演化过程的影响规律，揭示了焊缝区不同组织结构的腐蚀特性与规律。大气腐蚀室内外相关性研究方面，对Q235、Q450和CortenA等钢在西沙大气室内曝晒试验和室内周期浸润腐蚀试验的动力学数据，采用灰色分析法运算，结果表明，西沙室外曝晒实验结果和室内干湿交替加速结果的相关度比较理想。从腐蚀动力学角度分析，在采用模拟试验方法中，铝合金1060、2A12和7A04在50ppmSO_2气氛环境中（25℃和95%RH条件）的试验结果与江津户外暴露试验的相关度较高，对江津户外暴露试验的模拟性较好；每平方厘米表面沉积70μgNaCl的铝合金在50ppmSO_2气氛环境中（25℃和95%RH）腐蚀试验结果与万宁户外暴露试验的相关度最高。发展了基于腐蚀电化学和腐蚀形貌分析基础上的大气腐蚀室内外相关性的新方法，准确评估了构件的腐蚀寿命，首次成功应用于近年的某重大载人航天型号工程中，为保证准时发射提供了重要支持。

在大气腐蚀的计算机模拟与仿真研究上，采用概率型元胞自动机模型对金属在湿大气条件下的初期腐蚀过程进行了模拟，并与实际耐候钢在实验室湿热大气环境下的腐蚀形貌图进行了对比。分析了元胞自动机机模型中两类重要参数对腐蚀过程的影响，其取值决定了腐蚀的速度控制步骤是电化学活化过程还是扩散过程。模拟得到了腐蚀过程主要离子的浓度分布图，并结合大气腐蚀过程的机理进行了分析。虽然与实际的腐蚀过程相比，建立的元胞自动机模型还是比较理想化和简单的，为了得到更加真实的腐蚀过程模拟，还需要进一步在模型的建立过程中进行更加细致的模拟与研究，这项研究是一个良好的开端。

利用激光电子散斑对金属大气局部腐蚀早期腐蚀行为及机理进行了研究，在模拟大气腐蚀的溶液中，对碳钢和不锈钢的早期腐蚀过程，尤其是点蚀过程进行了早期原位测试与观察。研究结果表明，利用激光电子散斑能够在秒级时间范围内早期原位观察到碳钢和不锈钢的点蚀行为[21]，这在世界范围内是一个创新的研究工作，并与腐蚀电化学测量同时进行，对早期腐蚀机理进行了较系统的研究。

在土壤剥离涂层下金属的腐蚀行为与机理研究方面，通过模拟剥离涂层试样的现场埋片试验和实验室模拟试验，利用常规电化学测试技术、微电极技术、微区电化学技术、腐蚀形貌分析以及计算机模拟计算等，研究了 X70、X80 等高强度管线钢在我国东南部酸性土壤（如鹰潭土壤）和西部盐渍土壤（如库尔勒土壤）环境中涂层下的腐蚀行为规律与涂层剥离的相关性。获得了涂层剥离环境下阴极保护电位、pH 值、溶解氧、腐蚀性离子随涂层剥离几何参数的变化规律，剥离涂层下的电化学极化特征以及腐蚀特征与涂层剥离几何参数的相关性。研究表明，剥离涂层下管线钢的阳极过程表现出钝化特征，大大增加了局部腐蚀敏感性，这表明涂层下的薄液环境是引起高强管线钢局部腐蚀的关键因素之一，它明显有悖于传统溶液电化学方法研究所获得的认知，将土壤腐蚀作为闭塞薄液膜腐蚀体系看待将更加符合实际情况。目前，关于涂层下的薄液环境的研究还局限于物质静态分布，有关土壤腐蚀薄液膜体系下的电化学行为和腐蚀机理的研究还未见报道。目前的研究大多使用稳态的电化学研究方法，以溶液电化学来模拟薄液电化学进行研究。稳态电化学忽略了高强管线钢局部腐蚀发生过程中应力、裂纹扩展所暴露出的新鲜金属表面带来的影响，溶液电化学忽略了腐蚀过程中薄液环境对反应物扩散、离子浓聚所带来的影响，这必然难以获得更深入的认识。所以，深入研究管线涂层剥离环境下的非稳态电化学过程对腐蚀行为机制的影响是今后研究的重点突破方向。

在高强钢在我国典型土壤环境下应力腐蚀机理与规律研究方面，利用现场埋片试验和实验室模拟试验，研究了 X70、X80 等高强度管线钢在我国实际土壤环境中的应力腐蚀行为规律及其机理，不仅大大丰富了对管线钢土壤环境应力腐蚀行为规律的认识和数据积累，而且在应力腐蚀理论及其研究方法等方面取得了一定突破。通过对管线钢应力腐蚀过程中电化学特征的细致分析，建立了应力腐蚀的非稳态电化学理论及其实验室研究方法。其电化学过程是稳态过程和非稳态过程的复合过程。研究表明，裂纹形核区或裂尖区为非稳态过程，非形核区或非裂尖区表面为稳态过程。在薄液环境中，由于介质的二维传输特性，裂纹尖端的阳极溶解时间会比溶液条件下维持更长时间，这将加剧裂尖的酸化程度和氯离子的浓聚水平，进而促进裂纹尖端的快速扩展。同时，裂纹尖端是高应变区、并同时存在位错运动，这些过程也存在非稳态电化学过程，会极大地促进电极反应过程。而非裂尖区的表面已经充分极化，处于稳态电化学过程下，其阴极过程生成的氢渗透并扩散至裂纹和点蚀尖端，促进电化学溶解和裂纹扩展。上述研究成果从电化学的角度开启了应力腐蚀研究的新方向，并成功解决了低 pH 值环境下管线钢应力腐蚀机制的界定问题。此外研究发现，组织结构对应力腐蚀萌生和扩展具有重要影响。管线钢夹杂物对 SCC 裂纹引发具有不同作用，在低 pH 值土壤环境中 X70 钢中富含 Al 的更容易引发裂纹，富 Si 的不容易引起裂纹。利用扫描振动电极技术（SVET）研究发现，管线钢在低 pH 值环境中晶界处的析氢反应更强而阳极溶解作用较弱，这是管线钢在低 pH 值下发生穿晶 SCC 的本质原因。这些成果具有重要创新性，标志着我国管线钢应力腐蚀研究达到国际领先水平。

在金属材料与涂层在深海环境下的腐蚀失效行为与机理研究方面，采用动电位极化、电化学阻抗和 Mott－Schottky 等电化学测试方法，研究了在室温、3%～5%NaCl 溶液条件下，静水压力对纯镍的钝化膜性能的影响。研究表明，随着静水压力的增加，一方面提高纯镍钝化膜的抗腐蚀能力，使钝化膜中的受主密度减小，空间电荷层的厚度增加；另一方面，恶化了纯镍的钝化膜腐蚀抗腐蚀能力，使钝化膜变得不稳定，并且表现出较高的化学溶解速度和空穴扩散系数。从而导致纯镍的腐蚀速度增大，阴极过程保持不变，阳极过程加速。并利用随机分析方法分析纯镍在静水压力下的点蚀机制，表明在较高的静水压力下，纯镍点蚀产生的敏感性增强，点蚀击破电位明显降低，纯镍点蚀诱导时间也变短，其点蚀产生的机制发生了改变。

采用电化学交流阻抗技术结合深海模拟装置对涂层的防护性能进行了定性评价，在模拟深海水环境静水压力条件下涂层电容较常压下大很多，压力加速了腐蚀性介质在涂层中的渗透作用，进而加速了涂层的失效。对于深海水环境下采用的有机涂层和牺牲阳极保护系统的研究取得了良好的结果，开始了我国深海阳极保护材料的研制工作。

在典型高分子材料在我国典型环境下的老化规律和三元乙丙橡胶 EPDM 环境老化室内外相关性与剩余寿命研究方面，积累了我国典型环境下典型高分子材料，例如塑料、橡胶、粘结剂和涂料环境老化数据在 10 万个以上，重点研究了聚碳酸酯 PC 材料在户外五种典型大气环境下的老化行为，黄化速度和黄化程度从大到小依次为万宁、拉萨、敦煌、青岛、漠河；湿度因子对于户外大气老化中的黄化有加速作用，PC 产生水解后生成的低聚物易于氧化，能促进老化速度。老化速度快的大气环境黄色指数值进入稳定期早，表明老化速度快就能较早的形成稳定的老化层，一定厚度的老化层对基体有保护作用，能抑制老化的进一步发生。光泽度性能的下降速度依次为拉萨、敦煌、万宁、青岛、漠河，老化 24 个月后，敦煌、拉萨、万宁的光泽度数值开始保持稳定；敦煌和拉萨地区风沙大，造成的物理磨损严重是敦煌和拉萨地区光泽度下降速度快的主要原因。户外大气环境下拉伸性能在老化的初始阶段都有一定程度的上升，随着老化时间的继续增加，拉伸强度呈下降趋势。在漠河拉伸性能下降最快，青岛最慢，敦煌、万宁、拉萨大致相同，漠河地区昼夜温差大，导致产生内应力，降低了分子链断裂活化能使分子链更易断裂。在万宁、拉萨、漠河，老化至 21 个月时拉伸性能开始保持稳定，在青岛 24 个月后开始保持稳定，在敦煌地区一致呈下降趋势但下降速度减慢。在万宁、漠河、拉萨，断裂伸长率最先开始下降也较早进入稳定期，其次为敦煌和漠河；进入到稳定期断裂伸长率几乎为零，表明发生脆性断裂。弯曲强度的变化趋势也是在老化初期先上升，随着老化时间的增加呈现下降趋势。从弯曲强度保持率来看，户外弯曲强度的下降值很小，表明没有形成明显的裂纹源。老化因子大的地区如万宁、拉萨、敦煌，羰基化合物和羟基化合物的峰分别在 6 月和 9 月出现增长，在漠河老化 12 个月后出现增长，在青岛，分别在 12 个月和 24 个月时出现增长。产生小分子基团的速度以万宁、拉萨、敦煌最快，其次是漠河、青岛。从 $-CH_3$ 的 C—H 振动峰百分比和碳酸酯基的 C—O 振动峰百分比分析得出：敦煌开始阶段以 Fries 重排反应为主，之后以光氧老化为主；拉萨则是 Fries 重排反应和光氧老化共同起作用；漠河主要以光氧老化为主；万宁前 3 个月以 Fries 重排反应为主，3—6 个月以光氧为主，6 个月以后两种机理共同作用；青岛在前 12 个月是两种机理交替作用，12 个月以后是两种机理共同作用。有关高分子环境老化基础研究近年来进展较大，取得了很多现场试验数据和规律性结果，对发展我国长寿高性能分子材料起到了很好的推动作用。

(五)防腐蚀技术研究最新进展

1. 我国耐蚀材料的研究进展

近年来,国内在材料耐蚀性和新型耐蚀材料方面均取得了一些新的研究成果,具有一定的科学性和广泛的应用性。

(1)新型耐蚀结构钢研究进展。海洋、能源等领域是我国中长期发展的战略重点,这些领域对于钢材的性能提出了更高和更综合化的要求,以满足其苛刻的服役环境和复杂的负载条件。在海洋工程和舰船领域,钢材面临着在海水、海洋大气等复杂腐蚀介质,台风、巨浪、洋流、浪涌等复合载荷条件下的长寿命服役安全问题。在油气田的开采、储运过程中,钢材面临着高温、高压、复合载荷以及恶劣的固、气、液腐蚀等极端服役条件的严峻考验。在电力领域,超超临界锅炉用钢、核电工程用钢等面临着更高温度、更高压力、强辐照、持久安全等问题。恶劣的服役环境和安全长寿的要求使钢铁材料面临严峻挑战,对其综合性能提出了更高的要求。因此,在这种背景下,我国主要钢铁企业,例如宝钢、鞍钢、武钢和首钢等大型企业都把发展新型耐蚀系列化的结构钢作为最主要的工作之一,其中最重要的研究进展就是把腐蚀设计思想用于耐蚀结构钢的全寿命设计中,在基础理论研究方面,深刻意识到目前我国耐蚀钢寿命较低的原因是有关微纳米结构层次上的腐蚀机理研究严重不足造成的,要发展高品质耐蚀结构钢必须大力发展我国有关微纳米结构层次上的腐蚀机理和理论的研究,这是理论瓶颈问题。近年来,这些大型企业通过自身的能力,并且加强了与高校、科研院所的合作力度,在国家支持下,各类新型耐蚀结构钢的研究和生产已经有了很好的开端。

(2)耐硫酸、磷酸腐蚀的新材料。硫酸的强烈腐蚀性,对生产硫酸和使用硫酸的设备造成了严重的腐蚀。硫酸工业的发展取决于耐腐蚀材料的发展,因此,研制与开发耐高温(大于 100℃)耐浓硫酸(93%~98%)腐蚀的材料尤为重要。2011 年,武钢成功开发出的新一代耐硫酸露点腐蚀钢(以下简称耐酸钢)WNS450 通过了华中科技大学煤燃烧国家重点实验室的耐酸腐蚀试验认证,标志着这一新钢种具备了向国内烟草行业供货的资质。

(3)镍基耐蚀合金的发展。镍基耐蚀合金是一类高性能的耐蚀材料,与一般不锈钢、其他耐蚀金属、非金属材料相比,它们在各种腐蚀环境中,具有耐全面腐蚀、局部腐蚀以及应力腐蚀的能力,兼有很好的力学性能及加工性能,其综合耐蚀性能远比不锈钢和其他耐蚀金属材料优良,尤其适宜于现代工业技术下苛刻的介质环境,由于其具有优良的耐硫化物腐蚀及氯化物腐蚀性能,在高硫原油的精炼中被广泛应用于加氢装置的制造。然而,国内所用的 NS1402 合金全部要依赖进口。攀钢公司与相关单位组成联合开发项目组,仅用两年便打破国外垄断,开发出拥有自主知识产权的铁镍基耐蚀合金 NS1402,并成功研制出了 NS1402 板材和管材,并于 2010 年度顺利通过评审,弥补了国内相关领域空白。

(4)新型耐蚀不锈钢。宝钢研制出了建筑屋顶装饰用铁素体不锈钢 B445R 毛面产品。该产品的耐蚀性比奥氏体不锈钢 SUS316L 更优越,成本也比 SUS316L 低,采用常规的成形方法就可以将其加工成屋顶面板。此外,由于该产品的热膨胀系数比 SUS316L 小,故其热变形也比 SUS316L 小,进行了毛化处理,其表面具有较低的光反射能力。这些优点使其有能力成为沿海地区建筑物的屋顶装饰材料。B445R 已经用作广州亚运会综合体育馆屋顶材料。这是国内首次采用国产不锈钢作建筑屋顶装饰材料，是国内耐蚀不锈钢的发展的一次重大飞跃。另外，由于在海洋、石油行业的应用，双相不锈钢也得到快速发展。

(5)耐蚀高分子材料。高分子耐蚀材料是应用极广的一类耐蚀材料，因为它具有很广泛的适应性和用途，被制成各种形态，正面临着快速发展和广阔的市场前景。例如，朱兰瑾、莫晨杰等人开发的高耐磨耐腐蚀改性超高分子量聚乙烯特种管材，其主要采用一种分子量100万－500万、结晶度65％～85％、密度0.92－0.96g/cm^{3}的新型塑料管道加工材料超高分子量聚乙烯树脂(UHMWPE)为主要原材料，添加一定比例的内润滑剂、外润滑剂、成核剂、流动性加工助剂等辅助材料，通过各种原辅材料共混改性后，运用近熔点挤出原理、高效低量辅助剂配方体系、结合低温挤压控制塑化的特殊工艺技术，通过管材挤出生产线挤出成型为高耐磨耐腐蚀的特种塑料管材。一方面很好地解决了该树脂熔体粘度极高、加工流动性极差，加上临界剪切速率极低，容易产生熔体破裂等缺点；另一方面很好地解决了超高分子量聚乙烯树脂在加工过程中，为了提高流动性而破坏其优异特性的难题。使得该管材与众多的聚合物材料相比较，具有摩擦系数小、磨耗低、耐化学腐蚀性优良、耐冲击、抗压性、抗冻性、保温性、自润滑性、抗结垢性、耐应力开裂性、卫生性能优良等优异的物理和化学性能，可适用于传统塑料管道所无法应用的石油天然气开采业、化学工业输送矿浆或者泥砂管道等特殊恶劣环境用的管道系统。

2. 我国表面工程的研究进展

(1)表面工程是表面预处理后，通过表面涂覆、表面改性或多种表面技术复合处理，改变固体金属表面或非金属表面的形态、化学成分、组织结构和应力状况，以获得所需表面性能的系统工程。目前，表面工程已成为横跨材料学、摩擦学、物理学、化学、光电子学、界面和表面力学、纳米材料技术、信息技术、生物医学材料等学科的边缘性、交叉性、综合性、复合型学科。表面工程的最大优势是能够以多种方法制备出优于整体材料性能的表面功能薄层，赋予零件耐高温、防腐蚀、耐磨损、抗疲劳、防辐射等性能。这层表面材料与制作部件的整体材料相比，厚度薄，面积小，但却承担着工作部件的主要功能。

随着能源、资源问题的日渐突出，以铝、镁金属及其合金为代表的轻合金材料应用越来越广，与此相关的表面工程新技术也不断涌现。

(2)微弧氧化是一种快速有效的铝合金表面处理方法。普通微弧氧化层一般由两层组成，即表层疏松层和底层致密层。最具代表性的工作是王福会与杜克勤团队的研究，他们在铝合金表面可以制备没有任何疏松层的氧化铝膜，中性盐雾试验达5000小时以上；在镁合金表面制备的微弧氧化膜，中性盐雾试验可以达到1000小时以上，这两项成果已经在海军装备几十种部件上获得了应用。为解决普通微弧氧化层表面疏松的问题，装甲兵工程学院的研究人员提出了纳米复合微弧氧化陶瓷层的设计思想，在铝合金表面成功制备了纳米复合微弧氧化陶瓷层。测试表明，普通微弧氧化层孔径集中在2μm附近，孔隙率为20.3％；纳米复合微弧氧化层的孔径集中在0.4μm附近，孔隙率为6.5％。往复式摩擦磨损试验表明，纳米复合微弧氧化陶瓷层耐磨性明显提高，其体积磨损率仅为普通微弧氧化层的1/2。600℃冷水热震循环试验表明，普通微弧氧化层试样经30次热震循环后出现涂层表面脱皮现象，而纳米复合微弧氧化陶瓷层经65次热震循环后表面无明显变化，表现出良好的抗热震性能。

(3)镁合金是一种最轻的工程结构金属材料，但是镁合金的耐蚀问题长期以来严重地制约了镁合金的开发和广泛应用。开展镁合金防腐蚀研究，提高其耐蚀性具有重要的意义。传统的镁合金化学转化膜处理溶液中通常含有毒性高且有可能致癌的六价铬，其使用日渐受到各国的严格限制。近年来，针对用于替代传统铬酸盐化学转化处理的各类型工艺，国内外对镁合金无铬转化膜技术开展了大量的研究。邹茂华等研究发现镁合金铈转化膜的主要成分为铈的氧化物—氢氧化物，膜中铈以三价和四价两种价态存在。在AZ31镁合金表面制备的镧转化膜均匀、致密，主要由氢氧化镧组成，还有少量氢氧化镁及碳酸镧、碳酸镁等；转化膜对基体金属防护效果好。而钐转化膜呈碎片状，防护作用很弱。转化液中硝酸铈浓度为4.34g/L和硝酸镧浓度为4.33g/L时，膜的耐蚀性能最好。采用硝酸铈和硝酸镧混合溶液对AZ31镁合金进行双稀土转化处理，镁合金在3.5%NaCl溶液中转化膜的腐蚀速率是基体的1/5。

(4)替代传统电镀铬的绿色镀膜技术在发动机活塞环的涂层应用中，最具代表性的是CrN系复合膜和Cr/CrN多层膜等。装甲兵工程学院和武汉大学等单位在新型CrN系膜层的开发和提高膜基结合强度等应用研究方面开展了大量工作。开发的Cr/CrN纳米多层膜，使涂层的残余应力大幅下降，结合强度明显提高。开发的CrTiAlN薄膜比电镀铬具有更高的硬度和抗高温氧化性能。蔡志海等采用多弧离子镀技术在活塞环表面制备了CrN涂层，系统地研究了不同N_2含量对CrN涂层的相结构和纳米硬度的影响规律。研究结果表明：随着N_2含量的增加，薄膜由Cr_2N(211)相过渡到CrN(220)相；与Cr电镀层相比，CrN涂层主要以磨粒磨损为主，犁沟较窄且平滑，抗高温粘着磨损性能明显增强，而且摩擦系数较小，具有较好的摩擦匹配性能，更适合用于活塞环服役的高温磨损环境。

(5)根据国家空间技术发展的需求，研究了空间环境下润滑材料的失效规律和机理，并在此基础上，开发了适用于空间环境的高性能润滑涂层材料。研究了多种润滑材料在空间环境中的摩擦学行为，发现真空和原子氧是导致润滑材料性能变化的主要原因。通过组分复合和多层复合，有效突破单一组分PVD薄膜的性能极限，发展出高性能的空间技术用润滑薄膜。“十一五”期间，针对不同空间部件的要求，发展了MoS－Au－Re三元复合膜、梯度多层Ni－Cu－Ag复合膜、多层无机和金属纳米复合膜、TiAgN纳米复合膜等具有不同特点的空间技术润滑薄膜，其中MoS－Au－Re三元复合膜比复合前的MoS溅射膜的耐磨寿命提高了2倍，梯度多层膜通过梯度过渡，解决了润滑层与底材的粘结问题，提高了薄膜的力学性能。目前，上述润滑薄膜已分别成功应用于“神舟”等多种航天型号，解决了空间运动部件的长寿命特殊润滑难题。

(6)激光表面强化技术与传统表面工程技术如电镀、刷镀、热喷涂等比较，具有对环境的污染更小、结合强度高、能胜任更加恶劣的工况的特点，具有广泛的应用前景。中国科学院金属腐蚀与防护国家重点实验室对某型号航空发动机铸造镁合金机匣的局部铸造针孔、疏松和裂纹等缺陷，采用激光涂敷和重熔技术进行了修整，提高了机匣的致密性和完整性。广州有色金属研究院利用激光熔覆技术，在铜合金表面制备出了高硬度、高耐磨、抗热震与基体冶金结合的金属陶瓷复合涂层，与目前铜合金表面常用的电镀Ni－Co镀

层相比，耐磨性能提高了2.2倍，抗热震性能提高了3.5倍。

从宏观上讲，表面工程对节能、节材、环境保护有重大效能，但是对具体的表面技术，涂装、电镀、热处理等均有“三废”的排放问题，仍会造成一定程度的污染。现在，有氰电镀已经基本上被无氰电镀所代替，一些有利于环保的镀液相继被研制出来。当前，在表面工程领域，提出了封闭循环，达到零排放，实现“三废”综合利用的目标。总的来看，表面工程工作者在降低环保的负面效应方面仍是任重且艰巨。

3. 我国电化学保护的研究进展

电化学保护技术是一项优异的防腐蚀新工艺，在电化学腐蚀系统中，通过施加外来电流将被保护金属的电位移向免蚀区或钝化区，以降低金属腐蚀速度的技术。电化学保护技术发展的速度很快，并广泛应用于造船、海洋工程、石油和化工等领域，成为一种标准的防腐蚀措施列入规范和法规之中。这种金属防腐方法可以分为阴极保护和阳极保护。金属防腐采用阴极保护时也会被分为两个类别，分别是牺牲阳极保护法和外加电流保护法。

传统的牺牲阳极材料存在效率低、质量差、应用范围窄等缺点，限制着牺牲阳极材料的广泛发展。近些年，各种新型的牺牲阳极材料已经不断涌现，新型的牺牲阳极材料已经不仅仅是材料内单一元素的组合。随着研究技术的发展，新型牺牲阳极材料的研制正在向材料结构、组成、用途多元化方向拓展。目前已经研制成功并广泛应用的牺牲阳极主要有三大类：铝基牺牲阳极、镁基牺牲阳极和锌基牺牲阳极。铝基牺牲阳极是近几十年发展起来的新型牺牲阳极，与镁基牺牲阳极、锌基牺牲阳极相比，铝基牺牲阳极具有更大的电化学当量，为锌的3.6倍、镁的1.35倍，单位质量的铝基牺牲阳极可产生更多的电流，效率可高达80%，寿命长，较镁和锌具有很大的优势。铝的标准电极电位为－1.66V，比锌的负很多，远低于铁的平衡电极电位－0.44V(SHE)，这一特点为铝成为牺牲阳极来保护钢铁结构免造环境介质的腐蚀提供了热力学上的可能。铝基牺牲阳极在海水和含有氯离子的介质环境中性能良好，能自动调节电流，可广泛用于海洋环境中的钢铁设施(如海上钻井平台，海底管道等)的保护，在海水环境中有取代锌合金阳极的趋势。镁基牺牲阳极比重小，电位很负，对铁的驱动电压很大，纯镁的标准电极电位达到－2.37V(SHE)，但电流效率很低，仅仅只达到50%。

Mg－Al－Zn－Mn合金中锰的含量比纯镁阳极的高，比Mg－Mn合金阳极的低，性能更优，常用的有Mg－6Al－3Zn－(0.15～0.3)Mn、Mg－4Al－Zn－O－4Mn合金，前者主要用于土壤中，后者主要用于淡水中。锌基牺牲阳极是最早使用的牺牲阳极材料，锌的标准电极电位为－0.762V(SHE)，对铁的驱动电压不大，但是锌阳极具有很高的电流效率，如Zn－Al－Cr牺牲阳极材料在海水中的电流效率可达95%以上。由于杂质元素对锌阳极的性能和腐蚀溶解能力有很大的影响，所以一般用纯锌作为阳极材料，或者在锌中添加消除杂质有害影响的合金元素。

近年来在长寿命牺牲阳极材料的研制发面，研究了几种适用于海洋环境下工作的多元铝合金、锌合金牺牲阳极，并进行了电化学性能测试，其中电流效率是鉴定牺牲阳极电化学性能的重要指标。电流效率愈高，其使用寿命将愈长。为南海某海区海底输油管线的保护寻找在海泥中性能较优的铝合金牺牲阳极。通过对AZIS和AZIG在常温及热海泥中恒电流试验和阳极溶解形态分析，找到较为满意的阳极材料，供海上油气田工程设计参考。

西北有色金属研究院采用热分解法制备了 IrTa 混合金属氧化物(MMO)涂层钛阳极。通过极化曲线研究了钛阳极的电化学性能,用 SEM 观察了涂层形貌,研究了阳极寿命与涂层厚度和电流密度之间的关系,并与国外阳极试样的寿命做了对比。结果表明,所研制的涂层钛阳极具有良好的电化学性能和较长的使用寿命,是钢筋混凝土结构外加电流阴极保护中比较理想的辅助阳极。华南理工大学采用溶胶一凝胶法在 304 不锈钢表面制备了纳米 TiO_2/Sb_2O_5 叠层涂层。所制备的纳米 TiO_2/Sb_2O_5 叠层涂层表面连续、均匀、致密;稳定电位与极化曲线测试表明,在 3%NaCl 溶液中,纳米 TiO_2/Sb_2O_5 叠层涂层的光电化学性能低于纯纳米 TiO_2 涂层,但纳米 TiO_2/Sb_2O_5 涂层经紫外光照 1 小时后的延时阴极保护作用可达 4 小时。通过研究分析,提出了一种新的纳米叠层涂层光生阴极保护作用机理。随着阴极保护技术和阳极材料性能的发展,牺牲阳极材料的性能会进一步得到优化,被保护件实施腐蚀控制将变得更加容易和有效。作为一种经济有效的金属防腐方法,牺牲阳极法在工程防腐的应用日趋广泛。经过多年研究的镁、锌、铝三种牺牲阳极的配方工艺越来越成熟,其性能指标也趋于稳定。

复合式牺牲阳极是阳极家族中的新成员,近年来,国内外相继开展了镁包锌型、镁包铝型复合牺牲阳极研究。但是三种主要的铝基、锌基、镁基牺牲阳极材料在未来一段时间还是最主要的牺牲阳极材料的主要研究使用方向。我国已经开始自主生产柔性阳极。当前,牺牲阳极材料已经蓬勃发展,展望牺牲阳极材料的主要发展趋势:①新型多元高性能牺牲阳极材料的研制。作为阳极材料,电化学性能是牺牲阳极材料的重要性能参数。在相同条件下,其负电位越低则其开路电位越高,电流效率越高则使用寿命越长。合金元素在多元优质牺牲阳极合金中起着重要的作用,配以不同含量、不同种类、不同数量的合金元素会得到性能不同的牺牲阳极材料。由牺牲阳极合金材料的单一化向多元化扩展,以获得性能优良的牺牲阳极合金材料。②更加成熟、系统的牺牲阳极材料制造工艺。不同材料、不同结构、不同用途的牺牲阳极材料制造工艺有着特殊的要求,更加成熟、系统的牺牲阳极材料制造工艺可以大大提高牺牲阳极的生产质量和效率;包括高性能多元合金牺牲阳极和大型铸造牺牲阳极的制造技术等。③快速的测试、评定技术的研究。优化当前对镁基、锌基及铝基等阳极的电化学性能的测试、评定技术。研究出检测时间尽量短、准确性高的检测方法,对于指导科研和生产具有重要意义。

4. 我国缓蚀剂的研究进展

缓蚀剂是只要少量添加到腐蚀介质,就能使金属腐蚀的速度显著降低的物质,使用缓蚀剂是金属腐蚀防护的重要手段,其特点是通过在腐蚀介质中添加某种物质或某些物质的混合物来抑制金属腐蚀过程而并不显著改变介质的其他性能。缓蚀剂是常用防腐措施之一。广泛用于酸洗、油气井酸化、金属制备储运、水处理等工业生产中。应用研究表明,许多高效缓蚀剂可以在金属表面原位聚合生成更加稳定的保护膜,从而显示良好的缓蚀效果。

由于混凝土碳化和 Cl^- 离子侵蚀引起的钢筋锈蚀及胀裂是钢筋混凝土结构破坏的主要原因。钢筋与混凝土接触的不均匀性所导致的界面缺陷,以及混凝土内部毛细孔结构和孔径分布的差异等,造成混凝土不同区域内粒子扩散速率不同,并导致钢筋/混凝土界

面的 Cl^- 和 O_2 浓度出现起伏，当局部 Cl^- 浓度超过临界值后，所形成的大阴极小阳极宏电池效应，导致钢筋发生点腐蚀。调查表明：点蚀深度可达平均腐蚀深度的 5—10 倍。钢筋阻锈剂已广泛应用于新建和已建混凝土工程中，用于抵御海盐、融雪剂等引起的钢筋锈蚀。迁移性有机阻锈剂（MCl）主要由烷醇胺类、环亚胺、脂肪酸酯及其盐类组成，由于其环境友好性和混凝土相容性，已成为钢筋阻锈剂的发展主流。胺类物质属中挥发性化合物，适于液相和气相。可直接涂覆于混凝土表面，通过混凝土微孔和毛细作用，以气相和液相交替扩散方式向内渗透。在混凝土防护领域应用较多的含氮阻锈剂主要有烷胺类和氨基醇类，它们在混凝土中的渗透速率大约为 2—20mm/天。

林昌健等研究了月桂酰肌氨酸钠等缓蚀剂对钢筋在含 Cl^- 的模拟碳化混凝土孔隙液的腐蚀，认为该类缓蚀剂是通过在钢筋表面与 Cl^- 的竞争吸附而提高钢筋耐蚀性。郭兴蓬等应用丝束电极的电位/电流扫描技术，研究了含 Cl^- 的模拟碳化混凝土孔隙液中，Q345B 碳钢局部腐蚀在空间和时间上的发生和发展特征，同时比较了四乙烯五胺（TEPA）和亚硝酸钠缓蚀剂对局部腐蚀抑制能力的差异。通过电化学噪声（ECN）、电化学阻抗（EIS）及极化曲线研究了四乙烯五胺（TEPA）在碳化模拟混凝土孔隙液中对 Q345B 碳钢点蚀的抑制机理。研究结果表明：①在含氯碳化模拟孔隙液中，TEPA 可在 Q345B 碳钢表面吸附成膜；高浓度 TEPA 可强烈阻碍 Cl^- 的迁移和对钝化膜的侵蚀，并排挤钝化膜表面吸附的 Cl^-。导致碳钢点蚀电位随着 TEPA 浓度升高而正移，增强了碳钢的耐点蚀能力。②TEPA 浓度升高可使噪声电位正移，而使噪声电流基底值降低，从而减缓钝化膜溶解造成的全面腐蚀，TPEA 还可加速 OH^- 对亚稳态和稳态蚀点的再钝化，降低噪声电流峰幅值和平均点蚀电量，并抑制钢表面亚稳态蚀点的萌发；高浓度的 TEPA 还可在锈蚀点表面形成稳定吸附层，阻碍氧的去极化和 Cl^- 的扩散，抑制锈层下的局部腐蚀发展。中科院金属所金属腐蚀与防护国家重点实验室杨怀玉团队针对国内、外阻锈剂研究发展趋势和工程实际需求，提出了以富含氧、氮、磷杂环化合物和醇/胺缩合物为主的新型阻锈剂设计路线。研究开发出低毒、环境友好、具有自主知识产权的新型阻锈剂产品，很好地解决了目前国内外广泛应用的亚硝酸盐阻锈剂的毒性和环境污染问题。在饱和盐水浸泡的混凝土试块中，通过长期（近 500 天）实验室腐蚀监测和干/湿循环加速模拟实验，证明新型阻锈剂对钢筋具有优良的阻锈性能，以及对氯离子较强的容忍性，且对混凝土本体性能无负面影响。张大全等研究表明半胱氨酸自组装膜能在一定程度上抑制 Cu 电极的阴极电化学过程，在此基础上，通过静电沉积技术，将十二酸接枝到 Cu 表面半胱氨酸分子上，结果显示，十二酸修饰的半胱氨酸自组装双层膜对 Cu 电极的阴极电化学过程抑制作用进一步增强，增强了对 Cu 的保护。万雷鸣等人对咪唑啉类缓蚀剂进行改性合成了一种咪唑啉磺酸盐类缓蚀剂。研究结果表明：咪唑啉磺酸盐对于 N80 钢在 CO_2 饱和的模拟产出水中腐蚀具有较好的抑制作用，在试验浓度范围内，随着其浓度的增大，缓蚀率逐渐增大。咪唑啉磺酸盐在 N80 钢表面的吸附在浓度达到50mg/L后趋于饱和，且满足 Freundlich 吸附等温式，是一种以控制阳极为主的混合型缓蚀剂。咪唑啉磺酸盐缓蚀效率随着温度升高下降幅度较小，显示出比咪唑啉更好的高温缓蚀性能。

日益发展的超分子自组装技术提供了按设定方式修饰金属的方法，也为金属腐蚀与防护的研究提供了一条新的途径。经过近 20 年的发展，自组装技术在 Au、Ag、Cu 等金属防护上的应用已趋于成熟，尤其在 Ag、Cu 制品抗变色方面已成为一种重要的手段。目前常用的自组装体系主要有烷基硫醇类、脂肪酸类、有机硅烷类、希夫碱类。

随着人类环保意识的增强，缓蚀剂的开发与应用越来越重视对环境保护的要求。氨基酸是分子中含有碱性氨基和酸性羧基的两性化合物，生命的物质基础——蛋白质就是由 20 种氨基酸构成的。氨基酸类化合物具有来源广泛、无毒、易降解的特点，为缓蚀剂的安全及高效利用开辟了新的领域，已成为绿色缓蚀剂研究开发的重要方向。通过氨基酸类缓蚀组装体系的研究，提高氨基酸化合物对金属的保护作用，具有诱人的前景。

当前，缓蚀剂的发展趋势表现在以下两个方面：一是运用现代的各种测试分析手段与理论化学方法，在严格的科学基础上透彻了解并阐释缓蚀剂的作用机理和缓蚀分子的构效关系，用以指导应用实践的发展；二是开发多功能型环境友好缓蚀剂新品种。因此缓蚀剂研究工作重点为：设计合成新的高效、多功能、无公害缓蚀剂；采用天然原料制造易生物降解的缓蚀剂，扩大缓蚀剂的应用范围；从化工、医药行业的工业副产物生产制造酸洗缓蚀剂，可以变废为宝，符合环保发展方向；开展生物缓蚀剂的添加剂的开发工作。

（六）腐蚀试验研究方法与设备最新进展

腐蚀学科是一门实验性质的学科，试验研究测试方法和设备极其重要，合适的实验研究方法不仅能提供有用的科学数据，而且能产生原创性的科研成果。令所有腐蚀与防护科技工作者心痛的是，几乎所有的高档实验测试设备，例如各种电化学测试设备、力学—化学测试设备甚至盐雾箱都是进口的，我国还不具备生产高档先进的各种电化学测试设备、微曲电化学测试设备的生产能力，这是国内外腐蚀与防护学科最大的差距。

可喜的是，近年来这方面研究工作有了良好的开端。韩恩厚研究员开发的核电环境开发高温高压环境中 pH 值在线电化学测试系统，能够准确测定在 550℃以内的任意温度的实验介质中的电位和 pH 值，精度达±0.01pH 单位。林昌健教授利用微电极技术开发的微曲电化学测试系统，成功用于现场检测工作。北京科技大学路民旭教授、中国石油大学陈长风教授研制了大量各种类型的高温高压腐蚀设备，用于石油工业硫化氢和二氧化碳腐蚀研究。李晓刚教授开发了系列化的自然环境模拟装置，包括大气腐蚀模拟与加速、土壤腐蚀模拟与加速、海洋腐蚀模拟与加速和深海环境模拟与加速装置；石油化工原油腐蚀模拟与加速试验装置应用于石化企业科研工作中；他们与苏州热工研究院共同开发的核电腐蚀大型流程装置已经成功进行了设计工作，进入实际组装阶段。中科院金属所郑丽群研究员团队研发了系列化的现场腐蚀测试设备和系统，广泛应用于石油、化工、电力和港口码头，这些产品质量越来越好，逐渐成为我国特色的腐蚀测试与检测设备。中国兵装第 59 研究所研制了与国外水平相当的大气腐蚀室外加速试验装置。北京科技大学与哈尔滨工业大学、西北工业大学合作承担的国家大科学工程计划项目，将建设流体类环境结构材料试验装置、大气类环境结构材料试验装置、多相流环境结构材料试验装置、高温高压水汽环境结构材料试验装置、极端—多因素耦合环境结构材料试验装置、自然大气环境结构材料试验装置、特殊地域环境结构材料试验装置、力学—化学多场耦合环境结构材料试验装置等八套大型装置，开展大尺寸构件和设备的环境失效试验，这些装备已经完成设计，将进入实施制造安装阶段。以上工作将大大提升我国腐蚀与防护测试和试验设备的能力。

（七）学科在学术建制、人才培养、基础研究平台等方面的进展

经过30余年的建设和发展，本学科在学术建制、人才培养、基础研究平台建设方面已经基本形成了高等学校人才培养，国家重点实验室、一批基础研究和应用基础研究的高水平实验平台及高校科研平台开展基础研究，企业研发中心进行应用研究的多层次互相交叉的框架模式。在教育部的学科培养建制上，原来是隶属于材料科学与工程的二级学科，可以进行本科专业招生。从20世纪90年代调整为隶属于二级学科材料学的三级学科，这一调整对腐蚀与防护学科产生了巨大的负面影响。首先，冲击了已经形成腐蚀与防护学科的本科教学体系，以北京科技大学腐蚀与防护学科为例，在20世纪80年代是本学科唯一的高校博士学位授予点，以每年60人的规模连续培养了15届本科毕业生，这些学生大部分已经成为我国各行各业腐蚀与防护工作的顶梁柱，甚至成为国内外有重要影响力的学术带头人。可惜的是，由一代学者努力建设的教学学科体系，随着这一调整，一夜之间付诸东流，全国将近20所高校的情况基本相同，以湖南大学的情况最为惨重。湖南大学的腐蚀专业曾经培养了一大批国内外有影响力的学者，但是腐蚀与防护专业在湖南大学短期内无法恢复到原来的水平，影响力逐渐下降，可见学科调整对腐蚀与防护学科的冲击是巨大的且极其负面；其次，使专业人才培养水平明显下降。据不完全统计，我国目前有30多所院校按照材料学专业或应用化学专业的腐蚀与防护培养本科生，每年腐蚀与防护专业毕业生在1500人以上，此方面的人才还是供不应求。以四川理工学院为例，该校每年培养腐蚀与防护专门化的学生200多人，但是，由于是三级学科，许多专业性极强的课程被裁减，使得学生专业知识水平明显下降。事实证明，在教育部的学科目录上，将腐蚀与防护学科由二级学科调整为三级学科是有较大负面影响的，目前这种本科生培养模式无法满足社会对腐蚀与防护人才的需要。由于这种学科调整没有直接影响到研究生培养模式，我国腐蚀与防护方向的硕士研究生、博士研究生的培养一直呈平稳增长态势，目前规模大致是每年毕业硕士生在300人左右，博士研究生在50人左右。应该指出，腐蚀与防护二级学科取消后，由于社会存在大量的需求，除了大部分原有腐蚀专业的学校继续培养这方面的人才外，实际上还有不少高校新开办了培养腐蚀防护人才的专业，如长春工业大学、重庆工学院、燕山大学、中国民航大学、上海电力学院等。但由于都依托于其他专业，学生专业知识不足。因此，专业名称调整与国家经济、社会、国防等对防腐蚀人才的需求是不适应的。

在腐蚀科学研究方面，学科调整产生的负面影响较为短暂。但是，由师昌绪等一代学者建立的中国科学院金属腐蚀与防护研究所的合并，对我国腐蚀与防护学科平台的建设与发展同样产生了较大的负面影响。值得欣慰的是，以中科院腐蚀与防护国家重点实验室，北京科技大学腐蚀与防护中心（含教育部腐蚀与防护重点实验室、教育部环境断裂重点实验室、北京市重点实验室），国家材料环境腐蚀野外科学观测研究平台等一系列高水平实验研究平台不断发展，承担和完成了大量的国家科技研究计划项目，产出了一批创新

性研究成果，解决了经济建设、社会发展和国防建设中的许多重大关键技术问题，取得了显著的社会、经济效益，在人才培养和队伍建设中发挥了不可替代的作用。以其人才优势、条件优势和资金优势为我国腐蚀科学的基础研究和应用基础研究提供了强大支撑。下面对我国一些重点腐蚀科学基础研究平台近些年的发展以及在学术建制、人才培养方面的取得成果进行简要的介绍。

1. 中科院沈阳金属所金属腐蚀与防护国家重点实验室

中科院沈阳金属所金属腐蚀与防护国家重点实验室是于 1993 年由科技部正式批准成立的。面向国内外开放，是开展腐蚀与防护基础研究、学术交流和高级人才培养的基地。

研究方向主要有：①纳米材料的化学稳定性，侵蚀性离子在界面的传输规律，材料腐蚀的电化学机理；环保型表面转化膜、绿色缓蚀剂、纳米有机涂料和腐蚀电化学检测新技术。②先进高温结构材料的氧化行为、氧化膜应用及活性元素的作用、力学因素对合金选择性氧化的影响、低地轨道空间原子氧对材料的侵蚀作用以及防护涂层技术。③材料在氧化、硫化、卤化、碳化等单一或多种腐蚀环境中的腐蚀机理。④材料与环境交互作用过程的数学、物理和分子模型，发展材料腐蚀性能评价和腐蚀寿命预测新技术，新型耐蚀材料和耐蚀涂层的计算机辅助设计方法。

经十余年的建设，实验室引导和促进我国腐蚀与防护科学技术发展，增进与国外腐蚀界交流方面发挥了重要的作用，成为我国腐蚀与防护学科最重要的研究基地。

2. 北京科技大学腐蚀与防护中心

北京科技大学腐蚀与防护中心是联合国开发计划署(UNDP)于 1987 年资助成立的。目前由如下几个国家及省部级重点实验室和工程中心构成：①国家材料环境腐蚀野外科学观测研究平台；②“环境断裂”教育部重点实验室；③“腐蚀与防护”教育部国防科技重点实验室；④“腐蚀、磨蚀与表面技术”北京市重点实验室；⑤北京市表面纳米技术工程研究中心。主要从事材料环境断裂、高温腐蚀与表面工程、腐蚀控制系统工程、电化学工程与材料、环境损伤与控制方面的研究。经过 20 多年的发展，不仅成为我国培养腐蚀与防护学科高级人才最重要的教育基地，为国家培养了大批腐蚀与防护学科高级人才，而且成为基础研究和工程技术开发重要基地，是国际上知名的三个腐蚀与防护中心之一。

3. 国家材料环境腐蚀野外科学观测研究平台

国家材料环境腐蚀野外科学观测研究平台是在侯祥麟、师昌绪、曹楚南和王光雍等老一代学者建立的全国材料环境腐蚀站网的基础上发展起来的，经过国家自然科学基金会和科技部多年支持和领导，2011 年进入运行阶段。由全国跨地区跨部门跨行业的 16 个单位联合组成。近 3 年来，完善了大气、土壤、水环境等 28 个国家级腐蚀野外试验站的建设，加强了基础研究工作，为材料环境适应性研究工作的开展奠定了坚实的基础。在数据库建设和数据共享服务方面，搭建公益性网络平台“国家材料环境腐蚀数据共享与服务网”，提升了资源的保存和利用水平。正在逐步成为我国最大和最为规范的环境腐蚀数据生产与共享服务的公益性公共服务平台。

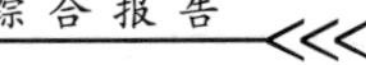

4. 中国电器科学院工业产品环境适应性企业国家重点实验室

2007年9月，经国家科技部批准设立。主要针对汽车、电子电器、建材等国民经济主要行业，重点开展材料、产品、装备的环境适应性基础理论研究、共性技术研究、试验设备研制和评价与解决方案。建有覆盖全国典型自然气候环境的试验网络，是全球典型气候自然环境试验网络成员。

重点实验室研究方向：①工业产品环境适应性基本规律与机理研究，尤其是高分子材料老化机理与老化规律。②工业产品环境适应性试验、检测与评价技术、典型环境条件下工业产品可靠性与耐久性研究和标准化技术。③工业产品环境适应性试验设备。④工程应用技术研究。根据重点实验室目前的科研重点和研究基础，结合国家行业发展的需求，重点实验室将首先面向汽车、家电、建材、石化等多个行业开展技术服务。

5. 中船重工第七二五所海洋腐蚀与防护重点实验室

中国船舶重工集团公司第七二五研究所海洋腐蚀与防护重点实验室，以解决有关海洋开发技术中的腐蚀与防护、石油、天然气的开发和利用问题为背景，研究包括传统材料和新型材料在内的各种材料与表面处理层在海洋环境因素作用下遭受破坏的原因、过程机理及腐蚀控制与监测的技术。以应用基础研究为主，同时与开发研究相结合。

实验室下设电化学、环境腐蚀、表面防护技术、腐蚀监测和电化学保护等5个研究室，就腐蚀学科而言，实验室具有相对齐全的分支学科设置。实验室拥有青岛、厦门、三亚3个实海环境试验站，是中国船舶工业“腐蚀与防护检测机构”、“船舶材料检测与验证中心”。

6. 武汉材料保护研究所机械工业材料腐蚀与防护重点实验室

2010年12月，机械科学研究总院武汉材料保护研究所组建的“机械工业材料腐蚀与防护重点实验室”建设项目通过了验收。实验室主要开展材料自然环境腐蚀行为、规律研究；实验室加速腐蚀试验方法及电化学腐蚀研究；针对国家重点基础性建设和重大工程建设项目的需要，开展材料、产品的环境适应性、寿命预测及腐蚀控制技术研究；高效、环保、新型防腐蚀材料及技术研究；环境腐蚀试验技术和方法的标准化及腐蚀数据库和防护技术咨询服务。

7. 国家电力公司热力设备腐蚀与防护(部级)重点实验室

国家电力公司热力设备腐蚀与防护(部级)重点实验室、上海高校电力腐蚀控制与应用电化学重点实验室依托上海电力大学。目前实验室定位：以应用电化学研究为核心，以能源电力、航天国防为背景，依托上海，开展腐蚀控制、缓蚀剂、热交换系统阻垢缓蚀技术、特种电池等领域的研究，将实验室建设成为具有电力特色的腐蚀与应用电化学研究中心。

此外，据不完全统计，近3年我国新增加与腐蚀与防护学科相关的国家重点实验室、省部级重点实验室或工程中心在10家以上；例如，宝钢的汽车用钢国家重点实验室、中石化安全工程国家重点实验室、北京科技大学新金属材料国家重点实验室等都涉及腐蚀与防护学科，很多国有大型企业，例如武钢、中石化、中石油、中海油也成立了腐蚀与防护中心，我国目前这样级别的腐蚀与防护中心在20家以上；许多中小型企业也都设立了立足解决自身腐蚀问题的防腐蚀研究室或设立专门的防腐蚀工程师，其数量目前无法统计。这些都表明，我国腐蚀与防护学科平台建设迅速发展，同时，其在聚集科技精英人才上发挥了重要作用。它以比较优越的研究环境、条件吸引了许多有抱负、有创造力的中青年科研人员到实验室做研究,许多留学人员也把进入国家重点实验室与高校研究平台工作作为回国发展的首要选择,这对稳定基础研究的中坚力量发挥了重要作用。与此同时,一批中青年科学家正在成为国家重点实验室和高校研究平台的领军人物,从而有力地推动了我国腐蚀学科向着国际领先水平迈进。

(八)学科的最新进展在产业发展中的重大应用、重大成果

近年来,腐蚀学科国家重点实验室、高校基础研究平台及腐蚀科技工作者围绕国家目标和着眼于国家需求,解决了国民经济建设、社会发展和国家安全建设中的许多基础性、关键性技术难题,在我国社会经济发展和国防建设中作出了重要贡献。在表面涂装、表面处理、耐蚀材料、防锈油、缓蚀剂、电化学保护等各个领域都取得了丰硕的研究成果,防腐材料产业已经有了相当规模。

材料(制品)的腐蚀数据积累和材料腐蚀规律与机理研究满足了我国经济建设的迫切要求。例如在西部大开发战略中,西部的基础设施建设已列为首要任务,根据工业发达国家的经验,基础设施建设中材料的选用要以材料(制品)在西部地区典型环境中的腐蚀与老化数据作为重要依据。西部沙漠(戈壁)与海拔 3000m 以上的高原环境占西部总面积的 75%,青海、新疆有大片内陆盐湖干涸后的盐渍土,南疆铁路建设中由于没有混凝土在该地区土壤的腐蚀数据,曾被迫停工数月,后来根据实验室的短期试验结果,确定混凝土的选用方案和防护措施,才恢复施工。国家重大工程建设如西气东输、西电东送、青藏铁路、青海钾肥厂二期工程、南水北调、高速铁路、跨海大桥等也大量使用材料(制品)的腐蚀数据和在这些环境下的材料腐蚀规律与机理研究成果。近年来,我国工业形成了完善的门类体系,规模日益扩大,不仅原有的工业环境出现了大量的腐蚀问题,而且新的具有强烈腐蚀性的工业介质环境不断出现(例如核电、航空、载人航天、石油、化工、高铁、海洋工程等),有的腐蚀问题制约了该工业体系的发展。腐蚀科技工作者为这些问题的解决提供了材料腐蚀学科的有力支撑。在近年的某载人航天发射工程中,出现了设备的腐蚀情况,腐蚀科技工作者与航天人协同攻关,短期内解决了问题,保证了按时发射,这是我国腐蚀与防护学科首次直接处理载人航天中的材料腐蚀失效问题。

材料(制品)的环境腐蚀数据积累和材料腐蚀规律与机理研究为节能、节材、减少因腐蚀造成的经济损失,指导材料的合理使用提供了科学依据。根据统计与调查,我国年材料腐蚀总损失高达 10000 亿元人民币。根据材料的环境腐蚀数据和腐蚀规律与机理研究结果,发展各种防护技术,指导和保证材料的科学使用,并采取相应的防护措施,可节约材料,节省能源消耗,减少腐蚀经济损失 25%~30%,根据目前我国的防腐蚀水平,能达到上述范围的下限,则每年产生约 2500 亿元人民币的效益。同时,避免和减少腐蚀事故发生,延长设备与构件的使用寿命,有很好的社会效益和经济效益。

材料(制品)的环境腐蚀数据积累和材料腐蚀规律与机理研究为提高材料(制品)的使用性能和质量,促进新材料的研究开发提供了依据。材料(制品)耐各种典型环境腐蚀的数据是研究开发各种耐蚀材料的重要依据。我国建立的材料海洋大气与海水腐蚀试验站对海洋用钢的研究开发与发展作出了卓越的贡献。我们目前的耐蚀材料生产水平与国外

相比，存在明显差距，严重制约了我国制造业的水平，各类设备与构件都存在服役寿命低、安全性差的问题，原因之一就是建立在微纳米层次上的腐蚀机理与规律研究不足，目前，腐蚀科技工作者正在努力工作，为材料生产企业提供这方面的研究成果直接用于生产。

材料（制品）的环境腐蚀数据积累和材料腐蚀规律与机理研究为国家制订材料保护政策和环境污染控制标准提供了依据和对策。近 20 年来，在我国由于冶金、化工、能源（火电）、交通（汽车）、造纸等工业，特别是乡镇企业的发展，带来对自然环境的污染，不仅导致生态环境的破坏，同时使材料的腐蚀速率迅速增加，设备、构件、建筑物等的使用寿命大大缩短。我国局部地区雨水 pH 值已降低到 3.2－3.8，导致普碳钢的腐蚀速率增大 5－10 倍；对混凝土建筑物的腐蚀破坏大大加速。腐蚀科技工作者提供了大量的典型材料在不同污染自然环境中的腐蚀数据积累和主要影响因素的研究成果，为国家制订材料保护政策和环境污染控制标准提供了依据。

在国防建设方面，材料腐蚀与防护是为提高武器装备的环境适应性而进行的材料腐蚀机理、材料腐蚀失效预测与评价、武器装备防护技术和工程化应用的研究与实践活动，是武器装备发展所必需的共性技术，是保证和提高武器装备质量的重要环节，是武器装备全寿命周期工作的重要内容。现代武器装备的发展，迫切要求“事后补救”的“试验考核”模式，向开展“材料寿命预测、腐蚀防护主动性设计”的“事前预防”模式转变，“武器装备及其材料腐蚀与失效行为、武器装备环境效应预测与评价、武器装备防护技术”应成为与武器装备同步发展的重点。在我国，腐蚀与防护科技工作者在这方面发挥了重要作用，成为提高我国武器装备水平一支不可或缺的力量。

综上所述，开展材料腐蚀与防护学科的研究是国家经济建设和国防建设，科技进步和经济与社会可持续发展的迫切需要。持续深入开展本学科的基础性工作，有利于提高我国的材料与基础设施的整体水平，促进我国材料腐蚀实验研究基础性工作体系和防护技术工程体系的形成与发展，对国家建设、科技进步、技术创新以及学科的进一步发展具有重要意义。

三、国内外研究进展比较

本部分仅采用文献计量学的方法，对 1988－2010 年 69667 篇腐蚀科学相关 SCI 论文的情况进行分析，试图由此对比国内外学科研究状况，分析腐蚀科学研究的发展趋势。图 1 是 1995－2010年腐蚀科学相关 SCI 论文数的增长趋势图。可以看出，腐蚀科学相关 SCI 论文发表数量呈现出加速增长的势态，2010 年发表的腐蚀科学相关 SCI 论文数约为 1995 年的 3 倍。表明过去的 15 年是国际上腐蚀科学蓬勃发展的 15 年。

发表 SCI 论文最多的国家是美国，达到了 17.9%；中国位居第二，占总数的 11.2%，如表 1 所示。这说明，随着经济的快速发展，我国的腐蚀学科也相应地步入了发展的快车道。表 2 为 2000－2010 年发表腐蚀科学 SCI 论文最多的科研机构列表，可以看出近年来从事腐蚀科学研究的机构中最活跃的是中国科学院，发表 SCI 论文 518 篇，占到总数的 3.23%；其次为印度理工学院和日本东北大学，分别发表 SCI 论文 193 篇和 164 篇，占到总数的 1.21%和 1.02%。近 10 年，发表腐蚀科学 SCI 论文最多的 15 家科研机构中，中国就有 6 家，分别是中国科学院、北

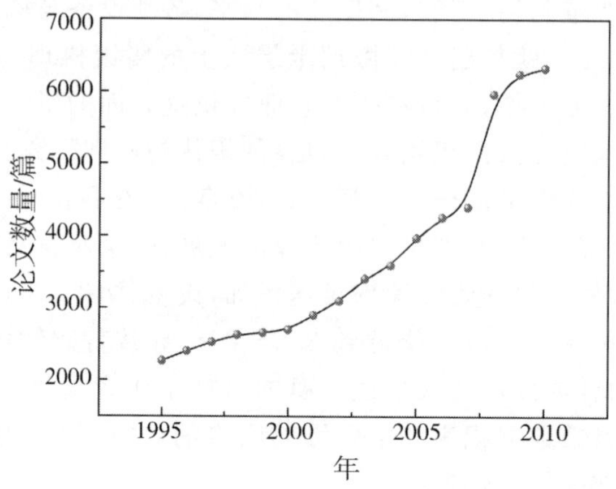

图 1　1995—2010 年腐蚀科学相关 SCI 论文数的增长趋势图

京科技大学、哈尔滨工业大学、大连理工大学、上海交通大学和浙江大学，约占总数的一半，由此可见，近 10 年是中国腐蚀学科是蓬勃发展的 10 年。

表 1　1988—2010 年 69667 篇腐蚀科学相关 SCI 论文的国家(地区)分布

国家/地区	论文数量(篇)	比例
美国	12467	17.90%
中国	7803	11.20%
日本	5735	8.23%
德国	4836	6.94%
英国	3840	5.51%
法国	3642	5.23%
印度	3623	5.20%
加拿大	2597	3.73%
西班牙	2104	3.02%
俄罗斯	2026	2.91%
韩国	2026	2.91%
意大利	1795	2.58%
澳大利亚	1304	1.87%
埃及	1276	1.83%
中国台湾	1241	1.78%

接收腐蚀科学相关 SCI 论文最多的杂志为 *Corrosion Science*，2775 篇，占到总数的 3.98%；其次为 *Surface & Coatings Technology* 和 *Corrosion*，分别为 1508 篇和 1305 篇，占到总数的 2.17%和 1.87%。腐蚀科学相关 SCI 论文研究的主题领域广阔，主要集中在材料科学、化学、冶金学和冶金工程、材料科学、涂层和薄膜、电化学等领域。可见，腐蚀科学作为一门交叉学科，是以材料学科为基础，并与物理、化学和电化学等学科共同发展的。

表 2　2000－2010 年腐蚀科学相关 SCI 论文的科研机构分布

单位	论文数量(篇)	比例
中国科学院	518	3.23%
印度理工学院	193	1.21%
日本东北大学	164	1.02%
北京科技大学	146	0.91%
印度中央大学电化学研究室	144	0.90%
哈尔滨工业大学	139	0.87%
俄罗斯科学院	128	0.80%
西班牙高等科学研究委员会	113	0.71%
大连理工大学	98	0.61%
上海交通大学	93	0.58%
英国曼彻斯特大学	91	0.57%
韩国延世大学	91	0.57%
法国国家科学研究院	86	0.54%
浙江大学	85	0.53%
韩国成均馆大学	84	0.52%
埃及艾因·夏姆斯大学	82	0.51%

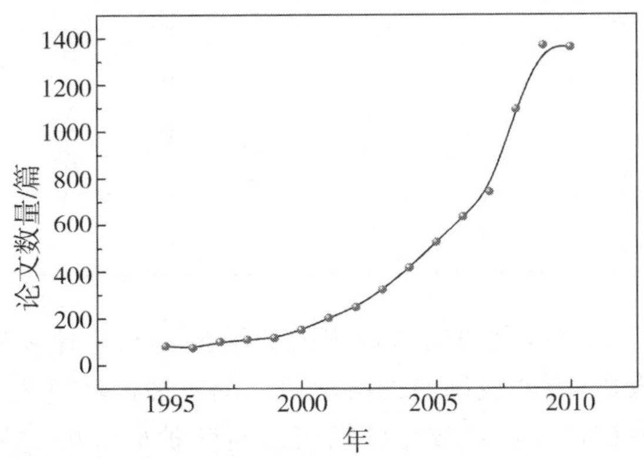

图 2　过去 15 年国内腐蚀科学相关 SCI 论文数的增长趋势图

图 2 是 1995－2010 年国内腐蚀科学相关 SCI 论文数的增长趋势图。从图中可知，在过去 15 年间，腐蚀科学相关 SCI 论文发表数量剧增，2010 年发表的腐蚀科学相关 SCI 论文数约为 1995 年的 16 倍。与国际腐蚀科学相关 SCI 论文发展趋势相比，国内腐蚀科学相关 SCI 论文数的增长更加迅猛，表明国内腐蚀学科的发展更加繁荣。

国内腐蚀科学相关 SCI 论文的发表主要来自于表 3 所示的机构。表中数据反映了近年来从事腐蚀科学研究的机构中最活跃的是中国科学院，发表 SCI 论文 518 篇，占到总数的 18.57%；其次为北京科技大学和哈尔滨工业大学，分别发表 SCI 论文 146 篇和 139 篇，占到总数的 5.24%和 4.98%。纵观中国从事腐蚀科学工作最活跃的 18 家机构，除了中科院外,全部为高校,表明国内从事腐蚀科研的单位主要集中在高校。

表 3 2000—2010 年间国内腐蚀科学相关 SCI 论文的科研机构分布

单位	论文数量(篇)	比例
中国科学院	518	18.57%
北京科技大学	146	5.24%
哈尔滨工业大学	139	4.98%
大连理工大学	98	3.51%
上海交通大学	93	3.34%
浙江大学	85	3.05%
中南大学	76	2.73%
清华大学	74	2.65%
北京航空航天大学	60	2.15%
香港理工大学	56	2.01%
哈尔滨工程大学	55	1.97%
华中科技大学	50	1.79%
上海大学	50	1.79%
东北大学	46	1.65%
中国海洋大学	46	1.65%
香港城市大学	45	1.61%
山东大学	44	1.58%
天津大学	43	1.54%

中国加入 WTO 已 10 年,我国制造业规模和质量得到快速发展与提升,我国腐蚀与防护学科也得到迅速发展,表明我国腐蚀科学研究的发展已经进入一个全新的阶段,不仅表明我国腐蚀与防护基础研究已经成为国际腐蚀与防护研究的重要部分,而且也处于世界领先水平;在防护技术方面,各类传统和新型耐蚀材料、缓蚀剂、各类新型涂层与涂料和电化学保护新技术也大量出现并迅猛发展,成为推动我国,乃至世界腐蚀与防护学科发展的重要推动力;在腐蚀与防护产业和企业发展方面,不仅能够完全解决我国各行业出现的材料腐蚀问题,而且本身也形成巨大的产业。随着我国海洋、石油、电力等领域迅猛发展,对高性能耐蚀材料的需求越来越迫切。但是,材料研发与生产缺乏针对这些复杂环境、复合载荷、全寿命周期条件下高性能结构材料的设计、制造和服役行为中的科学问题研究和共性技术研发,仍不能满足国家重大工程项目的发展需求,严重制约了相关产业的发展,导致了我国的材料存在性能差、质量不稳定、使用寿命短等一系列的问题。从学科整体水平看,国内外尚有较大的差距。

(一)差距分析

目前我国在腐蚀与防护领域的差距主要表现在：

1. 政府和企业各级领导重视不够

腐蚀事故危害与损失极大，但是往往具有后效应特点。事故不发生得不到重视。相关法律法规的缺失导致在重大设施和设备建造中，往往不把其服役寿命作为关键考虑因素，也导致企业对设备寿命管理随意性很大。

2. 基础研究跟踪模仿为主，防护技术自主创新品种较少

国内目前耐蚀材料的设计和防护技术大多采取照抄标准、照抄成分、摸索工艺的老路，在适应国家重大需求，能够承受复杂环境、复合载荷、全寿命周期考验的耐蚀材料设计方面，缺乏适用于我国特有环境和服役条件的自主品种。例如我国川渝地区的油气田，具有高 H_2S 腐蚀的特点，采用现有品种无法满足耐蚀要求，就模仿国外 G3 钢，造成材料的浪费和成本上升；各种防护涂料基本也是采取这种方式获取，缺乏自主创新品牌。

3. 某些关键材料和绝大部分腐蚀测试设备不能满足需求，仍然依赖进口

国家海洋工程、能源工程等快速发展对高性能结构钢提出迫切需求，目前仍有不少关键部件的用钢不能自主化生产，依赖进口，这对我国海洋安全、能源安全造成重大影响。例如屈服强度 690MPa 级高强度、高韧性、耐腐蚀、易焊接的海洋工程钢完全依赖进口，时速 250km 以上高速列车车轴锻坯、车轮以及轴承等关键钢铁材料几乎全部进口，岭奥二期核电 200 万 kW 的 2 台机组用钢量 6387t，其中进口钢材高达 47%。绝大部分腐蚀测试设备，特别是电化学测试设备不能满足需求，需要大量进口。

4. 耐蚀材料质量稳定性不足，寿命不能保障

在我国能够自主化生产的高性能结构钢和其他耐蚀材料品种中，也往往存在质量不稳定、材料寿命短的问题，主要是在一些关键的质量指标方面，如化学成分控制精度、组织的均匀性、性能的稳定性、钢材的洁净度等与先进国家均有较大差距。例如，我国钢中杂质和有害元素含量普遍较高，国内最好仅为 8－10ppm，一般为 20ppm；精细化、均质化技术方面，国外先进国家钢铁材料的同批次或同板性能差可以控制在 10MPa 以内，而我国普遍在 30－60MPa。如国外船板钢在线轧制控制厚度精度可达 0.045mm，而我国最好仅为 0.3mm，导致耐蚀材料质量稳定性不足，寿命不能保障。

5. 材料服役数据积累不足，缺乏完善的评价体系和标准规范

目前我国在评价体系的实验研究、积累应用数据、制定被广泛接受的标准方面存在差距，而这恰恰是腐蚀与防护学科创新链条中的重要一环。海洋工程领域中钢铁材料强度、低温韧性、疲劳、抗撕裂、耐海洋环境腐蚀等评价体系和标准；油气资源开采与输运领域中在多轴、交变、挤毁复合应力作用下，抗 H_2S、CO_2、高温等性能的材料评价体系及标准均未建立。在当今国际采购、全球招标的大经济环境下，掌握标准及规范的制定权，就掌握了国际市场竞争中的话语权。

(二)原因分析

1. 缺乏有影响力的基础性研究方向,基础研究与生产脱节较严重

虽然我国近年来在腐蚀基础理论研究方面取得了长足的进步,特别是在腐蚀电化学、非稳态薄液膜腐蚀电化学、高温腐蚀和自然环境腐蚀等基础理论方面取得了一系列创新研究成果,逐渐形成国际上有影响力的代表中国水平的研究方向,但是这些研究尚未形成足以引领世界研究方向的水平,还没有形成强势的基础研究方向,还带有很重的"跟踪"研究的痕迹。尤其不足的是,这些研究与我国耐蚀材料和防护技术的现状严重脱节,没有用来指导生产实践,一方面导致这种基础研究缺乏动力,原创性成果匮乏;另一方面使我国的材料生产水平和防护技术水平较低。

2. 关键共性技术壁垒严重

以钢铁工业为例,钢铁工业产能迅速扩张,导致产能严重过剩,企业间商业利益冲突加剧,相互间的技术壁垒也越来越严重,难以形成企业间合作机制。由于利益冲突造成的竞争,国家投入研发的技术成果,占有技术的企业基本不会向其他企业转移,造成了其他企业仍需重复研发,不仅造成了重复投资,而且不利于关键共性技术的提升,导致我国钢铁工业在高端产品的关键共性技术和产品质量稳定性上存在着缺失,如化学成分控制精度、组织的均匀性、性能的稳定性、钢材的洁净度、复杂环境复合载荷下寿命以及产品尺寸精度与外形质量等,与先进国家相比仍有较大差距,只有约 30%可以达到国际先进水平。又如,我国涂料生产企业目前达到万家以上,他们处于严重的互相封锁,互相排斥,互相压价的时期,处于严重的无序状态,严重阻碍了涂料技术的发展。

3. 高精尖的测试设备研发严重不足

长期以来,我们只注重从国外进口高精尖的测试设备,忽视了高精尖测试设备的自主研发,导致了目前我国腐蚀与防护学科高精尖的测试设备几乎完全依赖于进口。这也制约了引领世界研究方向基础研究的形成,同时将会导致永远受制于人的局面。

4. 企业拔尖人才匮乏

长期以来我国对技术研发的投入不足、研发条件缺乏、激励制度不健全,相当多企业技术研发人才匮乏,还远未形成现代意义上的自主研发队伍。多数企业的技术研发经费不足产值的 1%,由于研发经费的不足,很难吸引优秀人才到企业从事自主研发,部分高层次人才也因激励政策不到位而转到管理岗位,使本来就薄弱的研发队伍更加短缺。超过万家的中小型腐蚀与防护企业情况尤其如此。

5. 协同创新体系亟待完善

我国长期形成的行业宏观管理体制,限制了跨行业、跨企业间的沟通与合作,也阻碍了生产企业与用户企业的协同创新。另外,与其他行业相比,腐蚀与防护行业的自主创新涉及的环节较多,资金投入大,技术创新风险高,限制了技术转化效率和新产品的开发速度。重大工程项目的创新需要经过多个环节,整个创新链条中用户企业、生产企业、高校、研究院所具备在不同阶段的自主创新能力的优势,但站在企业的角度却无法有效整合整

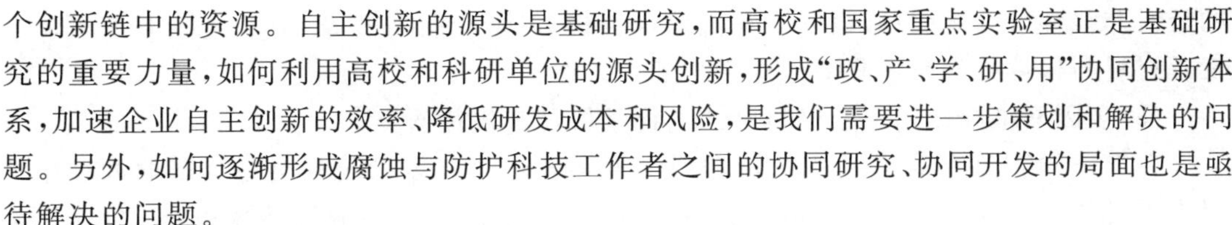

个创新链中的资源。自主创新的源头是基础研究，而高校和国家重点实验室正是基础研究的重要力量，如何利用高校和科研单位的源头创新，形成“政、产、学、研、用”协同创新体系，加速企业自主创新的效率、降低研发成本和风险，是我们需要进一步策划和解决的问题。另外，如何逐渐形成腐蚀与防护科技工作者之间的协同研究、协同开发的局面也是亟待解决的问题。

（三）对策分析

随着全球范围内社会和经济的不断发展，材料面临的服役环境愈来愈复杂，对其使用寿命要求也越来越高。另外，材料及制品环境腐蚀性能与其质量息息相关，材料企业产品的腐蚀试验研究、腐蚀数据积累和耐腐蚀钢开发，必须坚持走企业自主创新之路，依靠自主建设的产品腐蚀试验平台，形成强大的产品原始创新和评价能力。这一工作不仅是提升企业未来竞争力的重要手段，同时也是事关国计民生、国家安全和长远利益的研究工作，而且该研究可大大提高产品的附加值。例如，我国钢铁工业近十年以规模发展为主线，在这种粗放的发展模式下，钢铁产能虽然快速扩张，但技术创新能力依然薄弱，尤其是对材料服役性能在材料整体设计中的地位没有给予重视，没有将材料的耐腐蚀性能纳入材料寿命设计之中，这严重制约了我国耐蚀钢向低成本、高性能的方向发展，造成了巨大的腐蚀损失和环境污染。这主要是由于长期的行业条块分割和研究单位各自为政，协同创新体系没有形成。解决以上问题必须采取以下对策：

1. 构建腐蚀与防护学科基础研究协同研发平台

以中科院腐蚀与防护国家重点实验室、北京科技大学、浙江大学等大学相关课题组以及国家材料环境腐蚀野外科学观测研究平台为主体，构建我国腐蚀与防护学科基础研究协同研发平台。目前重点研究方向为：

（1）从微纳米尺度到超大尺寸构件等尺度范围上开展材料腐蚀电化学机理与规律研究，发展面向使用性能的材料多层次跨尺度综合设计理论与方法。

目前我国结构材料性能差、寿命低的原因之一就是微观腐蚀电化学研究积累少，其中关键科学问题之一就是要发展从微纳米尺度到超大尺寸构件等尺度范围上的腐蚀电化学理论和机理研究，并在此基础上，建立原子电子、微观组织、宏观（包括制备加工工艺和服役行为）等多层次跨尺度综合设计理论与方法，实现针对不同使用性能和服役环境的材料成分一组织性能一制备加工工艺一体化耦合集成设计。

（2）开展从微秒到百年等时间尺度上的材料腐蚀电化学机理与规律研究，发展复杂环境、复杂载荷下服役工程材料与构件的寿命预测基础理论与延寿方法。

通过典型的不同环境服役材料的室内模拟实验，并结合现场实际试验开展腐蚀行为研究，探明复杂环境、复杂载荷下服役工程材料与构件，例如平台用低合金高强钢、新型潜艇用钢、深海用高强管线钢、2205 和 2507 不锈钢、铜合金和钛合金等材料在不同环境下局部腐蚀（点蚀、蚀坑、缝隙腐蚀和电偶腐蚀等）行为及规律，并重点研究在载荷与腐蚀电化学耦合作用下点蚀、蚀坑、缝隙腐蚀和电偶腐蚀等演化为表面裂纹的可能性、演化过程机理与影响因素。高性能结构钢的尺寸效应对服役行为与失效规律的影响；在复杂环境、复杂载荷下高性能结构钢的服役行为与失效机理；高性能结构钢的服役性能和失效过程的经时非线性行为规律；服役安全评价综合分析方法与理论；复杂环境、复杂载荷下服役工程材料与构件的寿命预测基础理论与延寿方法。

（3）多因素耦合作用下的材料腐蚀电化学机理与规律研究。

在未来的能源战略、海洋开发战略及交通运输远景规划乃至社会各个产业领域中均提出了对材料更强韧、易焊接、耐腐蚀、长寿命等性能要求，同时服役环境和服役安全更为严酷。不同服役环境下，对材料的性能要求有很大的差别。海洋工程领域，主要解决强度、低温韧性、疲劳、抗撕裂、耐海洋环境腐蚀等科学问题。油气资源开采与输运领域主要是在多轴、交变、挤毁复合应力作用下，抗 H_2S、CO_2、高温等性能。电力装备主要是钢铁材料精细成分组织控制与高温持久，环境断裂等服役安全设计理论与材料本身稳定性的控制理论和技术等问题。多因素耦合作用下的材料腐蚀电化学机理与规律研究是解决以上问题的关键科学问题之一。

2. 构建腐蚀与防护应用技术协同研发平台

以企业国家实验室、各行业腐蚀与防护重点实验室或中心、各地方或部委腐蚀与防护重点实验室或中心为主体，构建我国腐蚀与防护学科应用基础研究协同研发平台。平台建设的具体方向包括：

（1）复杂环境和复合载荷下系列化耐蚀材料开发与设计技术。

结合新的极端环境，在掌握大量腐蚀数据和对腐蚀机理研究的基础上，发展系列化的各领域中新型耐蚀结构材料，是材料腐蚀与防护技术最重要的工作方向之一，例如发展系列化的深海耐蚀用钢、系列化的海洋平台耐蚀用钢、核电环境下系列化耐蚀用钢的成分与结构设计技术和新型耐候钢的开发等。

（2）新型环保、长寿命涂镀层与表面处理技术的开发。

随着对产品的使用寿命和安全性越来越高的要求，对各种涂镀层质量提出了更加苛刻的要求，同时对其生产过程中的环保也愈加苛刻，发展更加环保的各种有机、无机和有机无机杂化的长寿命钢铁涂镀层表面处理技术将使钢铁产品的使用环境大大拓展。

（3）等效加速实验方法与寿命预测技术。

材料都是在实际环境中服役的，对其寿命预测不可能在服役环境中进行实际跟踪试验来获得。因此，有关材料腐蚀等效加速理论与方法建设也很重要，是进行材料寿命评估的基础工作之一。材料腐蚀等效加速理论与方法包括开展腐蚀加速试验体系建设和室内外腐蚀相关性研究两方面的工作。可以利用已经具有的学科优势，结合我国的海洋、能源和基础设施建设等的实际环境条件，基于腐蚀学原理及自然环境腐蚀结果，结合开展腐蚀加速试验体系建设，为加快新产品研发提供技术支撑；同时开展室内模拟腐蚀试验和自然环境腐蚀试验相关性研究，为材料寿命预测提供科学指导。通过等效加速实验理论与方法及寿命预测创新平台建设使我国在这方面的研究达到世界先进水平。

（4）材料腐蚀微区电化学测试技术与材料腐蚀现场原位检监测技术。

宏观腐蚀电化学测试技术逐渐完善，对材料的腐蚀机理认识和各类防护技术的发展起到了重要的推动作用。为了更加深刻地认识材料腐蚀的微观机理和过程，近年来，微观腐蚀电化学测试技术迅速发展，为从组织结构层次认识腐蚀过程提供了重要的技术手段。利用近年来迅速发展的涉及力、热、声、电、光等方面的新型检测原理或技术，发展材料腐

蚀现场原位检监测技术，为发展材料腐蚀与防护技术提供基本数据支撑。

(5)材料腐蚀数据积累与标准制定。

材料的环境腐蚀情况十分复杂，影响因素很多，虽然实验室模拟数据积累十分重要，但是最终必须通过实际环境观测数据来修正与校核。另外，我国材料、制品腐蚀标准与法规建设工作相当落后，虽然参考国外标准也制订了一些国家与行业的试验方法、耐蚀性评价等标准，但不系统、不全面，与发达国家相比还有很大差距。例如 ISO 认证、美国国家标准局、腐蚀工程师学会(NACE)、金属学会(ASM)、材料试验协会(ASTM)和美国石油学会(SPI)等研究制订了几千个腐蚀与防护标准和规范。美国仅材料大气腐蚀试验正在执行的标准就有 800 多项，而我国相关环境试验标准只有 80 余项。这不仅极大制约了技术的发展和产品质量的提升，而且无法满足国家建设和国际竞争的需要。通过开展腐蚀试验标准、产品性能标准体系建设，可为规范我国产品的评价体系及抢占国际市场提供支持。

3. 构建防护技术工程协同研发平台

以国有大型企业的腐蚀防护中心、中小型企业的腐蚀与防护工程技术人员为主体，构建我国腐蚀防护技术协同研发平台。根据防护技术体系的发展，目前将防腐蚀工程大致分五个亟待发展的方向：

(1)耐蚀材料防腐蚀工程中的新工艺、新技术、新设备。

(2)表面处理与涂装防腐蚀工程的新工艺、新技术、新设备。

(3)电化学保护防腐蚀工程的新工艺、新技术、新设备。

(4)环境介质处理或工艺防腐蚀工程的新工艺、新技术、新设备。

(5)防腐蚀专用设备工程的新工艺、新技术、新设备。

4. 构建以上三个平台大协作大交流的新机制

在中国腐蚀与防护学会的平台上，拟与中国金属学会、中国材料研究学会等兄弟学会、协会一道，构建腐蚀与防护学科基础研究协同研发平台、腐蚀与防护应用技术协同研发平台和防护技术工程协同研发平台大协作大交流的新机制，在国家的大力支持下，推动腐蚀与防护学科的快速发展。

5. 加强腐蚀与防护科普工作，推动腐蚀与防护的立法工作

任何设备、构件或建筑物无论是谁出资建造，最终都是归属于整个社会，对社会整体产生各种影响。因此，为了加强对设备、构件或建筑物使用寿命的最大化，减少对整个社会的危害，必须制定相关的法律，在设备、构件或建筑物建造的设计、建造、使用和报废等全寿命管理中，必须纳入材料腐蚀与防护的思想，即腐蚀与防护科技工作者必须动员全社会的力量，像《环境保护法》一样推动设备、构件或建筑物腐蚀与防护的立法工作。同时加强科普工作，提高全民认识水平。

四、发展趋势及展望

作为国民经济和国防建设中重要支柱制造业所属的材料腐蚀学科，具有多方向发散的特征，社会发展和建设中的各部门和各方面都会涉及该学科。随着近年来我国制造业规模位列

世界第一，学科本身取得了突飞猛进的发展，在基础研究方面综合实力已经名列前茅，发表论文数位列世界第二，同时腐蚀与防护产业也快速发展，规模位居世界第一，腐蚀与防护学科的发展和人才培养完全满足了制造业、腐蚀与防护产业以及社会各行业发展的需要，说明我国已经成为腐蚀与防护学科大国。但是，尚不是腐蚀与防护学科强国。一方面，我国在基础研究上尚未形成足以引领世界腐蚀与防护学科研究方向的强势研究方向或贡献较大的基础研究方向；另一方面，我国相关的防护技术综合水平仍然较低，原创性技术很少，高品质长寿命耐蚀结构材料、腐蚀研究所需的高档测试设备都需要进口，有关腐蚀与防护方法、技术涉及的标准体系建设十分薄弱。发展我国腐蚀与防护学科必须一方面牢牢抓住我国经济发展和国防建设的需求，另一方面必须充分关注国际上学科发展的新理论、新动态，大力建设和培植在世界上有影响力的基础研究，力图引领基础研究的发展方向。

未来我国材料使用的地域将由陆地向海洋、由浅表向深层，负荷由静载向动载，环境由大气向酸碱，应力由简单向复合变化。新一代高性能设备和构件要求能够在复杂应力、交变应力、动态载荷、多种腐蚀介质下安全服役。材料设计应针对各类不同的复杂环境，结合大气腐蚀、海洋腐蚀、特殊介质腐蚀、湿热环境对材料性能的要求，提出新原理、新工艺、新技术，实现对强度、韧性、塑性、耐蚀性、抗蠕变性等综合性能的提高。然而在金融危机、全球经济萎缩、贸易保护主义盛行的当今，腐蚀与防护学科必须实现基础研究新的突破，建设和发展世界一流的基础研究方向，提升学科自主创新能力，以支撑我国国民经济发展模式的转型。针对海洋、石油、电力、交通和航空航天等领域的国家重大需求，围绕复杂环境、复合载荷、全寿命周期条件下高性能材料的设计、制造和服役行为中的共性技术，构筑政产学研用协同创新体系；建立多学科融合、多团队协作、多技术集成的协同创新平台；解决国家在海洋、能源、交通、重大装备领域急需的高性能结构材料和出现的重大材料腐蚀事故，支撑我国工业产业结构调整，促进高端工程人才培养与技术转移，这就是我国“十二五”时期腐蚀与防护学科的发展目标。

这种战略需求就需要构筑政产学研用协同创新体系，围绕国家重大需求和国家的核心竞争力，组织社会各种力量进行协同创新。特别是在国家、各级政府和企业领导的强力支持下，以国家重点实验室、大学以及国家材料环境腐蚀野外科学观测研究平台等相关研究团队为主体，构建我国腐蚀与防护学科基础研究协同研发平台；以企业国家实验室、各行业腐蚀与防护重点实验室或中心、各地方或部委腐蚀与防护重点实验室或中心为主体，构建我国腐蚀与防护学科应用基础研究协同研发平台；以国有大型企业的腐蚀防护中心、中小型企业的腐蚀与防护工程技术人员为主体，构建我国腐蚀防护技术协同研发平台。以中国腐蚀与防护学会为协调单位，形成以上三个平台内部协同创新研究与开发的局面，构建腐蚀与防护学科基础研究协同研发平台、腐蚀与防护应用技术协同研发平台和防护技术工程协同研发平台大协作、大交流的新机制，推动腐蚀与防护学科的快速发展，同时加强腐蚀学科的科普和立法工作，为我国尽快成为腐蚀与防护学科强国提供基础和保障，满足我国制造业向国际一流水平发展的需要。

腐蚀学科关注的主要问题是设备或构件，也就是各种材料在环境中使用服役中是否安全、寿命多长的问题。这就必须从微纳米尺度到超大尺寸构件的尺度范围上探索材料与环境相互作用时的失效机理与规律、从微秒到年的时间尺度上认识材料与环境相互作用失效机理与演化规律和多重环境因素耦合作用下的材料失效机理与各因素影响规律等三个方面，研究其中包含的各种科学问题。不幸的是，解决这些科学问题的难度不亚于解决物理学或化学中科学问题的难度，它们挑战着目前人类的认知能力和测试水平，与物理学或化学不同，解决这些问题的标志不仅是人类社会接受由这些科学问题解决而产生的技术，而且这些技术必须产生经济效益，否则，并不算完全解决了腐蚀与防护学科中的科学问题。

到目前为止，对金属腐蚀行为与机理的实验研究与理论分析表明，对于金属的环境腐蚀失效过程，其产生机理、发展过程以及与环境的交互作用相当复杂，是属于复杂科学问题，表现为：控制变量及影响因素众多；各变量与腐蚀速率之间具有较强的动态耦合变化过程；腐蚀过程呈现随机性、非线性、多变性及突变性。尽管这样，也没有阻挡人们对其过程认识的步伐。从总体上看，人们对这种复杂过程的认识目前还主要处在实验研究和数据积累阶段，这个阶段的特征是发展各种试验方法、观测腐蚀过程的行为与机理和加强动态、原位检测技术的研究。

随着环境腐蚀理论研究工作的深入，从时间尺度上看，目前建立的与时间相关的腐蚀模型具有一定的局限性，例如大气和土壤腐蚀模型主要采用对长时间实际暴露腐蚀数据进行拟合，点蚀生长模型主要采用实验室试验数据进行拟合，应力腐蚀裂纹扩展速度的测试精度不高和测试方法各有利弊，总之模型的建立主要依据经验公式。但是由于获得的腐蚀数据是不连续、非原位检测的结果，建立的腐蚀模型无法动态、连续描述材料表面随时间发生的变化过程。因此，有关理论模型的研究仅仅处于起步阶段，尚需要数十代人不断坚持和长期研究才能逐渐取得令人满意的结果，其中非线性非稳态过程研究是关键。

随着宏观腐蚀电化学的不断发展与成熟，与之相对应的微区腐蚀电化学将是腐蚀学科发展的一个重要方面。借助于宏观腐蚀电化学的研究方法与成果，利用微区腐蚀电化学的测试方法，对金属局部腐蚀机理、涂层缺陷处腐蚀机理和金属相结构腐蚀电化学进行系统研究，将获得系统的创新性研究成果，极大地推进对腐蚀规律的认识。从空间尺度的角度看，过去，腐蚀的电化学过程的研究只停留在宏观尺寸水平，如今，由于纳米表征技术和计算科学的发展，人们开始从原子的层面上研究溶解和钝化过程中电子和离子的转移反应机制。近几年来扫描电子显微镜、电化学毛细管探针显微镜的发展以及与其他材料微结构分析技术的结合（如拉曼光谱仪、开尔文扫描探针、原子力显微镜、扫描隧道显微镜等），使得腐蚀科学研究者们得到了更多的信息，而这些信息是应用传统的电化学测试方法所不能得到的。同时，空间放射性示踪原子分析与腐蚀电化学方法相结合的研究也是从原子层面认识腐蚀机制的另一途径。这种微纳米腐蚀电化学与其他表征方法的结合将会极大地促进腐蚀科学和电化学基础研究的共同发展。

在腐蚀机理的研究方面，从原子层面上研究各种化学成分对腐蚀起源影响才刚开始。例如在原子层面上，离子在点蚀或腐蚀开裂过程中所起到的作用尚不清楚；对材料中重要缺陷的跨尺度层次构建还较为简单；关于缺陷分布对腐蚀的影响研究，还处于起步阶段。在材料断裂力学的研究方面，对微米尺寸缺陷的认识已经取得了长足的进步，但在腐蚀科学研究过程中对这类缺陷影响的认识尚处于初始阶段。然而，成像技术的快速发展，为我们在纳米层次上研究缺陷带来了更多的机遇。同时，需要在纳米层次上研究腐蚀过程中水的吸附、钝化、溶解及阴极反应速率等，因为纳米材料具有量子尺寸效应，表面原子增多，相邻的原子数减少，且缺陷和应力的影响很大。由于尺度相近，纳米层次的研究有助于对浓度梯度、双电层、欧姆电场等与腐蚀相关的基础理论研究的进行。因此，纳米材料的应用可能需要在纳米和超纳米层次上对表面和电化学现象有新的研究和理解，这会对纳米电化学的发展产生重大影响。另外，扫描隧道显微镜、原子力显微镜以及第一原则建模方法等的发展，进一步促进了腐蚀科学在纳米层次上的研究与发展。

局部腐蚀机理研究是未来关注的焦点之一。其中对闭塞环境中(凹坑处、缝隙处、开裂处、镀层起泡或剥落处)各种各样的化学/电化学反应的认识是关键，基于对这些化学/电化学反应过程的认识，可以进一步理解水溶液中的局部腐蚀过程。虽然对点蚀坑和缝隙内的化学成分、电化学反应有了较多的认识，但对膜的离子传输、腐蚀产物的沉淀等与局部腐蚀密切相关过程的认识仍具有一定的局限性。同时，需要认识在浓溶液中的导电、传输等物理化学性能，如活度系数和 pH 值等。由于局部腐蚀的尺寸和腐蚀介质浓度梯度的突变，以及目前用于微区探针技术的局限性，现有的模型并不完善。

应力与应变对腐蚀起始和进程的影响也是未来一个重要的研究方向。弹性应变或者塑性应变会对材料的腐蚀溶解产生重大影响，拉应力的影响是多方面的，目前已经认识，拉应力不仅可以通过裂纹加剧晶间腐蚀，还可以使裂缝内的腐蚀电流增大。目前，人们对这一影响的热力学或动力学机制的认识有限，还有待进一步的研究。基于原子层次上对应力或应变在室温条件下溶液中腐蚀反应作用的认识，科研工作者们已经建立了关于应力腐蚀开裂、氢脆的微米尺寸描述的机理模型。然而这类模型具有一定的局限性，仅可应用于特定条件下的应力腐蚀开裂或氢脆，仍旧缺少对这类现象的原子层次上的深度研究。另外，目前关于应力对应力腐蚀开裂中阳极溶解的作用机制的认识大都是定性描述(如预存通道机制、活性通道腐蚀机制)，还没有形成定量描述的理论。这样不同条件下的作用机制就很难界定，例如，受机械和电化学机制混合控制应力致晶间腐蚀开裂(IGSCC)和受纯粹电化学机制控制的晶间腐蚀(IGC)之间的区分就很困难。

随着对环境腐蚀连续变化过程的深入研究，利用计算机仿真技术，结合实验室实验和现场试验数据，可以建立并不断完善关于腐蚀过程的理论模型，这是金属环境腐蚀研究的一个重要方向。在不远的将来，实验研究和数据积累、腐蚀模型的建立和计算机仿真实现连续腐蚀变化过程的模拟等，将成为人们认识和控制金属腐蚀过程的相互依赖、相互补充、有机结合的三个重要方面。例如 Tidblad 和 Graedel 等人利用计算机初步建立了锌、铜和镍在 SO_2，$(NH_4)_2SO_4$ 大气环境中初期腐蚀过程的理论模型，提出了六区域模型，模型将大气腐蚀的焦点集中在薄液层的特性研究上。P. Cordoba－Torres 等人采用元胞自动机，将金属阳极作为一定网格内的相互关联的元胞进行考虑，用概率因素代替了电化学反应中的反应速率常数作为元胞自动机的演化规则，模拟了金属阳极溶解的发生、发展过程。R. M. Pidaparti 等人同样采用了概率型元胞自动机，确定了一套铝合金点蚀发生、发展的演化规则。C. Vautrin－Ul 等人根据通过演化规则中的概率事件表示了实际电化学反应，通过设置演化规则中的不同参数，模拟了不同控制步骤下腐蚀坑的发展过程，并模拟了实际溶液中电化学反应与法拉第定律之间产生偏差的原因。综上所述，元胞自动机已经在多个腐蚀问题的模拟中得到了成功的应用。对于腐蚀问题来说，其本质上就是一系列的电化学反应和扩散过程，而这两种物理过程都是可以通过设置元胞自动机中的演化规则来实现计算机模拟的。我国在这方面的研究刚刚起步，总体有 10 年的差距。

随着材料从传统结构材料到功能材料，从金属材料向陶瓷材料、高分子材料和复合材料方向的发展，特别是生物医用材料的大量出现，在目前金属环境腐蚀研究成果与方法的基础上，对功能材料、高分子材料和复合材料的腐蚀失效开展系统的数据积累、规律与机理研究以及计算机模拟与仿真将是一个重要的发展方向。人类社会实际上已经进入复合材料时代，但是，由于材料腐蚀失效研究的滞后性，对功能材料、陶瓷材料、高分子材料和复合材料，特别是生物医用材料在各种环境中的腐蚀失效机理与规律以及与环境因素之间的关系研究，十分缺乏。可以预见，这将是未来腐蚀与防护学科发展的一个不可或缺的重要方向。

随着自然环境的日益变化、人类向极端自然环境的进军和各种人造极端工业环境的出现，例如太空、深海、湿热海洋气候和高寒等环境中各种大型构件的不断增加和服役条件的恶劣，各种强酸强碱多盐、高温高压的新型工业环境的出现，各种微生物环境的出现，利用已经获得的数据、规律和机理研究成果，进一步加深对这些过程的腐蚀机理与规律的认识，同时建立以上环境下与实际服役环境吻合度较高的加速腐蚀试验方法体系，对在环境中实际服役构件进行腐蚀安全评定和对其腐蚀日历寿命进行准确评估，也将是腐蚀与防护学科一个需要长期坚持的方向。

总之，在加强以上基础研究的同时，不断培植我国具有影响力的基础研究方向，是发展我国腐蚀与防护学科的基本原则。在此基础上，发展具有国际一流水平的耐蚀材料防腐蚀工程、表面处理与涂装防腐蚀工程、电化学保护防腐蚀工程、环境介质处理或工艺防腐蚀工程和防腐蚀专用设备工程中的新材料、新工艺、新技术、新设备，不断提升我国腐蚀与防护学科的原始创新和应用能力，才是发展我国腐蚀与防护学科的根本目的。

参考文献

[1] 郭孟秋，董翠，张小云，等. 2B06 铝合金大气腐蚀过程的电化学噪声监测[J]. 失效与分析技术，2010(3)：149-154.

[2] 杜楠，黄乐，徐珊，等. 304 不锈钢点蚀行为的电化学噪声研究[J]. 失效与分析技术，2009(2)：71-76.

[3] 董泽华，郭兴蓬. 16Mn 钢局部腐蚀中的电化学噪声特征[J]. 中国腐蚀与防护学报，2002(5)：290-294.

[4] 胡会利，李宁，程谨宁，等. 用电化学噪声法研究镀锌层在海水中的腐蚀性为[J]. 材料保护，2007(8)：1-5.

[5] 程英亮，张鉴清，曹楚南 . NaCl 溶液中 LC4，LY12 及纯铝腐蚀过程的电化学噪声特征[J]. 金属学报，2001(1)：74-78.

[6] 董超芳，安英辉，李晓刚，等. 7A04 铝合金在海洋大气环境中初期腐蚀的电化学特性[J]. 中国有色金属学报，2009，19(2)：346-352.

[7] G. Meng，Y Li，F Wang. The corrosion behavior of Fe-10Cr nanocrystalline coating [J]. Electrochim. Acta，2006(51)：4277-4284.

[8] L. Liu，Y. Li，F. Wang. Influence of nanocrystallization on pitting corrosion behavior of an austenitic stainless steel by stochastic approach and in-situ AFM analysis[J]. Electrochimica Acta，2010(55)：2430-2436.

[9] Li Liu, Ying Li, Chaoliu Zeng, et al. Electrochemical impedance spectroscopy studies of the corrosion of pure Fe and Cr at 600℃ under solid NaCl deposition in water vapor[J]. Electrochimica Acta, 2006, 51(22):4736-4743.

[10] J. Huang, X Wu, E H Han. Influence of pH on electrochemical properties of passive films formed on Alloy 690 in high temperature aqueous environments. [J]. Corrosion Science, 2009(51): 2976-2982.

[11] B Lin, R Hu, C Ye, et al. A study on the initiation of pitting corrosion in carbon steel in chloride containing media using scanning electrochemical probes [J]. Electrochimica Acta, 2010, 55(22):6542.

[12] F Meng, E Han, J Wang, et al. Localized corrosion behavior of scratches on nickel-base Alloy 690TT[J]. Electrochimica Acta,2011,56(10): 1781.

[13] Y Zuo, H Wang,J Zhao,et al. The effects of some anions on metastable pitting of 316L stainless steel[J]. Corrosion Science ,2002,44(1):13-24.

[14] D Sun, Y M Jiang, Y Tang,et al. Pitting corrosion behavior of stainless steel in ultrasonic cell[J]. Electrochimica Acta ,2009,54(5):1558-1563.

[15] Z H Dong, W S, X P Guo. Initiation and repassivation of pitting corrosion of carbon steel in carbonated concrete pore solution[J]. Corrosion Science,2011,53(4):1322-1330.

[16] L Li, X G Li, C F Dong,et al. Computational simulation of metastable pitting of stainless steel[J]. Electrochimica Acta ,2009,54(26):6389-6395.

[17] H Sheng, C F Dong, K Xiao, et al. The anodic dissolution of the crack tip at AA 2024-T351 in 3.5% NaCl[J]. International Journal of Minerals, Metallurgy and Materials, In press.

[18] X J Zhang, C X Gao, L Wang et al. Effect of Cr on oxidation of Ni-xAl alloy [J]. Transactions of Nanferrous Metals Society of China,2007(17):171-174.

[19] Z Y Liu, W Gao, K L Dahm, et al. Oxidation behaviour of sputter-deposited Ni-Cr-Al micro-crystalline coatings[J]. Acta Materialia,1998(46):1691-1700.

[20] Y Zhou, X Peng, F Wang. Oxidation of a novel electrodeposited NiAl nanocomposite film at 1050℃[J]. Scripta Materialia,2004(5):1429-1433.

[21] M F Wang, X G Li, N Du, et al. A. Korsunsky, Direct evidence of initial pitting corrosion[J]. Electrochemistry Communications,2008(10):1000-1004.

撰稿人:李晓刚　张鉴清　王福会　左　禹
乔利杰　孟国哲　杜翠薇　李　劲

专题报告

金属腐蚀电化学发展研究

一、引言

本专题报告主要综述电化学噪声采集与分析技术进展，电化学阻抗在大气腐蚀过程研究的应用，静态和动态薄液膜下金属材料腐蚀电化学的研究进展，纳米材料的腐蚀电化学的基础理论研究和中高温、深海和核电等苛刻环境下典型材料的失效过程的腐蚀电化学。同时，跟踪国际相关腐蚀电化学的最新研究进展，并与国内研究进行比较分析。

二、最新研究进展

(一)电化学噪声等原位无损技术研究进展

电化学噪声技术作为一种原位无损的电化学方法，在大气腐蚀检监测方面具有极大的优势，然而其易受外界干扰，数据分析困难是限制其应用的重要障碍。传统的电化学噪声分析方法主要包括时域分析、频域分析（常用快速傅里叶变换法 FFT，最大熵值法 MEM 和小波变换法 WT）等。另一方面，由于腐蚀的非平稳性和不可预知性，所表现出的电化学噪声具有混沌特性。电化学噪声技术在腐蚀科学中的应用主要有以下三个特征：①有效准确地获取由电化学腐蚀引起的电化学噪声信号，特别是在现场环境下，即如何对数据有效降噪；②建立非简单现象学的电化学噪声信号与腐蚀行为之间的关系；③新的时间序列分析方法在电化学噪声分析中的应用。

1. 数据降噪

由于电流噪声来源广泛，包括热噪声、散粒噪声、闪烁噪声、仪器噪声等，测试过程中电极的不稳定性等也会给电化学噪声信号的时域和频域分析带来显著影响，为了得到正确的腐蚀信息，必须采用适当方法消除直流漂移成分，一般采用多项式拟合的方法进行消除，再辅以功率谱密度(PSD)验证消除效果。小波变换是近年来新发展起来的信号处理方法，可以采用小波函数将噪声不断分解为包含细节信息的高频和总体信息的低频部分，以区分组成原始信号的各成分。华中科技大学的郭兴蓬教授利用段多项式拟合法，研究窗口大小和多项式拟合方次对消除效果、时域分析和频域分析的影响，并通过对比消除前后 PSD 和能量分布谱的特征，表明多项式拟合是一种能有效用于现场腐蚀分析的实时性消除漂移的方法。浙江大学张鉴清课题组为了得到与点蚀有关的确定性的电流组分，引入奇异值分解降噪的办法。矩阵奇异值分解属于矩阵对角化分解的一种类型，通过正交变换，将矩阵分解并构造目标矩阵，结果表明，该方法能有效获取模拟大气腐蚀环境下的电流噪声，避免外界工频干扰。

2. 电化学噪声技术在腐蚀中的应用

天津大学的宋诗哲教授团队为了解决电化学噪声技术在核电环境下材料腐蚀损伤的应用，建立了基于零电阻电流检测的 SCC 电化学噪声测试系统，开发了小面积的 Pt 和/或热喷涂陶瓷涂层的工作电极材料为对电极，研制适用于现场检测的多种电化学传感器，运用 Compact RIO 模块化仪器和自行制造的基于 ZRA 电路的电化学噪声测试模块，实现了核电环境下的电位－电流噪声的同步测量和采集，研究了高温高压和动态水环境 304 不锈钢的电化学噪声谱特征，与现场表面锈蚀状况一致。他们还开发了分布式大气腐蚀便携式现场实时监测系统，并对北京地区大气环境下 2B06 铝合金的腐蚀过程进行了长期监测，结果表明，电化学噪声电阻 Rn 和电流噪声标准偏差 SI 可以作为反映铝合金大气腐蚀速率的表征参数。董泽华和郭兴蓬团队等应用电化学噪声方法研究多种环境体系下的非稳态孔蚀行为的萌生、发展过程。最近他们还应用电化学噪声技术研究了阻锈剂对钢筋在模拟碳化混凝土孔隙液中的孔蚀抑制行为。结果表明，低浓度的阻锈剂会增加亚稳态蚀点形核速率，阻锈剂浓度增加，Rn 增加，而亚稳态蚀点寿命和平均点蚀电量则迅速下降，表明阻锈剂加速亚稳态蚀点修复，进一步提高阻锈剂浓度，电化学噪声峰消失，蚀点全面钝化。浙江大学曹楚南院士、张鉴清教授团队应用电化学噪声技术对航空铝合金结构材料 LC4、LY12 及纯铝在质量分数为 2.0%的 NaCl 溶液中的腐蚀过程进行了研究。发现电化学噪声的频域谱 MEM 和 PSD 曲线的三个特征参数：白噪声水平 W，截止频率 f_c 和高频线性区的斜率 K 均随浸泡时间的延长而变化，在发生点蚀时三者均趋于极值，但三者都不能单独正确地表征点蚀的强度和趋势。基于因次法获得的点蚀参数 S_E 和 S_G 的数值具有一致性，且与未点蚀时的参数值存在着明显的区别；S_E 和 S_G 分别主要反映腐蚀过程的快步骤信息和慢步骤信息，并开发了电化学噪声分析软件 ENAN。同时，他们还创新性地采用电化学噪声的 EDP（相对能量分布）谱图实现了金属镀层结构和性能及金属腐蚀类型和强度的在线监测。最近，他们还将混沌分析和分形引入到局部腐蚀行为的研究中，致力于研究具有确定性的随机电化学噪声与局部腐蚀之间的本质联系及其在模拟大气腐蚀环境中的应用。张鉴清课题组结合波形实验和模拟分析，建立了亚稳态点蚀分布模型，如图 1 所示，阐述了蚀点萌生、再钝化及发展与电化学噪声信号之间的内在联系，并指出电化学噪声信号具有混沌性质的本源。混沌分析的最大李雅普诺夫指数 LLE 计算结果表明、电化学噪声方法在动态液膜腐蚀行为研究中具有明显的优势，与电化学阻抗谱和物理表征结果具有良好的一致性。分形理论研究镁合金及其氧化膜在 NaCl 溶液中的失效行为结果表明镁合金腐蚀初期分形维数 D_f 迅速增大，中期上下波动，末期继续增大。分形维数的迅速增大说明电极表面状态在腐蚀介质中十分不稳定，容易发生腐蚀，导致表面粗糙度迅速增大；上下波动说明电极表面部分蚀点的发展/修复导致粗糙度减小或不再增大；最后的增长变化则表明腐蚀的进一步发展。阳极氧化膜 D_f 的变化规律进一步证明了氧化膜在 NaCl 溶液中失效的不同特征阶段。

（二）薄液膜下金属材料的腐蚀电化学研究进展

在薄液膜腐蚀电化学研究方面，主要集中在稳态薄液膜和非稳态薄液膜腐蚀电化学上，尤其是薄液膜腐蚀电化学阻抗谱测试解析及对腐蚀机理的表征是其中的研究热点。

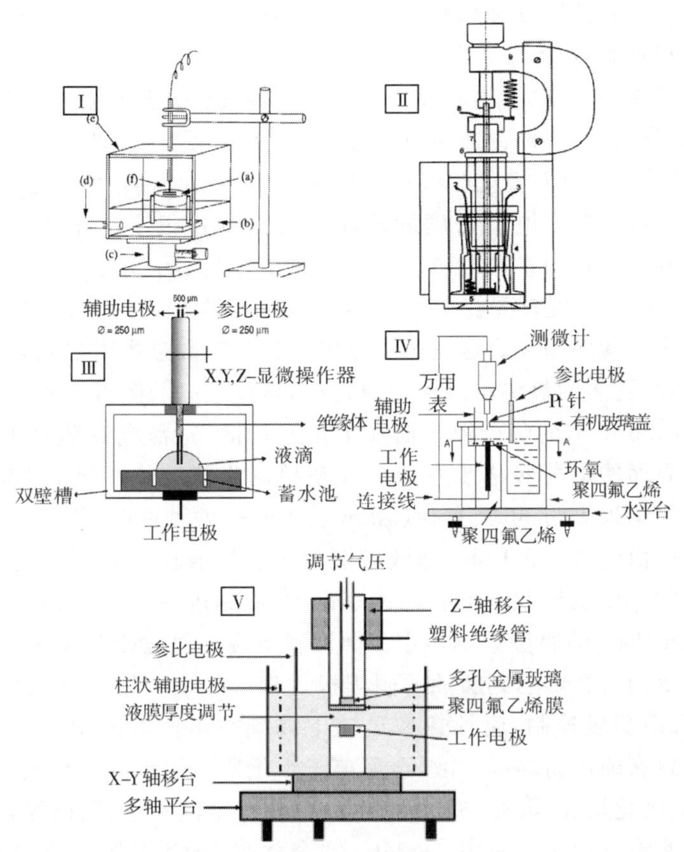

图 1　典型的薄液膜型/微液滴型的研究装置

（Ⅰ. Stratmann，Ⅱ. Micka，Ⅲ. Szunerits，Ⅳ. Cheng，Ⅴ. Remita）

1. 静态薄液膜研究进展

由于传质过程的差异，薄液膜条件下的电化学行为（特别是阴极还原行为）与本体溶液中存在明显的区别[1]。如何良好的控制液膜的几何形状，同时控制常规的实验参数，如温度、气压等成了深入研究薄液膜下的腐蚀过程的瓶颈。另外，液膜非常薄（通常在几十至几百微米），极高的欧姆降和电极表面不均匀的电流分布等问题，很大程度上限制了电化学测试技术在腐蚀检监测中的应用。自 1950 年开始，许多薄液膜装置被设计并应用在大气腐蚀的研究中。这些装置可以分为两大类：大气腐蚀电池和受限制的薄层电池。Stratmann、Micka、Szunerits 和浙江大学张鉴清教授课题组[2]研制了薄液膜型大气腐蚀装置（图 1）。除 Szunerits 的微液滴的模拟研究之外，基本上均采用螺旋测微器和电阻法实现液膜厚度和形状的控制。这类的实验装置相对而言更加容易应用现代电化学技术监测材料腐蚀失效过程，但不易控制大气气氛组成，且长期的浸泡液膜组成和厚薄也容易发生变化。在腐蚀监测过程中，局部液膜变薄，甚至不连续导致电化学技术失效。Remita 开发的研究装置能更加精确地控制液膜厚度和大气气氛（如 O_2，CO_2 等），其最大的缺陷是不能模拟自然环境中侵蚀性离子和阴极还原物质的浓度梯度和消耗行为。如何精确控制覆盖在电极表面液膜的厚度和形状，以便长时间研究合金材料在大气环境下的失效行为成了研究的重点和难点。

浙江大学曹楚南院士、张鉴清教授团队设计了薄液膜试验装置，对铝合金、镁合金、纯铜和青铜合金在薄液膜下的腐蚀电化学行为开展了系统的研究[2-4]。LY12 铝合金（Φ10mm）在薄液膜下的阴极极化曲线行为结果表明，扩散层厚度约为 200μm，液膜厚度为 200μm 以上时，阴极极限电流密度随液膜厚度的变化很小。在 200－100μm 的范围内，随液膜厚度的减薄，极限扩散电流密度与厚度成反比，阴极电流迅速增大。当液膜厚度小于 100μm 时，电流密度首先在 100－58μm 这一范围内有所下降，然后在 58μm 以下又随液膜的进一步减薄而增大。这是因为电极上氧的扩散过程由二维转向一维。在二维扩散的情况下，将有更多的氧参与阴极还原过程，导致较高的阴极极限电流密度。极薄的液膜厚度（41μm，29μm）下的阴极极化曲线上没有扩散平台，电流随过电位线性增大，表明金属－电解液界面的电荷转移步骤成为速率控制步骤。薄液膜下 EIS 图谱中出现三个时间常数。拟合结果表明，电极直径（5mm 和 10mm 两种电极）不改变 LY12 的腐蚀机理：腐蚀初期，反应由阴极过程控制，薄液膜下由于氧扩散较快而具有比本体溶液下高的腐蚀速率，170－200μm 的液膜下的腐蚀速率最大，液膜进一步减薄，腐蚀速率减小；在极薄的液膜下（62μm，51μm）腐蚀速率很小。薄液膜下腐蚀过程受到阴阳极反应共同控制，液膜的厚度的改变同时会影响到腐蚀的阴阳极过程。200μm 以上时，由于阴极氧扩散比较困难，腐蚀过程由阴极控制，腐蚀速率迅速下降到与本体溶液中接近，而 170μm 以下时，液膜减薄，导致腐蚀产物难以扩散，金属离子水化所需的水分子数减少，腐蚀过程受阳极过程控制，阳极极化增大，因此，腐蚀速率下降，在很薄液膜下，阳极极化更严重，导致腐蚀速率小于本体溶液下的腐蚀速率。AM60 镁合金在 NaCl 本体溶液和薄液膜下均表现为中高频两个容抗弧和低频感抗行为[5]，且中高频的两个容抗弧存在部分重叠现象。中频容抗弧与电荷转移过程有关，而低频较为离散的感抗行为则与镁合金的高活性有关。薄液膜下的阴极极化行为还表明，含稀土相（γ 相）的对镁合金基体的析氢反应动力学具有一定的影响，进一步佐证稀土元素的添加形成新相。薄液膜下镁合金腐蚀存在“未破坏区域”和严重的局部腐蚀区域。薄液膜下局部孔核形成受到抑制，而孔生长过程则被加速，并建立镁合金薄液膜下的腐蚀失效模型。北京科技大学李晓刚教授团队也有类似的研究工作，对典型铝合金 7A04 在 0.6mol/LNaCl 和 1mol/L Na_2SO_4 溶液（pH 值＝5）不同厚度薄液膜下的电化学规律进行了系统研究。薄液膜下的阴极极化曲线与标准的扩散控制阴极极化曲线存在偏离，表现为氧的还原电流在极限区随阴极过电位的增大而增大。电化学阻抗谱测试过程中电流分布比较均匀。在腐蚀初期，在 110μm 液膜厚度下的腐蚀速率最高；随浸泡时间的延长，不同液膜厚度下的腐蚀速率开始变化，浸泡后期腐蚀速率由大到小依次为：2000μm（本体）＞500μm＞170μm＞235μm＞110μm＞60μm。

华中科技大学郭兴蓬教授团队建立吸附薄液膜研究装置，并研究了吸附液膜对 PCB－Cu腐蚀行为的影响[5,6]。阴极极化行为研究表明，阴极反应受氧还原和腐蚀产物控制，阴极电流密度随相对湿度增加而增加，但仍较本体溶液小。在腐蚀初期，PCB－Cu 的腐蚀速率在吸附薄液膜下随相对湿度增加而增加，且都比本体溶液中大；腐蚀中后期，电极表面生成的腐蚀产物阻碍腐蚀过程，腐蚀速率的顺序为：85％＞95％％＞75％＞本体溶液。

95%湿度下，阴极电流密度和腐蚀速率均随 Cl^- 浓度增加而增加；由于腐蚀产物的存在，暴露时间延长，腐蚀速率在95%相对湿度下0.01mol/L和0.05mol/L NaCl溶液中腐蚀速率下降。浙江大学张鉴清课题组也开展了薄液膜下纯铜和青铜合金的腐蚀行为研究，主要应用电化学技术研究液膜厚度对铜腐蚀行为动力学的影响及其机制。基于电化学测试和物理表征的数据及其分析结果，初步建立了铜在薄液膜下的电化学腐蚀机制和模型。

2. 动态和分散性薄液膜研究进展

大气腐蚀的主要原因之一是气相环境中的金属表面存在薄液膜，在金属/薄液膜间形成电化学界面、发生电化学反应。大气状态和金属状态对金属大气腐蚀过程的影响也需要通过这层薄液膜来实现，因此，薄液膜的形态对大气腐蚀过程具有重要的影响。在实际大气环境中，由于大气环境的影响，如气相的湿度、温度、风速、昼夜和风霜雨雪变化等，金属表面的薄液膜很难稳定不变，而呈现厚度和分布形态不断变化的动态性和分散性特征。现有研究表明，动态性引起薄液膜厚度从几个分子层至几个毫米间变化，分散性则导致由液膜、材料和大气所组成的“气/液/固”三相线界面区数量增多。这些变化均引起材料的物理、化学和电化学状态发生剧烈变化，影响材料的电化学过程，加速了材料的腐蚀进程。中国海洋大学的王佳教授课题组最近研究干湿交替循环大气环境中电位分布变化时，发现了腐蚀原电池电动势随干湿循环次数增加而线性增加的现象，证实了薄液膜厚度动态变化会加速腐蚀电化学过程。此外，亦发现了阴极电化学过程随着三相线界面区长度的增加而线性增加的行为，证实了薄液膜的分散程度对腐蚀电化学过程也具有重要的加速作用[7]。

液/金属接触角随阴极极化电位的增大而线性减小，并与溶液组成有关。液/金属接触角在pH值为1的强酸性环境下不随极化电位而改变；pH值≥1时，接触角随pH值的增大而减小。当溶液电导小于1mol/L时，电导的变化对接触角基本没有影响；但当NaCl浓度大于1mol/L时，液/金属接触角随NaCl浓度的增大而增大。电极放置角度对液/金属接触角也有明显的影响。随着电极一水平液面夹角的减小，接触角先减小后增大，在45°左右出现极小值。界面电荷状态是接触角随阴极极化及溶液性质变化的主要原因。液相在金属表面的分布状态是影响大气、土壤和混凝土等气/液/金属三相共存体系腐蚀行为的最主要因素之一，其分散状态取决于三相线界面区性质[8]。结果证实，氧还原阴极行为与液相分散程度和三相线界面区状态密切相关，其反应速度随三相线界面区长度增加而线性增加，而与测试方法、电极材料、液相形态和界面极化状态无关。采用分区积分法分析了三相线界面区的阴极极限电流密度的变化，建立了气/液/金属三相线界面区长度及宽度阴极反应速度的数学模型TPB－Model。模型计算结果表明，阴极极限电流密度的增量与单位三相线长度及三相线界面区的宽度成正比，随单位三相线长度及三相线界面区的宽度的增大而增大，从理论上证实了三相线界面区长度及宽度改变阴极极限电流密度的原因是改变了不同区域反应面积。

但是，目前仍存在诸多亟待解决的影响薄液膜腐蚀电化学理论发展的不确定性问题：①薄液膜动态变化所引起的腐蚀加速作用是起源于薄液膜减薄阶段还是增厚阶段？薄液膜变化如何影响金属表面的化学状态、传质过程和电化学过程？薄液膜变化频率和对称度如何影响腐蚀行为？②腐蚀过程高度集中的三相线界面区在气/液/固复杂体系腐蚀过程中具有重要作用，是控制气/液/固复杂体系腐蚀过程的关键区域。然而，迄今为止，国内外对这一区域在多相多界面体系腐蚀过程中的作用仍存在许多尚未澄清的问题。如，三相线界面区结构和物理化学性质及其对材料表面电化学腐蚀过程的影响规律等。

金属大气腐蚀是气/液/固多相体系，其腐蚀界面主要特点是液相量极少且多变，液相和固相对腐蚀过程的影响需要通过液相来实现。因此，液相的物理化学状态对大气腐蚀过程是举足轻重的。因此，研究大气环境中金属表面液相的物理化学状态，对认识、测量和评价大气腐蚀电化学过程，深化大气腐蚀研究水平是极为重要的。如前所述，由于大气环境具有开放性的特点，实际大气环境中金属表面液膜形态很难稳定不变，其厚度和分散程度都一直持续不断的随气候和大气状态变化，呈现了动态和分散特征。显然，这种动态分散薄液膜对腐蚀过程作用与稳定的薄液膜是不同的。与稳定单一薄液膜模拟相比，动态分散薄液膜的大气腐蚀模拟是一个巨大的进步，它更接近于大气环境中金属表面薄液膜的实际状态，也更能够反映大气腐蚀过程的宏观和微观特征。因此，模拟动态分散薄液膜影响的金属腐蚀过程所获得的信息更接近于实际大气腐蚀过程，有助于深入认识大气腐蚀作用的基本规律。这无疑将是我国对大气腐蚀基本理论研究的一个重要贡献。

3. 纳米材料电化学腐蚀行为基础理论研究

中科院金属研究所李瑛教授团队采用磁控溅射技术制备的溅射纳米晶金属薄膜与同成分的传统粗晶合金相比具有更优异的耐腐蚀能力[9]。在前期研究的基础上，进一步考察了决定钝化膜性能的钝化膜原位生长机制及钝化膜的破坏行为，尤其是点蚀行为。采用深度轧制及磁控溅射制备 304 纳米块体和不锈钢纳米薄膜，并与相应传统粗晶进行了对比研究。两种纳米材料的钝化膜形核方式均为瞬时形核，而传统轧制粗晶 304 不锈钢钝化膜形核方式为连续形核，表明纳米化显著改变了钝化膜形核机制，促进材料表面钝化膜的形成。但电化学阻抗测试技术及原子力显微镜表明，纳米化没有改变钝化膜的生长方式。三种材料表面钝化膜的生长速率依次为：溅射纳米薄膜＞轧制纳米块体＞传统轧制粗晶 304 不锈钢。纳米化改变了钝化膜的形核机制，促进了钝化膜的形成和生长，提高了钝化膜的保护能力。溅射纳米晶薄膜的点蚀机制研究结果表明溅射纳米晶薄膜的耐点蚀能力显著优于传统轧制粗晶合金[10]。相对于传统轧制粗晶合金的亚稳态点蚀事件，纳米化促进了亚稳态点蚀事件的发生。AFM 原位观测结果表明，溅射纳米晶薄膜表面钝化膜存在的大量钝化粒子边界，促进了亚稳态点蚀事件的发生。在稳态点蚀生长历程中，纳米化抑制了亚稳态点蚀向稳态点蚀的转变过程，且纳米晶薄膜的稳态点蚀生长速度显著降低，蚀坑由传统半球形演化为尺寸更小并以浅碟形生长。

4. 中高温，深海和核电等苛刻环境下的腐蚀电化学进展

(1)材料中温电化学腐蚀行为及检测技术研究。

长期在近海地区工作的飞机发动机的压气机叶片腐蚀严重。海洋环境是一个高盐度、高湿度的苛刻服役环境。长期服役于该环境中的压气机叶片表面有显著的固态沉积盐膜层存在。当发动机运转时，其服役温度为 400－700℃。在这一温度下盐处于固态，这就使得压气机叶片遭受固态盐膜和水蒸气共同作用下的腐蚀。针对这一腐蚀现象，中科院金属研究所的王福会研究员和李瑛研究员开展了系统的研究工作，结果表明：固态

NaCl 和水蒸气协同作用的确可以加速金属/合金的腐蚀，并提出了一个新的中温电化学腐蚀理论[11,12]，即“动态水膜理论”。该理论认为：由于水蒸气不断的在基体表面吸附、脱附，从而在基体表面形成一层动态水膜，正是由于这层动态水膜的形成促进电化学腐蚀反应发生，金属发生阳极溶解，形成水合金属氧化物，并通过脱水沉积的方式形成了不具保护作用的疏松氧化物膜。因此，材料的腐蚀被大大加剧。“动态水膜理论”很好地解释了实验现象，并从实验上证实了动态水膜的存在，开发了相关电极体系，实现了电偶腐蚀电流的测量，发现电化学反应转移电阻随时间的变化趋势与增重动力学曲线测量结果获得的整个体系的腐蚀速度随时间的变化曲线非常一致，揭示出电化学历程在整个腐蚀过程中起到了重要作用。

(2)深海环境中有机涂层失效机制及新涂层研制。

针对有机涂层在表层海水中的失效行为已有较为广泛和深入的研究，但其在深海环境中的失效规律鲜有报道。深海环境含有众多环境因素，其中静水压力对涂层失效行为的影响最为显著。但目前关于有机涂层在深海压力环境下的失效机制研究并不详实，没有系统的理论指导。中科院金属所李瑛研究员团队用电化学阻抗技术对 SiO_2 环氧涂料在常压和模拟静水压力 35 个大气压环境下的失效过程进行检测，结果显示在常压和高压环境下，SiO_2 环氧涂料的电化学阻抗测试结果存在较大的差异：静水压力对水溶液的传输阶段作用明显。高静水压力没有改变水溶液在涂层中的扩散方式，但使得水溶液在涂层中的扩散能力增强、涂层下金属发生更严重的腐蚀。纳米填料进行表面接枝改性是解决无机纳米填料与聚合物基体化学性质差异，改善有机/无机界面的有效途径。通过在填料表面进行接枝改性，使填料/基料界面形成大量的化学键，使原本以物理结合方式为主的界面转变为以化学改性为主，通过该方法整体提升涂层各方面的性能。颜填料/基料界面化学改性提高了涂层的湿态附着力，同时有效抑制涂层/金属界面的腐蚀，进而提高了涂层的综合附着能力。化学改性的颜填料/基料界面通过提高涂层的阻滞性能和附着能力，提高了涂层的防护能力，延缓了涂层的失效过程。

(3)核电环境(高温高压)下镍基合金的腐蚀行为及其电化学过程。

核电环境主要特点是高温高压水和辐照条件。由于压水堆的服役环境为高温高压水，压力容器、蒸汽发生器、主管道、主泵和阀门等均承受一定的服役压力，这些关键设备的材料存在或可能存在应力腐蚀、腐蚀疲劳、缝隙腐蚀、点蚀和磨蚀等环境治裂问题，对核电站的长期安全运行构成了潜在威胁。在核岛中工作的材料还经受着辐照的影响，会导致材料性能的不断退化。核电环境中材料失效过程是材料与环境交互作用的结果，该失效过程非常复杂，影响因素多，对失效的预测和控制更难[13]。中科院金属所韩恩厚研究员对高温高压水环境中的腐蚀电化学开展了大量的研究工作。针对核电站环境中的腐蚀损伤实质上是核电材料在高温高压水中的电化学行为，韩恩厚课题组开发了高温高压环境中 pH 值在线电化学测试系统，能够准确测定在 550℃ 以内的任意温度的实验介质中的电位和 pH 值，精度达±0.01pH 值单位。高温高压水中的电化学是核电站材料腐蚀相关失效行为的基础问题。304 不锈钢和 625 镍基合金在模拟核电站回炉高温高压水中的电化学动力学与常温条件下不同，高温下是由化学反应控制，而常温下则是由离子在液相中的迁移控制，同时，其电化学特征与材料自身的微观结构、表面膜的化学成分、膜的微观结构与电子结构及损伤存在一定关系[14,15]。而690合金在模拟缝隙电化学条件下，无论是在高温还是常温下都表现出由离子在液相中的迁移控制。

材料环境失效的特点是时间相关性和突发性。环境失效的突发性往往导致灾难性事故，破坏性极大，特别是当有核污染时后果极其严重。发生这些事故的根本原因是关于材料环境退化的基础问题尚未解决，损伤检测和寿命预测方法尚未有效建立起来。其中高温高压水中的材料的腐蚀电化学行为是重要组成部分。高温高压水中腐蚀电化学的控制步骤与材料表面、界面特征密切相关。双电层周围材料/溶液界面在微纳米尺度发生着动态变化。在紧靠金属表面处，水的物理性质、介电常数、离子浓度和输运过程与远离金属表面的体溶液显著不同，这对于微观腐蚀电化学过程会产生特殊影响。

三、国内外研究进展比较

腐蚀科学是一门与国民经济和国防建设有密切关系的应用科学。近些年来，金属腐蚀电化学研究依然是腐蚀领域发展的热点学科之一。在国际研究领域上，腐蚀电化学研究继续深入开展传统基础理论研究，如电信号数学解析、点蚀机制深入探讨、钝化理论研究等。目前，在基础研究领域，腐蚀电化学研究更注重将传统腐蚀电化学测试与原位观测方法及一系列物像分析手段相结合，通过细致深入的研究说明具体腐蚀问题。此外，在应用研究中，先进的电化学测试技术是研究热点之一。将原有的电化学测试技术进行改进，以及通过某一电信号测试与实际物理意义相联系而发展的新型电化学测试技术成为众多科学研究者关注的问题。对于实际腐蚀问题，将现有理论更好地应用到实际腐蚀问题中是主要发展趋势。

国内研究紧跟国际研究整体趋势。在基础研究中将电化学测试信号利用数学方法更好地进行数学解析；将电化学测试与原位观测手段相结合说明腐蚀问题；以及更加注重实际腐蚀问题的研究等。通过具体模拟实际服役环境，使实验室研究更贴近实际腐蚀环境。在电化学测试方法研究中，更加注重实际应用和成品化。但国内研究仍处于紧跟国际研究状态，尚未建立具有自身特点的、“领头羊”优势的研究方向。未来对于新研究领域的探讨及具有自身特色的研究方向的建立应是腐蚀科学发展的主要方向。

四、发展趋势与展望

腐蚀电化学学科未来仍然会以基础研究为中心，以实际问题的解决及电化学应用为两个基准点继续发展。腐蚀电化学基础理论研究是该学科的重心，只有更深入理解腐蚀电化学本身的特点才能将该技术更好地应用。未来将会更深入的研究传统基础理论，对于具有传统意义的腐蚀行为、腐蚀机制进行更系统的研究。

在未来的腐蚀研究中，将注重实际问题的解决。解决实际腐蚀问题是目前实际生产、服役环节上最为注重的问题。随着研究水平的发展，实验室内对于各种服役环境模拟更加接近实际体系。在模拟环境的基础上，深入探讨各种服役环境下的金属腐蚀机理，在此基础上找到决定控制腐蚀速度的关键环节，并对此进行防护手段的研发是未来研究侧重之一。

电化学测试应用在未来研究中会成为重点之一。充分发挥电化学测试原位、快速、无损等独一无二的优点，将电化学原位检监测技术应用到多种实际体系中。在基础研究中，对于电信号的深入解析及合理应用是未来研究的重点。另外，将电化学测试结果与数学分析相结合提高电信号分析的理论性，深入认识电化学测试方法；在应用研究中，将电化学测试与直观观测相结合发展表征腐蚀状态的某一电化学参数，进而开发电化学原位无损检测都是未来研究的侧重点。

参考文献

[1] E Remita, E Sutter, B Tribollet, et al. A thin layer cell adapted for corrosion studies in confined aqueous environments[J]. Electrochimica Acta, 2007(52): 715-7723.

[2] Y L Cheng, Z Zhang, F H Cao, et al. A study of the corrosion of aluminum alloy 2024-T3 under thin electrolyte layers[J]. Corrosion Science, 2004, 46(7): 1649-1667.

[3] X Liao, F Cao, L Zheng, et al. Corrosion behaviour of copper under chloride-containing thin electrolyte layer[J]. Corrosion Science, 2011(53): 3289-3298.

[4] L W Liu, F Cao, A Chen, et al. Corrosion behaviour of AM60 magnesium alloys containing Ce or La under thin electrolyte layers. Part 1: Microstructural characterization and electrochemical behavior [J], Corrosion Science, 2010(52): 627-638.

[5] H Huang, X Guo, G Zhang, et al. The effects of temperature and electric field on atmospheric corrosion behaviour of PCB-Cu under absorbed thin electrolyte layer[J]. Corrosion Science, 2011, 53(5):1700-1707.

[6] H Huang, Z Dong, Z Chen, et al. The effects of Cl^- ion concentration and relative humidity on atmospheric corrosion behaviour of PCB-Cu under adsorbed thin electrolyte layer[J]. Corrosion Science, 2011, 53 (4): 1230-1236.

[7] J Jiang, J Wang, W W Wang, et al. Modeling influence of gas/liquid/solid three-phase boundary zone on cathodic process of soil corrosion[J]. Electrochimica Acta, 2009(54): 3623-3629.

[8] J Wang, L H Liang, J Jiang. The role of electrochemical polarization in micro-droplet formation[J]. Electrochemistry Communications, 2008(10): 1788-1791.

[9] G Meng, Y Li, F Wang. The corrosion behavior of Fe-10Cr nanocrystalline coating [J]. Electrochim. Acta, 2006(51): 277-4284.

[10] L Liu, Y Li, F Wang. Influence of nanocrystallization on pitting corrosion behavior of an austenitic stainless steel by stochastic approach and in-situ AFM analysis[J]. Electrochimica Acta, 2010(55): 2430-2436.

[11] F Wang, Y Shu. Influence of Cr content on the corrosion of Fe-Cr alloys: The synergistic effect of NaCl and water vapor[J]. Oxid. Met., 2003(59): 201-213.

[12] F Wang, S Geng, S Zhu. Corrosion behavior of a sputtered K38G nanocrystalline coating with a solid NaCl deposit in wet oxygen at 600 to 700℃[J]. Oxid. Met., 2002(58): 185-195.

[13] 韩恩厚. 核电站关键材料在微纳米尺度上的环境损伤行为研究——进展与趋势[J]. 金属学报, 2011, 47(7): 769-776.

[14] J Huang, X Liu, E H Han, et al. Influence of Zn on oxide films on Alloy 690 in borated and lithiated high temperature water[J]. Corrosion Science, 2011(53): 3254-3261.

[15] J Huang, X Wu, E H Han. Electrochemical properties and growth mechanism of passive films on Alloy 690 in high-temperature alkaline environments[J]. Corrosion Science, 2010(52): 3444-3452.

撰稿人:张鉴清　王　佳　李　瑛

高温腐蚀与防护发展研究

一、引言

高温下材料与环境介质发生不可逆转的化学反应称为腐蚀。高温腐蚀形态一般为氧化(包括硫化、氯化、碳化等)、热腐蚀和冲蚀—腐蚀交互作用。高温腐蚀与防护研究涉及两方面的内容:①材料的高温腐蚀行为、规律和机理;②材料高温防护,主要包括材料表面层化学组成或(和)结构改性,防护涂层的设计、制备及其高温腐蚀行为、规律和机理。我国学者主要集中在上述两方面开展了防护研究,皆卓有成效,研究体系及成果在国际上有特色、有影响。

在腐蚀机理方面的高温腐蚀的代表性成果包括:①在多元合金氧化机理方面,完善了含 Al 三元合金氧化的第三组元效应,发现 Cr 促进 Al_2O_3 膜的形成不能用经典理论来描述;构建了可半定量描述合金在各成分范围内的氧化热力学和动力学过程的四元合金的三维氧化图。研究成果为合金设计提供理论指导。②研究了在盐水蒸气综合作用下的氧化机制,揭示了中温(400－700℃)“盐＋水蒸气”环境中的腐蚀同时包含化学反应和电化学反应两个过程。③在活性元素效应研究方面,深入阐明 NiAl 金属间化合物合金中弥散的 CeO_2 颗粒降低 Al_2O_3 氧化膜生长速度的根本原因。另外,也开展了复杂体系(如搪瓷－NiCoCrAlTaY)在复杂苛刻环境(如生物质燃料环境)下的高温腐蚀机理研究。

在高温防护研究方面取得的主要进展包括:①在颗粒增强搪瓷涂层研究方面,发现:颗粒增强可降低涂层/基体的热膨胀系数差异,从而降低冷却时涂层的热应力;氧化物颗粒可提高裂纹萌生应力水平,从而降低涂层的开裂和剥落倾向;金属颗粒可提高裂纹扩展功,从而降低涂层的开裂和剥落倾向。②在热障涂层方面,相继开发了几种新型的陶瓷层材料(如在 YSZ 中掺杂稀土氧化物以提高热障涂层的隔热效果与抗烧结温度),研发出高服役温度的 $La_2Zr_2O_7$ 和 $La_2Ce_2O_7$ 陶瓷隔热材料,提出了兼具有 PS 和 EB－PVD 优点的等离子喷涂物理气相沉积(PS－PVD)和溶液先驱体等离子喷涂(SPPS)等新的热障涂层制备方法。③设计了新的抗高温腐蚀复合涂层体系。复合结构不仅使涂层具有优异的力学性能,且复合涂层可有效阻碍氧和其他腐蚀物质传质的、封闭合金基体的、连续相的存在,使涂层具有优异的抗高温腐蚀性能。④针对性地设计并研制了不同组成和结构的纳米晶和超细晶涂层、开展了相关涂层的高温腐蚀性能研究,发现细结构利于生长粘附性强的保护性氧化膜。

在已有研究的基础上,结合国际高温腐蚀与防护研究动态、国内研究的实际情况以及国民经济和国防的发展战略需求,国内学者经讨论,提出了今后的研究方向和重点。本专题就高温腐蚀与防护领域国内的最近研究成果和研究展望做简要介绍。

二、高温腐蚀机理研究成果

(一)合金高温氧化中第三组元效应的理论研究

1. 三元 M—B—C 合金第三组元效应

富含保护性组元 Al 或 Si 的合金形成 Al_2O_3 或 SiO_2 保护膜所需的临界 Al 或 Si 含量通常很高，例如，Fe/Ni/Co—Al 合金系在 1000℃生成 Al_2O_3 必需的临界 Al 浓度分别为 8wt%、18wt%和 13wt%。如此高的 Al 含量会严重损害合金的力学性能，因此，对于那些依赖于生成 Al_2O_3 膜的高温耐蚀材料来说，如何利用“第三组元效应”原理进行合金成分的优化，最大限度地降低生成 Al_2O_3 保护膜所需的 Al 含量具有重要的理论和实用意义。

设定三元 M—B—Al 合金中基体惰性组元为 M(Fe、Ni)、较活泼的第三组元为 B(Cr、Si)、最活泼的保护性组元为 C(Al)。第三组元效应(TEE)的本质在于其添加促进 C 含量更低的合金发生 C 的外氧化(形成外 Al_2O_3 膜)，也即导致三元合金发生 C 的选择性外氧化所需的临界 C 浓度低于相应的二元 M—C 合金。但是，TEE 必须满足专门的条件才能出现。比如，根据 Wagner 经典理论提出的 TEE 必须同时满足以下三个条件：①抑制基体组元外氧化膜 MO 下两个较活泼组元 B 或 B—C 的内氧化；②抑制在 BO 外氧化膜下最活泼组元 C 的内氧化；③形成 C 的选择性外氧化所需的合金平均 C 含量要低于相应的二元 M—C 合金。这种 TEE 定义为Ⅰ类。但是，有些合金，即使 Al 含量较低(如含 3—6at%Al 的 Fe—Cr—Al)，也可在不经历内氧化过程而直接形成混合外氧化膜(BO_v +CO_u)。如果 B 的加入能使 C 含量在低于二元 M—C 合金的条件下发生由混合外氧化向 C 的单一外氧化转变，也产生 TEE。此类 REE 定义为Ⅱ型。其机制与传统Ⅰ型 TEE 截然不同，迄今对此类效应的描述和理论尚未见报道。我国学者提出了可总体表述 M—B—C合金发生的各种内氧化、外氧化模式，即 B 添加致使合金发生由内氧化向混合外氧化(Ⅰ型)再向单一外氧化(II 型)的转变模式，根据内氧化或/和外氧化的一般条件下，定量描述向二元合金中添加第三组元对诸多氧化过程参数(例如组元和氧的扩散率、合金/膜界面处的合金成分和氧的溶解度等)的影响，计算和建立了发生各种 TEE 所必须满足的前提条件，并绘制成氧化图(如图 1 所示)。该氧化图不仅直观地展示了合金在整个成分范围内氧化膜组成，及其不同氧化模式之间可能发生转变的三条临界浓度曲线，而且给出该合金能够产生 TEE 的临界成分区间。

例如，将 Wagner 二元合金内氧化向外氧化转变的判据——内氧化物的临界体积份数拓展至三元 M—B—C 合金体系。鉴于各组元氧化物不互溶(如 Ni—Si—Al)，B、C 氧化物互溶(如 Fe—Cr—Al)等情况，以半定量形式对 Wagner 判据理论进行了修正，并根据第三组元 Si 或 Cr 对 Al 和 O 的扩散和对 O 在合金中的溶解度等参数，计算并获得了 TEE 的判据。发现添加 Si 至 Ni—Al 合金中所产生的 TEE(Ⅰ型)主要归因于两个较活泼组元 Si 与 Al 的复合内氧化增加体系中总的内氧化物的体积份数，使之达到合金发生由

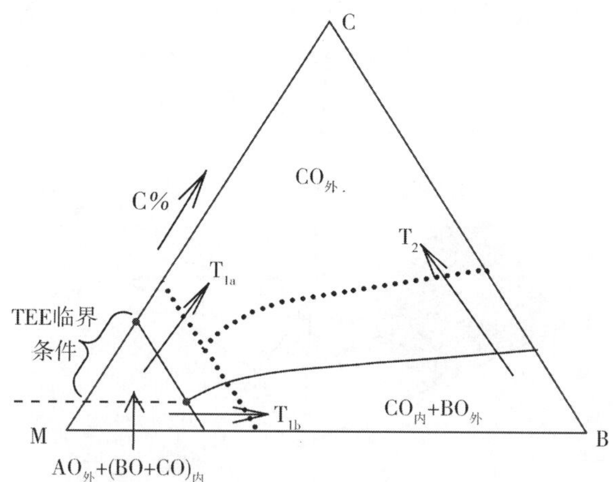

图1　恒温下三元M—B—C合金与单一氧化剂反应的氧化图

内氧化向外氧化转化所需的临界值，故使得含Al量较低的合金也能生成外层氧化铝保护膜；发现添加Cr可以将Fe—Al合金系形成铝的选择性Al_2O_3膜所需的铝浓度由14at%降低至4at%以下。这种TEE机制(II型)是通过降低合金/膜界面处氧的化学势、抑制惰性基体组元铁的氧化、促进铝的选择性外氧化来实现的。合金中足够量的Cr能够降低Fe—Al合金形成保护性外氧化膜所需的临界铝浓度还归因于两个较活泼组元的氧化物(Cr_2O_3与Al_2O_3)的部分互溶。

2. 复合第三组元效应

进一步把TEE研究拓展至四元合金。假设向M—B—C合金中加入D，其与氧的亲和力介于B和C之间，获得四元合金高氧压下更为复杂的四种氧化模式，即M外氧化＋B、C、D内氧化(模式Ⅰ)，B外氧化＋C、D内氧化(Ⅱ)，D外氧化＋C内氧化(Ⅲ)以及C外氧化(Ⅳ)，其中促进C的选择性外氧化形成其单一外氧化膜的TEE是最需要的。与三元合金类似，根据氧化的热力学和动力学因素，可计算获得合金的氧化图，但其氧化图是三维的，如图2所示。当合金的成分点落在蓝色区域时，以内氧化体积分数等于0.3为临界条件，就可以得到合金发生氧化模式Ⅰ所需的活泼组元的临界浓度。当合金的成分点落在红色区域时，合金发生氧化模式Ⅱ，红色区域的边界形状可以确定，它是平行于MB边的，但是具体位置还不能确定。当合金的成分点落在黄色区域时，合金发生氧化模式Ⅲ，这时黄色区域的边界平行于MBD面。当合金的成分点落于白色区域时，合金发生C的单一外氧化，即生成保护性的外Al_2O_3膜。对比实验结果和理论分析结果，我国学者发现，合金并没有发生模式Ⅱ向模式Ⅲ的转变，而是直接发生了模式Ⅱ向模式Ⅳ的转变。为什么会发生这种现象呢？通过固定Al的浓度，作平行于MBD的截面。发现随着C含量的增加，可得到这样三种不同类型的截面。当合金中的C含量低于某一特定值时，无论B和D两种组元的含量多高，合金都不能发生C的选择性外氧化。当合金中的成分高于这一临界值的时候，合金将不会再生成DO膜下C的内氧化，而是直接发生模式Ⅰ向模

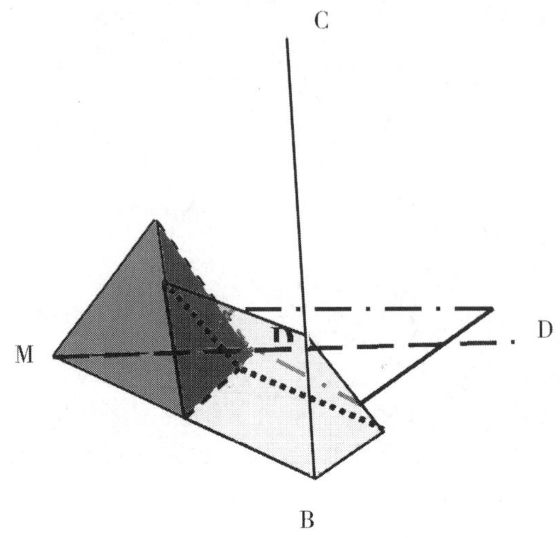

图 2 恒温下四元 M—B—D—C 合金的三维氧化图

式Ⅳ或模式Ⅱ向模式Ⅳ的转变。

相关结果不仅提供了三元合金形成保护性氧化膜的判据，预测表面氧化产物，而且对新近观察到的现代高温材料发生的 TEE 进行了诠释，理论分析具有普适性。论文已陆续在本领域国际专业期刊 *Oxidation of Metals* 上发表[1-2]。

(二)热腐蚀研究

早在 20 世纪 40 年代，热腐蚀现象就已被人们所认识，但直至 60 年代后期，热腐蚀才作为高温腐蚀的一个重要分支受到工业界及各国学者的广泛关注。经过 40 余年的努力，人类在热腐蚀机理、抗热腐蚀材料/涂层设计等方面取得了极大进展。近年来，人们对热腐蚀的关注更多地集中于新型抗热腐蚀材料/涂层的设计及其抗热腐蚀性能研究。同时，随着传统矿物质燃料的逐渐消耗及全球对温室效应的日益关注，各国也在大力发展新的能源及研究资源再利用。例如，固体废弃物、生物质燃料(如秸秆)等的燃烧或气化等工业过程的应用使得热腐蚀问题更为突出，它涉及含硫、氯气体及材料表面上的沉积物(硫酸盐、氯化物盐、钒酸盐、灰分)等多腐蚀介质环境，金属材料在此类苛刻环境中发生多种固一气或固一气一液之间的化学和/或电化学反应，形成多种多样的腐蚀产物，涉及复杂交错的物质迁移过程。这些腐蚀反应可导致材料的使用寿命显著降低，甚至酿成灾难性事故。清晰地了解这些高温腐蚀的机制、进而实现对腐蚀过程的有效监控是工业装备得以安全并高效运行的重要环节，亦是动力工业中许多现代高技术得以实现的关键，这是当前热腐蚀研究的一个重要方向。

围绕上述问题，近年来我国学者在新型抗热腐蚀材料/涂层复杂工况环境下的热腐蚀机理及热腐蚀电化学研究等方面取得了积极进展[3]。采用料浆法与粉末包埋法，通过 Y－Cr共渗和二次渗铝获得了 NiCrAlY 共渗涂层，该涂层在热腐蚀过程中能形成均匀、致密的 Al_2O_3 膜而显示较好的抗热腐蚀性能。发展了具有优异抗热腐蚀性能的搪瓷一

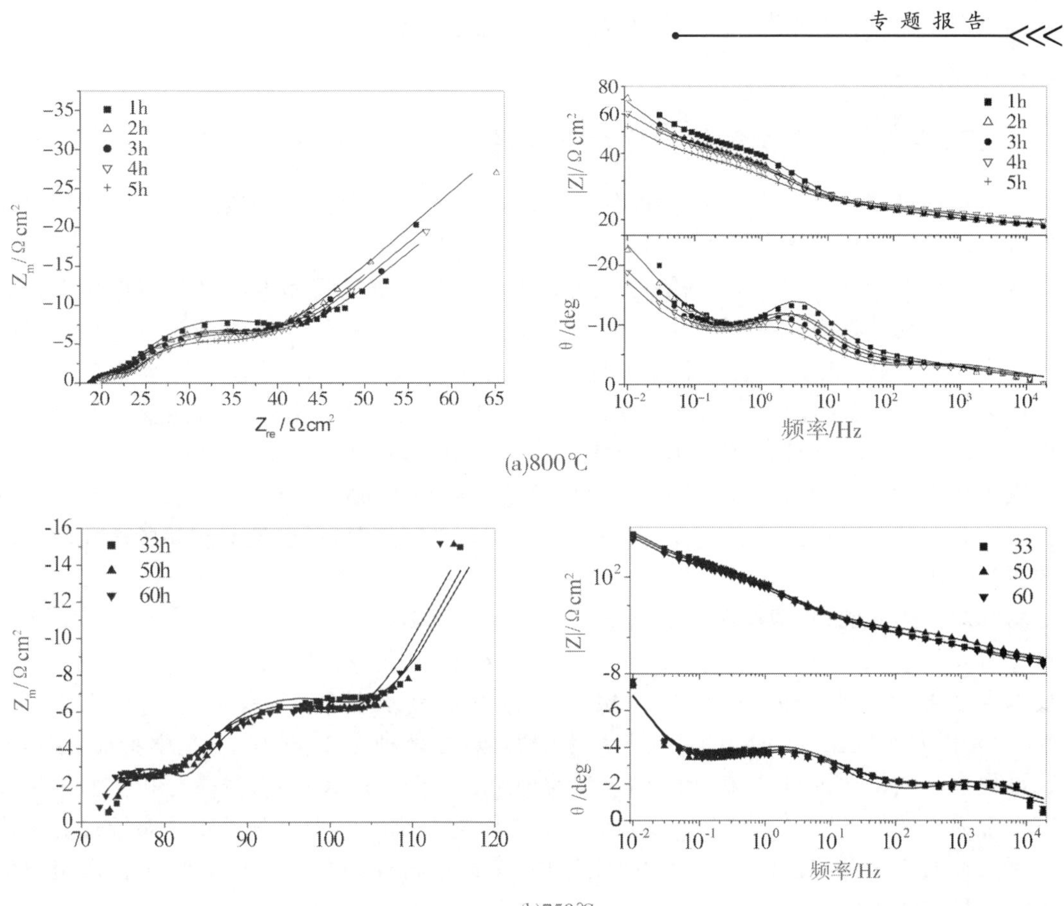

(a)800℃

(b)750℃

图 3　表面涂覆有 Na_2SO_4 盐膜的 IC6 合金在 750—800℃空气中的腐蚀电化学阻抗谱

Al_2O_3 和搪瓷—NiCoCrAlTaY 等复合涂层。在垃圾焚烧和气化工业环境中的热腐蚀机制研究方面，提出合金在氯化物沉积盐与含氯氧化性气氛综合作用下的腐蚀，可由氯化物沉积盐诱导的“活化氧化”和“溶解—沉积”的综合机制解释，铬含量的增加虽能提高合金的抗腐蚀性能，但仍不能促成致密、保护性 Cr_2O_3 膜的形成；而在还原性含氯气氛中，合金的腐蚀不仅有氯化物沉积盐诱导的“活化氧化”反应，而且还有金属氧化膜在氯化物熔盐中的溶解—再沉积反应，但材料的腐蚀速率小于在含氯氧化性气氛中的腐蚀；在含氯还原性气氛中添加 H_2S 加速了铁基合金的腐蚀，形成的氧化膜更疏松，粘附性更差，沿合金/膜界面生成氯化物及存在硫是导致腐蚀产物易剥落的重要原因。在热腐蚀电化学研究方面，采用二电极系统研究了模拟生物质燃料燃烧产物固态 $KCl-K_2SO_4$ 沉积盐引起的 Fe—Cr 合金的腐蚀电化学谱特征，观察到合金腐蚀经历了孕育期和加速腐蚀期这两个阶段，相应的阻抗谱由单容抗弧转变为腐蚀反应受扩散控制的特征；固态 Na_2SO_4 沉积盐膜引起的 IC6(Ni_3Al—Mo)在 750—800℃空气中的腐蚀电化学阻抗谱在中高频端出现双容抗弧，而低频端出现 Warburg 阻抗(如图 3 所示)。合金发生快速热腐蚀源于在合金表面形成了低熔点 $Na_2MoO_4-MoO_3-Na_2SO_4$。进一步根据扩散阻抗测量结果计算了氧扩散流量，发现这一值显著大于理论氧扩散流量，指出 MoO_3 参与了阴极反应，促进了氧化还原反应。

(三)中高温盐水蒸气综合作用下金属材料腐蚀机制

海洋环境是一个高盐度、高湿度的苛刻服役环境。长期服役于该环境中的发动机压气机叶片表面有显著固态沉积盐膜层存在，当发动机运转时，其服役温度为 400－700℃。在这一温度下盐处于固态，这就使得压气机叶片遭受固态盐膜和水蒸气共同作用下的腐蚀。前人研究结果表明：固态 NaCl 和水蒸气协同作用的确可以加速金属/合金的腐蚀，并提出了一个新的中温电化学腐蚀理论，即“动态水膜理论”。该理论认为，水蒸气构成在基体表面吸附、脱附过程，在基体表面构成一层动态水膜，其为电化学腐蚀反应的发生提供了条件，金属作为阳极发生溶解，形成水合金属氧化物，该氧化物通过脱水沉积的方式形成了疏松的、不具有保护作用的氧化膜，导致材料腐蚀加剧。“动态水膜理论”很好地解释了实验现象，但目前还没有人从实验上证实动态水膜的存在，也没有相关的电化学机制的研究工作。

针对上述问题，我国学者将电化学方法引入到含氧水蒸气中固态盐膜下材料的腐蚀行为研究[4-6]。以 Fe－Cr、Ni－Cr 合金为研究对象，利用电偶腐蚀测量技术、弱极化测量技术和电化学交流阻抗测量技术，探讨中高温含氧水蒸气中，表面分别涂有 NaCl、Na_2SO_4 以及不同比例的 NaCl、Na_2SO_4 混合盐膜时，两种合金腐蚀的电化学特征，阐明腐蚀过程中的电化学机制，分析影响电化学腐蚀历程的关键因素；结合热重分析实验结果和电化学测试结果，进一步分析上述腐蚀过程的化学氧化特征，综合分析整个腐蚀过程中化学氧化和电化学腐蚀各自的贡献和决定作用，全面剖析这种化学－电化学联合作用下的腐蚀过程的微观机制。

1. 固态 NaCl、水蒸气共存环境中金属电化学腐蚀与化学氧化的协同作用

根据纯 Fe、纯 Cr、Fe－20Cr 合金在固态 NaCl、水蒸气共存环境中的极化曲线测量和热重分析实验，分别获得了三种材料的电化学腐蚀速度和总腐蚀速度，由此计算了电化学腐蚀在材料总腐蚀中的贡献，发现电化学在整个腐蚀中所占比例不足 10%。但是，与无水蒸气存在时材料的总腐蚀速度相比，水蒸气存在导致材料的腐蚀速度成倍增长，推定电化学历程虽然占腐蚀速度的比例不大，但很可能促进材料腐蚀，即电化学历程与化学氧化间存在明显的协同效应。利用交流阻抗技术分析上述三种材料在固态 NaCl、水蒸气共存环境中的相位角与频率变化的关系，发现体系中的电化学腐蚀与化学氧化间都存在耦合效应(图 4)。

进一步分析表明，三种材料的腐蚀历程都是在电化学腐蚀历程前置了一个化学反应历程，化学反应可描述为：

M(金属)$+NaCl+O_2+H_2O \rightarrow Na_xMO_y+M_xO_y+HCl$；

电化学反应为：

$2HCl+2Na^++2e \rightarrow H_2+2NaCl$(阴极)；$M-ne \rightarrow M^{n+}$(阳极)。

可以看出，前置化学反应中部分 NaCl 将生成 HCl，而 HCl 又为电化学阴极反应的生成物，使整个反应具有了催化反应的特点，正是由于 NaCl 作为催化剂，借助电化学反应历程，使整个腐蚀反应快速进行。但从腐蚀速度与时间的变化关系看，腐蚀速度与时间不

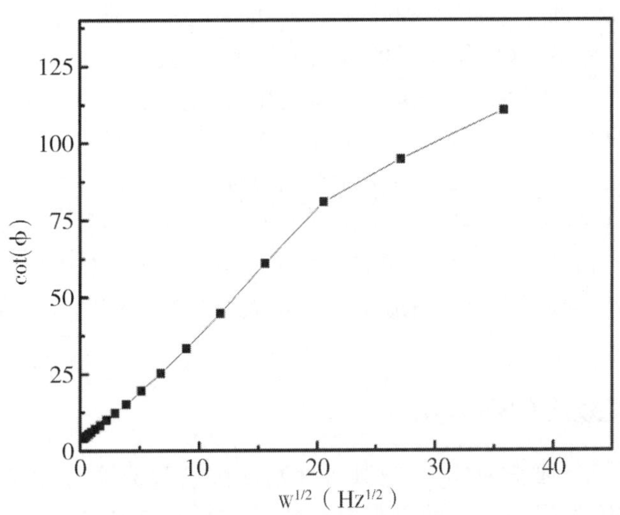

图 4　纯 Fe 的相位角随频率的变化关系

呈现催化反应所具有的典型的指数关系，这是由于 NaCl 在整个腐蚀历程中一方面作为催化剂，同时还有一部分与金属形成了金属氯氧化物而消耗，NaCl 的耗尽最终使材料腐蚀速度降到最低。

2. 不同纯金属材料在"固态 NaCl＋水蒸气"环境中电化学与化学反应的作用差异

纯 Fe 和 Cr 虽然在固态"NaCl＋水蒸气"环境中的电化学腐蚀历程与氧化历程之间存在协同效应，电化学历程的存在使材料的总腐蚀速度显著提高，但纯 Cr 的电化学腐蚀在总腐蚀中所占份额以及腐蚀速度都明显高于纯 Fe。计算发现，上述环境中 Cr 具有相对较低的化学反应活化能，即具有更高的化学反应活性。而 Cr 的化学反应活化能较低，与其电化学反应活性强，表面不能形成致密的腐蚀产物膜，丧失了其在水溶液中所具有的优异的钝化性能，更易发生电化学腐蚀，进而催化氧化反应而导致更高的总反应速度。

比较纯 Fe、纯 Cr 和 Fe－20Cr 合金在"固态 NaCl＋水蒸气"共存环境中电化学腐蚀所占的份额发现，合金材料的腐蚀速度并非两种合金元素腐蚀速度的简单加和，说明元素间存在相互作用，具体的作用机制还将进一步研究。

3. 金属在"固态 Na_2SO_4＋水蒸气"环境中电化学与化学腐蚀

发现"固态 Na_2SO_4＋水蒸气"的金属与"固态 NaCl＋水蒸气"环境下的腐蚀行为相似，存在明显的电化学腐蚀历程，但后者在整个腐蚀中所占份额更小（1%左右）。腐蚀反应中化学反应为：

M(金属)＋Na_2SO_4＋O_2＋$H_2O \rightarrow Na_xMO_y + M_xO_y + H_2SO_4$；

电化学反应为：

$H_2SO_4 + 2Na^+ + 2e \rightarrow H_2 + Na_2SO_4$（阴极）；　　　$M - ne \rightarrow M^{n+}$（阳极）。

可见前置化学反应中部分 Na_2SO_4 生成 H_2SO_4，而 H_2SO_4 又为电化学阴极反应的生成物，使整个反应具有了催化耦合的特点。但与在 NaCl 盐膜下相比，在 Na_2SO_4 盐膜下金属(如 Fe)腐蚀速度略低。比较两种盐膜下 Fe 的氧化膜结构特征发现,NaCl 盐膜下材料的氧化膜疏松,而在 Na_2SO_4 盐膜下的氧化膜较为致密。这是在 NaCl 存在时有极易挥发的 HCl 生成所致。此外,NaCl 盐膜下金属氧化物主要是 Fe_2O_3,而在 Na_2SO_4 盐膜下金属氧化物则主要是 Fe_3O_4,与 Fe_2O_3 相比,Fe_3O_4 导电性更弱,这也使 Na_2SO_4 盐膜下电化学腐蚀反应相对难以进行,从而使在该体系的腐蚀速度略低。

纯 Cr 在 Na_2SO_4 盐膜下的腐蚀速度远远小于 NaCl 盐膜下。这与 NaCl 盐膜下腐蚀产物 HCl、铬氧化物、铬的氯氧化物都是极易挥发的物质,因此形成的氧化膜疏松多孔,保护性能差有关。研究结果说明,Cr 不适用于在含氯盐膜与含氧水蒸气共同存在的环境中的使用。

(四)活性元素效应的深入阐述

添加少量活性元素(通常为稀土)或其氧化物能显著提高合金的抗氧化性能(使氧化层生长速度降低、粘附性提高),这就是高温腐蚀界众所周知但在机理方面存在争论的“活性元素效应(REE)”。就 Al_2O_3 生长型材料,大多数意见认为稀土元素在 Al_2O_3 层晶界的偏聚是导致其氧化动力学降低的原因,有人进一步提出稀土元素的晶界偏聚是一动态过程(即所谓“动态偏聚”),氧化层表面和内界面的氧分压差异驱使进入氧化层的稀土元素离子沿晶界由界面向表面迁移,由于稀土元素离子半径比 Al 离子半径大,其晶界移动阻挡了供氧化层生长的 Al 离子扩散,导致氧化速度降低。但是这些解释不能回答这样一个问题:弥散于金属基体中的稀土氧化物在热力学上比 Al_2O_3 稳定,如何能释放稀土元素进入氧化层呢?

对上述困扰人的问题,我国学者最近专门设计了一种 CeO_2 纳米颗粒弥散的铝化物涂层,利用高分辨分析型透射电镜对 CeO_2 影响 1000℃下 Al_2O_3 的生长过程进行了深度分析,发现 Al_2O_3 层由外层 θ 相和内层 α 相组成、且 θ 相近表面处析出许多新的 CeO_2 纳米晶等结果,提出了更具体的解释模型:氧化时,向内生长的 $\alpha-Al_2O_3$ 吞噬了铝化物表层的 CeO_2 纳米颗粒,促进了后者的溶解,其所产生的 Ce^{4+} 沿氧化层晶界由内向外扩散并在近表面以氧化物形式重新析出,这一迁移过程抑制了 $\alpha-Al_2O_3$ 的生长。论文“*A fundamental aspect of the growth process of alumina scale on a metal with dispersion of* CeO_2 *nanoparticles*”已在 *Corrosion Science* 发表[7]。此项工作的学术价值在于:①解释了金属中的稀土氧化物颗粒影响氧化动力学的本质原因,说明掺杂稀土氧化物纳米颗粒 REE 将更明显;②揭示稀土氧化物能降低 $\theta-Al_2O_3$ 的生长速度但对 $\alpha-Al_2O_3$ 的影响不大;③由于 Al_2O_3 生长存在 $\theta-\alpha$ 相转变,不同的体系该相变过程不同,因而本模型回答了为什么人们研究活性元素对 Al_2O_3 生长型的材料的氧化动力学时会出现不同结果。

三、高温防护涂层研究成果

几乎所有的实用金属和合金都会发生高温氧化和腐蚀。理解其机制,设计和发展防护涂层,预测材料及防护涂层在高温服役环境中的退化和寿命,有着重要的科学意义和应用价值。典型的高温防护涂层有 3 类:扩散涂层、MCrAlY 包覆涂层和热障涂层体系。我

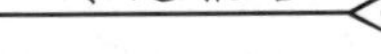

国学者在高温涂层的研究方面，卓有成效地开展了工作并取得显著成果。

(一)纳米晶和超细晶涂层

纳米晶结构涂层得到了更多的关注。2000 年前后，开展纳米晶涂层的研究者基本上是中科院金属研究所辐射的华人研究圈，研制了不同组成的纳米晶涂层[8,9]；而近年来国外研究人员也逐渐进入该领域。与传统粗晶(晶粒度为微米级)扩散涂层和包覆涂层相比，纳米晶涂层的优势在于以下几点：①在 Cr 或 Al 含量不高的条件下就能生长保护性氧化膜；②保护性氧化膜的粘附性强，不易剥落；③可以设计与高温合金基体成分匹配的纳米晶涂层，避免涂层与合金在氧化过程中元素互扩散而导致力学性能下降。基于对纳米晶氧化行为的认识，设计并首次使用电化学沉积方法制备了通常由物理气相沉积的方法制备的具有纳米结构的 Ni－Cr－Al 型防护涂层[10]。最近的研究发现，超细晶合金的氧化也呈现纳米晶所展现的氧化特征。比如，粗晶(平均晶粒度～100μm) Ni_3Al 涂层在 900℃循环氧化时易发生 Al_2O_3 膜剥落，但是超细晶(晶粒度～325nm)的 Ni_3Al 生长的 Al_2O_3 不剥落，结果见图 5 所示[11]。对比粗晶和超细晶 Ni_2Al_3 涂层，也发现后者因生长粘附性强的 Al_2O_3 膜而使抗循环氧化性能增强。

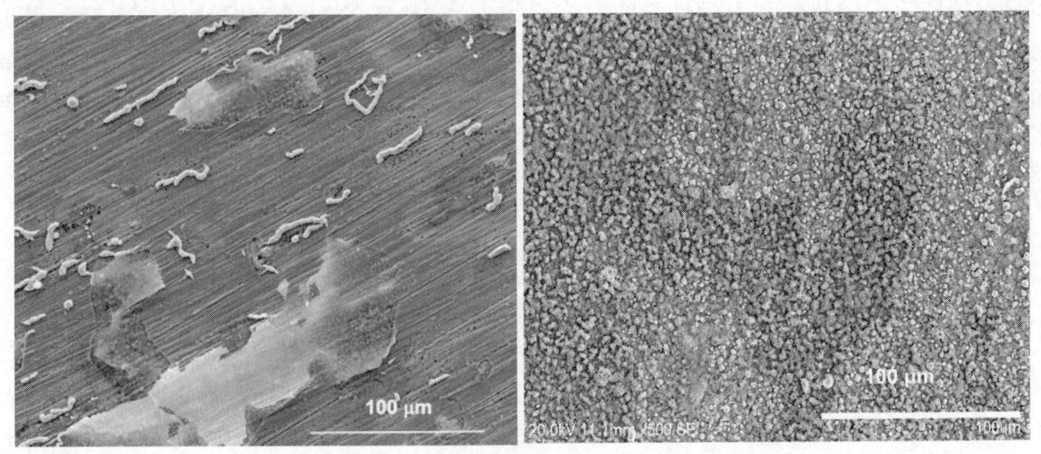

图 5　900℃空气环境中粗晶 Ni_3Al 涂层(左)循环氧化 5 小时即发生 Al_2O_3 膜大规模起皮，而超细晶 Ni_3Al 涂层(右)在循环氧化 100 小时仍未出现剥落

(二)非金属涂层(热障涂层和搪瓷涂层)

热障涂层是将具有低热传导系数的陶瓷材料以涂层的方式涂覆于热端部件的表面，起到隔热、耐腐蚀的作用。由于先进航空发动机涡轮叶片的工作温度远高于叶片合金的使用极限，必须对叶片采取冷却和热障涂层措施，因此热障涂层技术是先进航空发动机制造中的一项核心技术。传统的热障涂层是由以 Y_2O_3 部分稳定的 ZrO_2(YSZ)为陶瓷隔热层、以 MCrAlY 或 NiPtAl 为粘结层的双层结构组成。目前先进军机发动机叶片上采用了热障涂层技术，多种类型的民机发动机叶片上也采用了热障涂层。热障涂层在航天、石化、舰船、汽车、能源等领域的热端部件上也获得了广泛的成功应用。

随着燃气涡轮发动机涡轮前进口温度的不断提高,传统的 YSZ 热障涂层已难以满足服役温度需求。YSZ 在 1523K 以上将发生相变与烧结,使得热障涂层服役寿命大幅度降低。为使热障涂层能够在更高服役温度下工作,我国学者近年来相继开发了几种新型的陶瓷层材料,如在 YSZ 中掺杂稀土氧化物以提高热障涂层的隔热效果与抗烧结温度,研发出 $La_2Zr_2O_7$ 和 $La_2Ce_2O_7$ 陶瓷隔热材料[12,13],其服役温度可达到 1673K 以上,并且具有比 YSZ 低的热扩散系数。传统的热障涂层制备技术主要以等离子喷涂(PS)和电子束物理气相沉积(EB—PVD)为主。为了进一步提高热障涂层的制备效率和服役性能,在物理气相沉积与喷涂技术发展的基础上,提出了兼具有 PS 和 EB—PVD 优点的等离子喷涂物理气相沉积(PS—PVD)和溶液先驱体等离子喷涂(SPPS)等新的热障涂层制备方法。但由于涂层制备过程中的涂层微观结构控制技术有待于进一步开发,目前这些新材料和新方法尚未进入实用阶段。

搪瓷涂层的研制和高温腐蚀研究也是我国一项有特色的研究。搪瓷涂层是以 SiO_2 为主的氧化物与其他氧化物如 Al_2O_3,ZnO,B_2O_3,CaO,Na_2O 等以一定比例混合烧结而成的。搪瓷涂层常与 MCrAlY 涂层(底层)复合使用,显示了良好的抗高温腐蚀性能[14]。搪瓷涂层具有优良的抗氧化和腐蚀性能,但因其抗剥落性差制约了其广泛应用;掌握颗粒增强对搪瓷涂层的热学和力学性能的影响规律,是抗热震的搪瓷涂层设计的关键。最近的研究侧重在搪瓷涂层的颗粒增强和增韧方面,并取得明显成效,发现 Al_2O_3 颗粒增强提高了裂纹萌生应力,NiCrAlY 颗粒增强提高了裂纹扩展功,颗粒增强还可降低涂层/基体的热膨胀系数差异,从而降低冷却时涂层的热应力等[15]。

(三)新型复合涂层

针对合金涂层高温生成的氧化膜和沉积的陶瓷涂层与合金基体的结合力差,容易发生开裂与剥落这一关键科学问题,北京科技大学学者根据国内外关于此问题的研究现状,认为现有的有关氧化膜和陶瓷涂层开裂与剥落的机制都是建立在单相均质材料的力学行为基础之上的,因而在热应力作用下,这种开裂与剥落是不可避免的;提出了提高抗高温腐蚀涂层性能的新研究思想:通过复合结构使涂层具有优异的力学性能;通过在复合涂层中可以有效阻碍氧和其他腐蚀物质传质又可以封闭合金基体的连续相,使涂层具有优异的抗高温腐蚀性能。

提出了设计复合涂层的热力学条件:复合涂层必须具有稳定的多相结构,其成分应当位丁相图的共晶区,如 $Al_2O_3-Y_2O_3$ 和 $Al_2O_3-ZrO_2$,或复合涂层由完全不发生互反应的物相组成,如氧化物陶瓷和贵金属 Pt、Au。分析了提高复合涂层力学性能的途径:①通过复合结构提高涂层开裂的阻力;②通过复合结构调整涂层的热膨胀系数降低涂层的热应力。制备了两类共 6 种复合涂层(如图 6 所示):第一类,氧化物/氧化物复合涂层,包括(a)弥散纳米稀土氧化物的氧化铝涂层、(b)纳米氧化铝包覆微米氧化锆颗粒结构的 $ZrO_2-Al_2O_3$ 复合涂层、(c)ZrO_2/Al_2O_3 层状复合涂层;第二类,氧化物/贵金属复合涂层,包括(d)弥散纳米贵金属微粒的氧化铝涂层、(e)贵金属包覆微米氧化铝颗粒的复合涂层、(f)氧化物/贵金属层状复合涂层。通过对这 6 种复合涂层的力学和高温腐蚀性能的大量研究,提出了各复合涂层抗高温腐蚀的封闭基体机制,建立了复合涂层抗高温腐蚀的动力学模型。

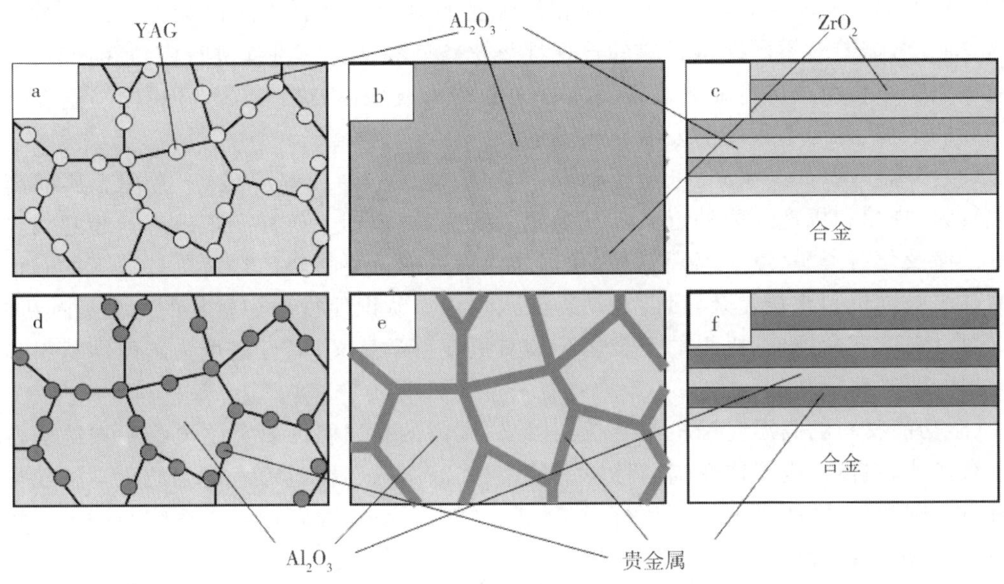

图 6 六种复合涂层的结构

(a) Al_2O_3－YAG 复合涂层；(b)纳米 Al_2O_3 包覆微米 ZrO_2 颗粒结构的复合涂层；

(c) ZrO_2/Al_2O_3 层状复合涂层；(d)弥散纳米贵金属微粒的 Al_2O_3 涂层；

(e)贵金属包覆微米 Al_2O_3 颗粒的复合涂层；(f) Al_2O_3/贵金属层状复合涂层

相关论文已在 *Corrosion Science*，*Oxidation of Metals*，*Surface Coatings and Technology* 等国际期刊发表[16－20]。这些新型复合涂层可以用于航空、航天、能源、交通、石油化工、垃圾焚烧等领域，也可以作为底涂层发展新型的热障涂层。

(四)其他涂层及其相关研究

我国学者在涂层的制备、改性和发展方面，还开展了以下几方面的工作。在扩散涂层(渗 Cr 和渗 Al 涂层)的元素组成和结构改性，以及 TiAl 用 MCrAlY 涂层的扩散障设计和制备方面取得了成果。相关论文已在 *Corrosion Science* 等国际期刊发表。

四、研究展望

为保持和扩大我国高温腐蚀与防护研究在国际的影响，满足国民经济和国防建设、发展和战略的需求，结合国内本领域的研究成果和国际研究动态，拟就以下几方面系统而深入地开展工作。

(一)高温腐蚀基础研究

(1)材料结构(尤其晶粒度)变化对选择性氧化和氧化膜的粘附性的影响及其本征原因。纳米晶和超细晶涂层的设计和高温腐蚀性能研究是一项有我国特色、受国际关注、成果被国际承认的代表性工作。这方面的基础研究拟回答目前国内外普遍关注的问题：晶粒细化和选择性氧化的内在联系；保护性氧化膜的稳态生长与晶粒度的关系；氧化膜粘附性与晶粒度的本质联系；氧化膜纳米晶和超细晶的热稳定对氧化的持久性能的影响。说明这些问题，需要对不同结构材料的选择性氧化条件和动力学过程进行模拟和计算，还需要对氧化膜结构组成进行显微表征。这方面的突出成果，将进一步彰显我国高温腐蚀界在国际的地位，并为本领域的发展作出贡献。

(2)特殊环境(如高温高压、超超临界水蒸气、腐蚀—冲蚀等环境)下常用金属的高温腐蚀行为、规律和机理。国外近来已开展相关研究，国内相关研究还很缺乏。超超临界发电等是涉及化石资源(煤炭等)利用的我国能源发展的重要战略。在苛刻环境下的服役材料的高温腐蚀机制比较复杂，目前还缺乏深入认识。认识使役结构材料的高温腐蚀机制，不仅对材料的寿命评估、机组的安全运行具有重要科学意义，而且也可为新耐蚀材料和防护涂层的研制奠定基础。

(3)功能材料的高温腐蚀机制。长期以来，国内的高温腐蚀研究主要集中在结构材料上。有些功能材料，也往往在高温环境下使用(如高温磁性材料等)，它们的化学组成与结构材料差别大，因而所呈现的氧化行为与结构材料不同，高温腐蚀研究系统而深入地拓展至相关功能材料，有望做出创新性成果。

(二)高温防护涂层研究

高温防护涂层方面的研究，可包含以下几方面：已有涂层的性能提高研究；涂层制备新途径探索；新防护涂层体系设计和制备及性能研究，具体如下：

(1)热障涂层。新型 TBC 材料的设计、制备和性能研究；热障涂层体系的力学性能研究；TBC/粘结层(BC)、TBC/氧化膜(TGO)、TGO/BC 及 BC/材料基体界面的破损行为研究。

(2)纳米晶和超细晶结构涂层。包括新型制备方法研究；纳米晶结构热稳定性及其增强研究；成分改进与复合设计研究等。

(3)搪瓷涂层。主要涉及涂层强韧化设计和性能研究以及搪瓷高温反应理论研究。

(4)复合涂层。根据活性和惰性金属、氧化物陶瓷等材料的不同物理、化学和力学性质，进行复合设计和制备力学性能和抗高温腐蚀性能皆佳的高温防护涂层。开辟制备高温防护涂层的新途径。

(5)典型功能材料的高温防护涂层的设计、制备及性能研究。

(6)高温防护涂层制备的新技术、新工艺和新途径探索。

参考文献

[1] Gesmundo F, Wang S, Niu Y. Complete kinetic maps for binary alloys forming two insoluble oxides under high pressures[J]. Oxid. Met., 2010(73):65-81.

[2] Niu Y, Gesmundo F. The internal oxidation of ternary alloys. VI: The transition from internal to external oxidation of the most-reactive component under intermediate oxidant pressures[J]. Ox-

id. Met. , 2004(62):391-410.

[3] Zeng C L, Feng Z J , Liu Y. Electrochemical impedance study of hot corrosion of the Mo-rich Ni3Al-base alloy IC6 at 750-800 ℃ beneath solid Na_2SO_4 deposits[J]. Oxid. Met. , 2011(76): 83-92.

[4] Wang F H, Shu Y H. Influence of Cr content on the corrosion of Fe-Cr alloys: The synergistic effect of NaCl and water vapor[J]. Oxid. Met. , 2003(59): 201-214.

[5] Tang Y, Liu L, Li Y, et al. The electrochemical corrosion mechanisms of pure Cr with NaCl deposit in water vapour at 600℃[J]. Journal of the Electrochemical Society, 2011(158): C237-C241.

[6] Tang Y, Liu L, Li Y,et al. Evidence for the occurrence of electrochemical reactions and their interaction with chemical reactions during the corrosion of pure Fe with solid NaCl deposit in water vapor at 600℃[J]. Electrochemistry Communications, 2010(12):191-193.

[7] Peng X, Guan Y, Dong Z,et al. A fundamental aspect of the growth process of alumina scale on a metal with dispersion of CeO_2 nanoparticles[J]. Corros. Sci. ,2011(53):1954-1959.

[8] Geng S J, Wang F H, Zhu S L. High-temperature oxidation behavior of sputtered in 738 nanocrystalline coating[J]. Oxid. Met. , 2002(57): 231-243.

[9] X. Peng, F. Wang. Chapter 15: Oxidation-resistant nanocrystalline coatings[M]// New developments in high temperature corrosion and protection of Materils, Cambridge: Woodhead Pub. Ltd. , 2008.

[10] Yang X, Peng X, Xu C, et al. Electrochemical assembly of Ni-xCr-yAl nanocomposites with excellent high-temperature oxidaiton resistance[J]. J. Electrochem. Soc. ,2005(156):C167-C175.

[11] Peng X, Li M, Wang F. A Novel ultrafine-grained Ni3Al with increased cyclic oxidation resistance [J]. Corros. Sci. ,2001(53):1616-1620.

[12] Xie X, Guo H, Gong S, et al. Lanthanum-titanium-aluminum oxide: A novel thermal barrier coating material for applications at 1300℃[J]. Jounal of the European Ceramic Society, 2011(31):1677-1683.

[13] Ma W, Dong H, Guo H, et al. Thermal cycling behavior of $La_2Ce_2O_7$/8 YSZ double-ceramic-layer thermal barrier coatings prepared by atmospheric plasma spraying[J]. Surf. Coat. Tech. , 2010 (204):3366-3370.

[14] Cheng Y X, Wang W, Zhu S L, et al. Arc ion plated-Cr_2O_3 intermediate film as a diffusion barrier between NiCrAlY and gamma-TiAl[J]. Intermmetallics, 2010(18):736-739.

[15] Chen M H, Zhu S L, Shen M L, et al. Effect of NiCrAlY platelets inclusion on the mechanical and thermal shock properties of glass matrix composites [J] . Mater. Sci. Eng. A, 2011 (528): 1360-13661.

[16] Gao J G. , He Y D. , Wang D R. Oxidation behavior of γ-TiAl based alloy with Al_2O_3 - Y_2O_3 composite coatings prepared by electrophoretic deposition [J]. Surf. Coat. Tech. ,2011(205)4453-4458.

[17] Ren C, He Y D. , Wang D R. Al_2O_3/YSZ composite coatings Prepared by a novel sol-gel process and their high-temperature oxidation resistance [J]. Oxid. Met. 2010(74):275-285.

[18] Ma X X, He Y D, Wang D R. Inert anode composed of Ni - Cr alloy substrate, ntermediate oxide film and α-Al_2O_3/Au (Au-Pt, Au-Pd, Au-Rh) surface composite coating for aluminium electrolysis [J]. Corros. Sci. ,2011(53):1009-1017.

[19] Ma X X, He Y D, Wang D R. , et al. Enhanced high-temperature orrosion resistance of (Al_2O_3-Y_2O_3)/Pt micro-laminated coatings on 316L stainless steel alloy [J]. Corros. Sci. , 2012 (54):

183-192.

[20] Ren C, He Y D, Wang D R. Fabrication and Characteristics of YSZ-YSZ / Al_2O_3 Double-Layer TBC [J]. Oxid. Met. ,2011(75):325-335.

撰稿人:彭　晓　王福会

应力腐蚀裂纹尖端研究

一、引言

研究应力腐蚀开裂最基本的问题是探索裂纹起源和扩展的原因和过程。目前在研究裂纹尖端化学和电化学状态,应力强度与裂纹扩展速率的关系,氢在裂纹扩展中的地位,应力和应变速率的作用等方面已经取得了很大的进展。本报告综述了应力腐蚀开裂过程中裂纹尖端行为的研究进展,微区电化学方法在裂尖行为研究中的应用。同时分析比较国内外研究近况和发展趋势。

二、应力腐蚀机理概述

一直以来,尽管国内外对不同体系的应力腐蚀开裂过程进行了大量的研究,并取得了一定的进展,但由于体系繁杂、影响因素众多,至今仍缺乏对应力腐蚀机理的统一认识。目前,较为广泛接受的应力腐蚀开裂机理主要可分为两大类:阳极溶解和氢致开裂。本节介绍各种不同的应力腐蚀开裂机理,并对其适用范围和局限性进行简要评述。

(一)"滑移—溶解"机制

"滑移—溶解"模型是最基本的应力腐蚀开裂阳极溶解机理之一,主要适用于在介质中金属表面可生成保护性钝化膜的体系。例如,奥氏体不锈钢在氧化性介质中,表面可生成一层致密的钝化膜,将基体金属与腐蚀性介质隔开。但在受力条件下,不锈钢基体发生塑性变形。由于奥氏体属于面心立方晶体,其主要变形形式是滑移,因此在应力作用下晶粒内部将产生大量滑移带,从而导致钝化膜破裂,在材料表面产生微裂纹。在微裂纹底部不断有新的滑移带生成,使得裂尖新鲜金属直接与腐蚀性介质接触而发生溶解和再钝化。因此,在裂尖局部范围内不断重复出现"滑移—膜破裂—溶解—再钝化"的过程,进而导致裂纹扩展。可见,"滑移—溶解"模型要求材料在应力腐蚀初期具有一定程度的塑性变形,即应力腐蚀开裂与滑移过程和塑性变形之间存在密切的联系。

"滑移—溶解"模型认为,裂纹扩展速率(Crack Propagation Rate, CPR)与阳极过程转移电荷量(Q_f)以及膜破裂频率成正比:

$$\mathrm{CPR} = \frac{M}{ZFP} Q_f \frac{\varepsilon_a}{\varepsilon_f} \tag{1}$$

式中,M 和 ρ 分别为基体金属的摩尔质量和密度,F 是法拉第常数,z 是金属阳离子所带电荷数,ε_a 和 ε_f 分别表示钝化膜的断裂应变以及裂尖的应变速率。可见,裂纹尖端处的位错释放以及钝化膜的破裂过程在"滑移—溶解"模型中具有重要作用。

"滑移—溶解"模型是最为广泛接受的阳极溶解型应力腐蚀开裂机制,适用于多种体系的沿晶和穿晶应力腐蚀开裂过程。但该模型对以下现象无法给出合理解释：

(1)在某些体系中，金属表面并不存在钝化膜，但仍可发生应力腐蚀开裂，即在活性状态下发生应力腐蚀。

(2)根据"滑移一溶解"模型，只有与溶液接触后，裂尖才会通过溶解而扩展，因此裂纹的形核和扩展过程应是连续的。但在实际情况中可观察到不连续的裂纹形核，这时就不能用"滑移一溶解"模型来解释。

(3)"滑移一溶解"模型认为裂纹应沿滑移面扩展，但实际情况表明，裂纹面与滑移面之间常出现不一致性。

由于以上局限性，目前"滑移一溶解"模型主要用来解释钝态金属的沿晶应力腐蚀开裂行为。

(二)表面迁移机制

与"滑移一溶解"模型不同，表面迁移模型并不要求金属表面存在具有保护性的钝化膜。该模型基于以下假设提出：

(1)由于在裂纹两侧和裂纹尖端处存在浓度梯度，因此空位将从裂纹壁向裂尖迁移。

(2)空位不断向裂尖迁移并与裂尖结合，导致裂纹扩展。

(3)环境的作用主要通过在金属表面发生选择性吸附提高金属表面的自扩散系数，从而增加材料的应力腐蚀敏感性。

由以上假设可知，裂尖区域内的空位密度为

$$C = C_0 \exp\left(\frac{\sigma a^3}{k_B T}\right) \tag{2}$$

式中，C_0 表示平衡条件下无应力区域内的空位密度，σ 和 a 分别表示裂尖区域内的应力值和原子尺寸，k_B 和 T 分别为玻尔兹曼常数和热力学温度。由于裂纹扩展速率正比于裂纹两侧与裂纹尖端处的浓度梯度和空位扩散系数，

$$CPR = D_v \cdot \frac{\mathrm{d}C_s}{\mathrm{d}x} = \frac{D_s}{C_0} \cdot \frac{C - C_0}{L} \tag{3}$$

因此，表面迁移模型中的裂纹扩展速率为

$$CPR = \frac{D_s}{L}\left[\exp\left(\frac{\sigma a^3}{k_B T} - 1\right)\right] \tag{4}$$

式中，D_v 为空位的表面扩散系数，D_s 为表面自扩散系数，L 为空位的扩散距离。

Gjostein 和 Rhead 提出可以通过式(5)获得较为可靠的表面自扩散系数，D_s

$$D_s = 7.40 \times 10^{-4} \exp\left(-\frac{30T_m}{RT}\right) + 0.014 \times 10^{-4} \exp\left(-\frac{13T_m}{RT}\right) \tag{5}$$

式中，T_m 为表面吸附层的熔点，R 和 T 分别为气体常数和热力学温度。可见，当金属表面形成低熔点吸附层时，裂纹扩展速率明显增加；而如果该层物质具有较高熔点时，裂纹扩展速率降低。

表面迁移机制还认为，在特定体系中空位可以作为氢陷阱，从而与氢产生协同作用，增加金属材料的应力腐蚀敏感性。另外，Gibala 指出氢与空位之间的相互作用还可以加速金属表面的自扩散过程。由此，可对公式(4)进行如下修改：

$$CPR = \frac{D_s}{L}\left[\exp\left(\frac{\sigma a^3 + \alpha E_b}{k_B T}\right) - 1\right] \tag{6}$$

式中，E_b 为空位和间隙原子的结合焓，α 为 0－1 之间无量纲的常数，用来表示受力区域和无应力区域内空位和氢之间饱和度的差异，α 随应力值的增加而增加。

(三)氢脆机制

目前，关于各种不可逆氢损伤的作用机理已有统一认识。但对于由氢原子扩散、富集而引起的可逆氢致滞后开裂的机制仍存在较大的争议。根据氢在金属中的扩散系数以及可能存在的扩散阻挡层，氢在材料中可有不同的存在形式：①吸附氢；②扩散氢；③氢化物等。现有机理主要包括氢压理论、氢降低表面能理论、氢促进局部塑性变形理论、氢化物脆理论以及弱键理论等。但各种不同的氢致开裂理论均存在不同程度的局限性。

结合以上各理论，可将氢脆机制做如下定性描述：首先，氢可促进位错的发射和运动(氢促进局部塑性变形理论)，因此在较低的应力水平下局部塑性应变即可达到临界条件；其次，固溶氢原子可以降低原子键合力以及临界应力强度因子(弱键理论)，因此在较低的外力作用下局部塑性应变所引起的应力集中即可诱发微裂纹形核。同时，当原子氢进入微裂纹后即可复合生成 H_2 并产生氢压(氢压理论)，使裂纹稳定化并通过与局部应力之间的协同作用使裂纹发生解理扩展。

氢除了能导致解理断裂外，还可以引起沿晶断裂和韧性断裂。氢致开裂的断裂方式除了和材料本身强度、组织结构有关外，也与环境条件以及进入的氢量有关。除此之外，外加应力强度因子的数值也会明显改变氢致开裂的断口形貌。但目前为止，关于氢促进局部塑性变形从而促进韧性断裂以及非杂质偏聚型沿晶断裂的机理尚在研究讨论中。

三、最新研究进展

(一)微区电化学方法

虽然传统电化学方法在金属腐蚀机理过程的研究中得到了广泛的应用并取得了长足的发展，但传统的电化学测试技术只能获得试样表面电化学反应和腐蚀过程的宏观统计信息，并不能表征局部的反应过程和状态变化。应力腐蚀开裂过程可认为是试样在应力/应变作用下由于局部区域的腐蚀过程被加速而导致最终断裂失效的过程。因此，使用宏观电化学方法无法获得在应力/应变作用下局部区域内的腐蚀电化学反应过程。微区电化学测试技术作为先进的电化学测试方法，现已在腐蚀电化学系统的测量和分析过程中得到了广泛的应用。在应力腐蚀开裂过程的研究中，采用微区电化学测试技术一方面可以比较在有无应力作用下试样表面的电化学反应活性，另一方面也可以获得裂纹尖端不同位置处表面状态和电化学反应参数。因此，使用微区电化学测试技术有助于深入了解应力腐蚀裂纹尖端的局部电化学反应特性。本节主要介绍扫描振动参比电极技术(SVET)[1-4]，局部电化学交流阻抗谱技术(LEIS)[1-5]，扫描开尔文探针技术(SKP)[6]以及毛细管微电极技术(Micro-capillary)[7]在应力腐蚀裂尖电化学行为中的应用。

研究人员近年来使用微区电化学测试技术对管线钢应力腐蚀开裂过程中裂纹尖端的局部电化学特性展开了大量的研究工作[1-4]。埋地管线的应力腐蚀开裂(SCC)行为主要可为分高 pH 值条件下的 SCC 和近中性条件下的 SCC。在近中性条件下试样表面电流密度随充氢电流密度增加而逐渐增大，说明充氢可以加速 X70 钢阳极溶解过程的进行。在含裂纹的试样中，电流密度的分布呈现不均匀性，即裂纹尖端的电流密度明显大于远离裂尖区域的电流密度。由此可判断，X70 钢在近中性条件下的裂纹扩展速率取决于氢和应力对裂尖阳极溶解过程的促进作用以及二者的协同作用。另有研究结果也表明，氢在裂纹尖端产生并聚集，氢和应力的协同作用能够降低阳极溶解过程的活化能，从而加速裂纹尖端的阳极溶解速率和裂纹的扩展速率。利用局部电化学交流阻抗谱技术(LEIS)研究外加应力对裂纹尖端钝化膜性质的影响结果表明，在不同的外加应力条件下裂纹尖端的阻抗值均小于远离裂尖区域的阻抗值；而且随着外加应力值的增加，整个试样表面的阻抗值均逐渐降低。可见，与远离裂尖区域的表面钝化膜相比，在裂纹尖端处试样表面的钝化膜的稳定性明显降低；而且该区域内更容易出现点蚀，从而促进阳极溶解过程的进行以及裂纹的扩展。

扫描开尔文探针(SKP)技术是一种非接触无损伤的金属或半导体表面电子功函的测试分析方法。对金属表面伏打电位的分布测量表明，SKP 技术可用于探测试样表面存在的缺陷，如空洞、微裂纹以及夹杂物等。最近，研究者利用扫描开尔文探针技术对应力腐蚀裂纹尖端的拓扑形貌和伏打电位变化进行了研究[8]。随着裂纹扩展，SKP 扫描范围逐渐扩展，而且 SKP 探针与试样间的距离也逐渐增加。经过 SSRT 实验后，裂纹尖端的塑性变形区域扩大而且塑性变形量增加。由于裂纹尖端区域产生塑性变形，因此裂尖的伏打电位明显负移，而且试样表面不同位置的电位差较 SSRT 试验前的情况有所增加。随着裂纹的扩展，电位较负的区域不断扩大，这与表面拓扑形貌的结果一致。

2024－T351 铝合金 WOL 试样在 3.5%NaCl 溶液中浸泡前以及浸泡不同时间后裂纹附近区域伏打电位的分布情况表明，裂纹尖端区域内伏打电位分布不均匀[9]。浸泡前，与远离裂纹尖端的区域相比，裂尖处具有较负的伏打电位。这说明在裂尖区域内电子具有较高的能量和电化学反应活性。WOL 试样与溶液接触后，裂尖区域内的伏打电位明显增加，并且较远离裂纹尖端区域更正。这是由于在外加应力的作用下，裂纹尖端产生明显的应力集中现象。位错在裂尖聚集并导致明显的塑性变形。因此，在裂纹尖端储存有较大的弹性能并出现大量的位错露头，使得该区域内的电化学活性明显高于远离裂尖的区域。当 WOL 试样浸泡在溶液中时，裂尖区域将会发生优先溶解以及腐蚀产物的聚集。2024－T351 铝合金在 NaCl 溶液中的腐蚀产物主要为铝的氧化物以及 S 相发生选择性溶解后残余的富 Cu 颗粒。以上两种腐蚀产物均具有较正的腐蚀电位，因此导致裂尖区域伏打电位的正移。但由于 WOL 试样裂尖的应力强度因子随裂纹的扩展而不断降低，因此，应力对裂尖区域内的阳极溶解过程的促进作用逐渐减弱，导致裂尖具有较正的伏打电位的区域随浸泡时间的增加而不断扩展。

研究者[10]还利用扫描开尔文显微镜技术(SKPM)在温度为 343K、湿度为 28%的环境中原位观察了 304 不锈钢在 $MgCl_2$ 液滴下的 SCC 演化过程。结果表明，裂纹首先由点蚀坑萌生，在滑移变形区的尖端也会形成许多不连续的裂纹。随着应力腐蚀过程的进行，这些不连续的裂纹逐步连接形成主裂纹并导致变形量的增加。裂纹两侧以及裂尖发生滑移变形的区域具有较负的伏打电位。Hiroyuki 认为这与电极反应的阴极过程产生的氢有关，氢在试样表面的迁移对应力腐蚀裂纹的萌生和扩展具有重要作用。

近年来，许多研究者[11-13]将毛细管微电极技术引入到腐蚀电化学测试中。最近 Breimesser 等人[7]首次利用毛细管微电极技术对 304 不锈钢的沿晶应力腐蚀开裂过程进行了研究。如图 1 所示，在恒电位极化条件下，钝态位置的电流密度维持在较低值并保持不变。但活性位置处的“电流一时间”曲线中出现了一系列电流峰。这些电流峰由电流的快速增加以及随后的缓慢降低两部分所组成。这说明裂纹的扩展首先经历裂尖的快速溶解，随后发生新鲜金属的再钝化过程。这种“活化一再钝化”过程交替出现，使得裂纹不断扩展并导致试样最终断裂。这一实验现象符合“滑移一溶解”机制。

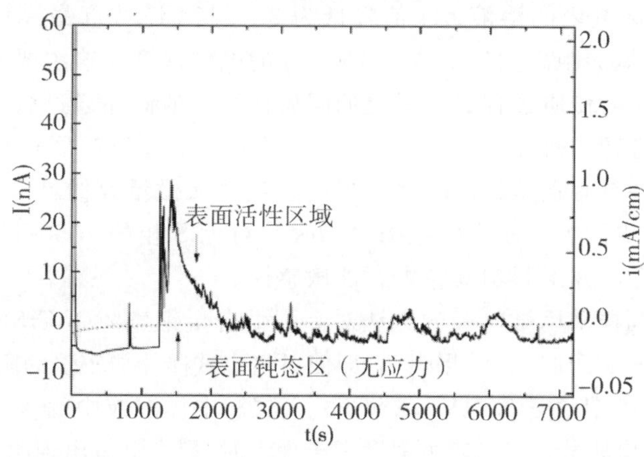

图 1　恒电位极化条件下活性区域和钝态区域电流密度随时间的变化

另外，也有研究者采用毛细管微电极技术研究裂纹尖端与远离裂尖区域的表面钝化膜性质的差异。通过毛细管微电极技术获得了 X70 管线钢紧凑拉伸试样中裂纹尖端与远端基体处的 Mott-Schottky 曲线[3]，结果表明钝化膜为 n 型半导体。但裂纹尖端的斜率值明显低于远离裂尖区域的斜率值。由于钝化膜中的施主密度与 Mott-Schottky 曲线中直线段的斜率成反比，因此，裂纹尖端的表面钝化膜比远离裂尖区域的钝化膜中具有更大的施主密度，从而导致裂纹尖端表面钝化膜的稳定性和保护性减弱。研究者[14]通过毛细管微电极技术对 2024-T351 高强铝合金 WOL 试样中裂纹尖端以及远端基体处的电化学行为进行了研究。结果表明，裂纹尖端处的腐蚀电位明显低于远端基体处的腐蚀电位，而且裂尖比基体具有更大的腐蚀电流密度。这说明裂纹尖端比基体具有更高的电化学活性，更易于局部腐蚀过程的进行。电化学交流阻抗的测试结果表明，裂纹尖端处的电荷转移电阻明显低于基体的电荷转移电阻，因此，电荷转移过程和腐蚀过程在裂尖处更容易进行，这与极化曲线的结果相一致。另一方面，裂尖比基体具有更大的膜电容。由于膜电容的倒数与金属表面膜的厚度成正比，因此在裂尖处试样表面的氧化膜变薄，从而导致其稳定性降低。在应力作用下裂纹尖端的表面钝化膜厚度减薄，其稳定性和保护性减弱；在与溶液接触后，裂尖易于发生优先溶解，从而导致裂纹扩展。

(二)裂尖闭塞环境

对于应力腐蚀开裂,尤其是钝态体系的应力腐蚀开裂过程,裂纹尖端闭塞区域内的溶液环境和电化学条件往往与本体溶液之间存在较大的差异,从而在裂纹尖端形成闭塞电池效应,加速应力腐蚀开裂过程的进行。对裂纹尖端闭塞环境的研究有助于深入了解应力腐蚀开裂过程的机制并解释环境因素的影响规律。

研究者[15]通过在裂纹尖端置入微电极的方式对 7050 超高强铝合金 WOL 试样裂纹尖端闭塞区域内的电位、溶液 pH 值以及 Cl^- 浓度进行了原位测量。结果表明,在孕育期内裂纹尖端的化学和电化学环境与本体溶液中基本一致。但在裂纹快速扩展阶段,裂尖出现明显的酸化和 Cl^- 富集。实验所使用的溶液 pH 值为 9.2,其中 Cl^- 浓度为 0.05mol/L;而闭塞区域内的溶液 pH 值降低为 2.7,其 Cl^- 浓度最高可达到 0.3mol/L。同时,在临近裂尖很短的距离内还形成了 1V/cm 的电位梯度。这主要是因为裂尖腐蚀产物以及氢气泡的产生对传质过程具有一定的阻碍作用。他们还通过微量注射的方法对裂纹扩展动力学过程进行了研究。结果表明,7050 铝合金的裂纹扩展过程对裂尖闭塞环境的化学和电化学条件具有强烈的依赖性。当向裂尖注入微量腐蚀性介质后,裂纹扩展速率迅速增大,而且裂尖阳极电流密度也随之增大。对无 S 相的 7050-T7451 铝合金而言,向裂尖注入腐蚀性介质并不影响其应力腐蚀敏感性。

另有研究者[16]同样采用微电极的方法对高强低合金钢(3% NiCrMoV)紧凑拉伸试样中裂尖区域的电位进行了研究。结果表明,即使对整个试样外加较强的阳极极化电位,裂尖区域内部的电位仍然保持在−0.61V(vs. SCE)。另外,本体溶液中的含氧量、Cl^- 浓度以及 pH 值对裂尖电位影响甚微。但当应力强度因子增大时,裂尖电位出现明显的下降。

以上研究结果表明,裂尖区域具有相对较负的电位值,使其始终处于较为活泼的电化学状态,而且在裂纹尖端的闭塞环境内将保持较强的酸性以及高 Cl^- 浓度,有助于裂尖在应力的促进作用下发生优先的阳极溶解并导致裂纹扩展。

(三)数值模拟

为了探明应力腐蚀开裂过程中裂纹尖端区域内的力学状态和电化学行为,人们从不同角度对其进行了研究。在实验研究方法得到广泛应用的同时,以有限元计算为代表的数值分析方法也取得了很大的进展[17,18],尤其是扩展有限元方法(Extended Finite Element Method,XFEM)的出现更是成为人们分析和理解裂纹扩展过程的有力的研究工具。本节主要介绍有限元数值分析方法在应力腐蚀裂纹尖端行为研究中的应用及所取得的成果。

研究者[19]通过有限元分析方法研究了局部应力条件对应力腐蚀裂纹萌生过程的影响。结果表明,应力腐蚀裂纹的萌生不仅与宏观的外加应力有关,而更取决于预制裂纹尖端的局部应力状态。根据预制裂纹的不同形式,应力集中可以加速裂纹扩展而应力松弛则抑制新裂纹的萌生。据此,研究者提出了三种裂纹生长模式:①由裂纹扩展本身引起的裂纹生长;②由裂纹尖端区域内新裂纹的萌生所引起的裂纹生长;③由临近微裂纹的聚集引起的裂纹生长。

采用数值分析方法和慢拉伸试验，对面心立方金属在应力腐蚀开裂过程中氢与位错之间相互作用的结果表明[20,21]，氢将沿着含有裂纹线的滑移面向金属内部扩散，并在位错聚集的尖端发生偏析。另外，这种不对称的氢原子分布会对裂尖的剪切力起到一定的屏蔽作用，但由裂尖位错所引起的总的应力场基本保持不变。这说明一定的聚集浓度并不会降低裂尖的应力集中状态，但会导致应力腐蚀裂纹沿交滑移面扩展。研究者[22,23]对奥氏体不锈钢裂纹尖端区域内氢与位错之间的相互作用进行了数值分析。结果表明，溶质氢原子可以促进裂尖区域内的位错堆积。由于面心立方结构中存在多个滑移系统同时开动，因此当裂尖出现位错堆积时，裂纹可以沿其他滑移面进行扩展，从而导致裂纹扩展具有“Z”型模式。此外，扩散氢对裂尖区域内的位错源具有一定的钉扎作用，而这种钉扎作用对晶体取向具有一定的依赖性。有学者[24]采用结合力模型(cohesive model)对高强度低合金钢中的氢扩散及其对稳态裂纹扩展过程的影响进行了数值模拟分析。结果表明，结合力模型可对稳态裂纹扩展过程进行有效的预测，而且通过使用更为合理的扩散方程，如考虑氢原子在点阵中与在陷阱位置浓度的差异并假设氢在点阵中的浓度受应力影响[25]，可以获得更为合理和准确的模拟结果。最近，对氢在裂纹尖端的一维和二维扩散过程以及氢致裂纹扩展过程的数值计算结果表明[26]，数值结算结果与实验数据相符，而且该文献中提出的计算方法可缩短计算时间。

研究人员[27]通过弹塑性有限单元法双悬臂梁试样静止和扩展裂纹尖端的残余塑性应变场进行了数值计算，并结合裂纹尖端腐蚀模型以及应力腐蚀实验分析了单轴拉伸过载条件对不锈钢在轻水反应堆环境中应力腐蚀裂纹扩展的影响。结果表明，当拉伸载荷过载时，裂纹尖端会马上出现残余塑性应变。这种残余塑性应变会降低扩展裂纹尖端的塑性应变速率，从而对应力腐蚀裂纹的进一步扩展起到一定的阻碍作用。通过扩展有限元发方法研究了过载条件对疲劳裂纹扩展的影响[28]，结果表明，数值计算结果与实验结果相吻合。在过载条件下裂纹尖端出现的塑性变形区与裂纹闭合过程有关，该塑性区可阻碍裂纹的进一步扩展，即由过载产生的裂尖塑性区对裂纹具有一定的屏蔽作用。

有研究者[29]通过原子模拟和分子静力学方法对应力腐蚀开裂过程中裂纹尖端区域内的一系列过程进行研究。结果表明，当受辐射不锈钢的晶界处有氢原子存在时，外加压应力也会引发应力腐蚀开裂。

四、国内外研究进展比较

应力腐蚀开裂是破坏性最大的腐蚀行为之一。随着各类金属材料在多种工业领域中使用环境和承受载荷越发苛刻，应力腐蚀事故频繁发生。因此，各国政府都加大了对应力腐蚀发生规律和机理研究的投入。在国际研究领域中，对应力腐蚀裂纹尖端的力学状态和电化学行为进行了深入的理论研究。例如，裂纹尖端区域内的位错结构，裂纹的萌生过程及其向快速扩展过程的过渡，裂纹尖端电化学活性的变化，以及裂尖闭塞环境内的化学和电化学状态等。在实验方法上，应力腐蚀研究仍注重电化学测试与形貌和物像分析相结合，尤其是微区电化学方法在应力腐蚀研究中的应用正逐步受到研究者的重视。此外，由于传统的显微观察技术大多局限于二维尺度，并不能提供裂纹萌生和扩展的全部信息，因此，越来越多先进的实验方法在裂纹尖端行为分析中得到了广泛的应用，例如，聚焦离子束层析成像技术（FIB tomography）[30－32]和 X 射线层析成像技术（X－ray tomography）[33－35]。通过先进的三维原位组织结构分析技术，可以进一步获得裂纹萌生、扩展以及裂纹尖端组织结构的变化规律，这有助于深入了解应力腐蚀开裂的演化过程及其机制。除采用先进的实验方法以外，借助 ABAQUS、COSMOL 等大型有限元分析软件，可以对试样表面缺陷位置以及裂纹尖端的应力应变场进行数值计算，从而深入分析裂纹的萌生、扩展及其与试样表面缺陷之间的相互作用。由于有限元理论的局限，传统的有限单元法并不能对裂纹扩展进行有效的分析和数值模拟。Belytschko[36]于 1999 年首次提出在常规有限元框架内求解不连续问题的扩展有限元方法 ABAQUS 6.9 版本中首次采用了扩展有限元方法，使其商业化模块化。使用 XFEM 方法研究裂纹扩展不需要重新构建有限元网格，可以方便地分析含裂纹体的不连续问题。

在国内，应力腐蚀开裂以及裂纹尖端行为的研究基本与国际整体水平保持同步。在基础研究方面偏重于环境因素、加载条件以及热处理工艺等对应力腐蚀开裂过程的影响规律，注重对实际应力腐蚀问题（如管线钢、高温水环境中不锈钢和 Ni 基合金、压力容器用低合金钢以及高强铝合金等的应力腐蚀开裂问题）的研究。各种先进的研究分析方法正在逐步得到应用。例如，国内研究者对 X70 及 X80 管线钢在鹰潭以及库尔勒地区土壤环境中的应力腐蚀开裂行为进行了广泛的研究，基本确定了高强管线钢在我国典型土壤环境中发生应力腐蚀开裂过程的机理，并分析了材料组织、外加应力以及环境因素的作用规律。但目前仍缺乏特点鲜明的研究方向和领域，这在一定程度上限制了国内在应力腐蚀开裂过程以及裂纹尖端行为研究中原创性和突破性成果的产生。以高强铝合金的应力腐蚀研究为例，虽然在航空、船舶等领域已经开展了较为广泛的研究工作，但在航天器材料应用领域中的基础研究和数据积累等方面则相对落后。虽然一些新型的高强铝合金材料（如 AAHS－3 等）已经应用于航天器产品的研制，但对这些材料的耐蚀性，尤其是对应力腐蚀、腐蚀疲劳以及裂尖行为的研究和验证工作并未同步开展。一旦在应力和腐蚀性介质的协同作用下导致裂纹的萌生和扩展，即会造成不可预测的灾难性后果。总体而言，应力腐蚀开裂机制尚未完全澄清，在实际工况条件下的实验和分析手段也不完善，研究材料应力腐蚀开裂的工作任重而道远。

五、趋势与展望

虽然各国研究者对应力腐蚀开裂（SCC）过程进行了大量的研究，几种主要的 SCC 机制（阳极溶解、氢致开裂、混合机制）也相对较为完善，并且各自在不同的实际体系中得到了应用，但目前应力腐蚀开裂机理较难取得突破。各种机制的支持者都难以在更为微观的尺度上对应力腐蚀开裂机理进行扩展和统一。随着研究的深入，研究尺度也将逐渐由晶粒尺寸进入原子尺寸。因此，需要将宏观的断裂力学方法与断裂物理理论相结合，以期在更为微观的尺度甚至原子水平上对裂纹尖端进行深入的研究和认识。

未来关于应力腐蚀裂纹尖端的研究中心仍将以裂尖区域内的应力状态和电化学行为为主，并通过力学和电化学等基础学科的发展，分析和理解应力腐蚀裂纹尖端区域内材料组织结构、位错形态、电化学活性以及氢行为的变化，进而深入研究应力腐蚀开裂过程中裂纹尖端的行为规律。未来也将着重开展原位形貌观察、三维组织成像以及微区电化学测试等多种分析手段相结合的实验方法，并结合有限元等数值模拟方法，系统深入地分析力学因素、电化学因素以及力学－电化学耦合场对裂尖过程的影响作用及机理。另外，数值分析方法在应力腐蚀裂纹尖端研究中也得到了广泛的应用并取得了很大的进展。借助数值分析方法，可对裂纹尖端应力应变场、电位电流场等进行数值计算，进而有效地考察材料组织结构、外加应力以及环境条件对裂尖行为以及应力腐蚀开裂过程的影响。因此，将实验结果与数值模拟结果相结合，有助于深入分析应力腐蚀裂纹萌生和扩展的机理，理解各影响因素对裂尖行为的作用规律。

由于实际应力腐蚀体系纷繁复杂而且各有差异，难以建立统一的应力腐蚀模型和机制对所用应力腐蚀开裂现象进行解释，因此，未来的研究工作将更注重解决实际问题。通过实际服役条件下具体的应力腐蚀失效案例以及实验室条件下的模拟和加速试验，对一定体系的应力腐蚀开裂过程进行深入研究，找到或建立合适的应力腐蚀模型对其进行有效的分析和解释，并有针对性地提出防护措施也将是未来研究工作的着重点。随着各种实验技术和分析方法的不断发展，关于应力腐蚀开裂以及裂纹尖端的诸多学科问题将得到圆满解决。

参考文献

[1] Zhang G A, Cheng Y F. Micro-electrochemical characterization of corrosion of welded X70 pipeline steel in near-neutral pH solution[J]. Corros. Sci., 2009, 51(8): 1714.

[2] G A Zhang, Y F Cheng. Micro-electrochemical characterization and Mott - Schottky analysis of corrosion of welded X70 pipeline steel in carbonate/bicarbonate solution[J]. Electrochim. Acta., 2009, 55(1): 316.

[3] G A Zhang, Y F Cheng. Micro-electrochemical characterization of corrosion of pre-cracked X70 pipeline steel in a concentrated carbonate/bicarbonate solution[J]. Corros. Sci., 2010, 52(3): 960.

[4] X Tang, Y F Cheng. Quantitative characterization by micro-electrochemical measurements of the synergism of hydrogen, stress and dissolution on near-neutral pH stress corrosion cracking of pipelines[J]. Corros. Sci., 2011, 53(9): 2927.

[5] X Tang, Y F Cheng. Micro-electrochemical characterization of the effect of applied stress on local anodic dissolution behavior of pipeline steel under near-neutral pH condition [J]. Electrochim. Acta., 2009, 54(5): 1499.

[6] A Nazarov, D Thierry. Application of Volta potential mapping to determine metal surface defects [J]. Electrochim. Acta., 2007, 52(27): 7689.

[7] M Breimesser, S Ritter, H P Seifert, et al. Application of the electrochemical microcapillary technique to study intergranular stress corrosion cracking of austenitic stainless steel on the micrometre scale[J]. Corros. Sci., 2012, 55: 126-132.

[8] R Zhao, Z Zhang, J B Shi, et al. Characterization of stress corrosion crack growth of 304 stainless steel by electrochemical noise and scanning Kelvin probe[J]. Journal of Central South University of

Technology,2010,17(1):13.

[9] H Sheng, C F Dong, K Xiao, et al. The anodic dissolution of the crack tip at AA 2024-T351 in 3.5% NaCl[J]. International Journal of Minerals, Metallurgy and Materials, In press.

[10] M. Hiroyuki. SKFM observation of SCC on SUS304 stainless steel[J]. Corros. Sci., 2007, 49(1):120.

[11] H B, T. Suter, A. Schreyer. Micro- and nanotechniques to study localized corrosion[J]. Electrochim. Acta., 1995,40(10):1361.

[12] M M Lohrengel, A Moehring, M Pilaski. Capillary-based droplet cells: limits and new aspects[J]. Electrochim. Acta., 2001,47(1-2):137.

[13] R Oltra, V Vignal. Recent advances in local probe techniques in corrosion research - Analysis of the role of stress on pitting sensitivity[J]. Corros. Sci., 2007,490(1):158.

[14] H Sheng, C F Dong, K Xiao. Localized electrochemical characterization of high strength aluminium alloy at the crack tip in 3.5% NaCl solution[J]. Acta Metallurgica Sinica, Submitted.

[15] K R Cooper, R G Kelly. Crack tip chemistry and electrochemistry of environmental cracks in AA 7050[J]. Corros. Sci., 2007,49(6):2636.

[16] A Turnbull, S Zhou, G Hinds. Stress corrosion cracking of steam turbine disc steel——measurement of the crack-tip potential[J]. Corros. Sci., 2004,46(1):193.

[17] K Tohgo, H Suzuki, Y Shimamura. Monte Carlo simulation of stress corrosion cracking on a smooth surface of sensitized stainless steel type 304[J]. Corros. Sci., 2009,51(9):2208.

[18] T Boellinghaus, H Hoffmeister. Numerical Model for Hydrogen-Assisted Cracking[J]. Corrosion, 2000,56(6):611.

[19] M Kamaya, T Haruna. Influence of local stress on initiation behavior of stress corrosion cracking for sensitized 304 stainless steel[J]. Corros. Sci., 2007,49(8):3303.

[20] D Delafosse, J P Chateau, A Chambreuil, et al. Dislocation-hydrogen interactions during stress corrosion cracking in fcc metals: experiments on single crystals and numerical simulations[J]. Mater. Sci. Eng., A, 1997,234-236:889.

[21] D Delafosse, T Magnin. Hydrogen induced plasticity in stress corrosion cracking of engineering systems[J]. Engineering Fracture Mechanics, 2001,68(6):693.

[22] J P Chateau, D Delafosse, T Magnin. Numerical simulations of hydrogen - dislocation interactions in fcc stainless steels, part II: hydrogen effects on crack tip plasticity at a stress corrosion crack[J]. Acta. Mater., 2002,50(6):1523.

[23] J P Chateau, D Delafosse, T Magnin. Numerical simulations of hydrogen - dislocation interactions in fcc stainless steels, part I: hydrogen - dislocation interactions in bulk crystals[J]. Acta. Mater., 2002,50(6):1507.

[24] I Scheider, M Pfuff, W. Dietzel. Simulation of hydrogen assisted stress corrosion cracking using the cohesive model[J]. Engineering Fracture Mechanics, 2008,75(15):4283.

[25] A H M Krom, R W J Koers, A Bakker. Hydrogen transport near a blunting crack tip[J]. Journal of the Mechanics and Physics of Solids, 1999,47(4):971.

[26] N R Raykar, S K Maiti, R K Singh Raman. Modelling of mode-I stable crack growth under hydrogen assisted stress corrosion cracking[J]. Engineering Fracture Mechanics, 2011,78(18):3153.

[27] H Xue, Z J Li, Z P Lu, et al. The effect of a single tensile overload on stress corrosion cracking growth of stainless steel in a light water reactor environment[J]. Nucl. Eng. Des., 2011, 241

(3):731.

[28] C Colombo, L Vergani. A numerical and experimental study of crack tip shielding in presence of overloads[J]. Engineering Fracture Mechanics, 2010,77(11):1644.

[29] A Patrick. Atomistic simulations of stress corrosion cracking[J]. Corros. Sci., 2010,52(4):1247.

[30] J Man, T Vystavěl, A Weidner, et al. Study of cyclic strain localization and fatigue crack initiation using FIB technique[J]. Int. J. Fatigue, 2012,39:44-53.

[31] L P Sergio. A guide on FIB preparation of samples containing stress corrosion crack tips for TEM and atom-probe analysis[J]. Micron, 2008,39(3):320.

[32] W Schaef, M Marx, H Vehoff, et al. A 3D view on the mechanisms of short fatigue cracks interacting with grain boundaries[J]. Acta. Mater., 2011,59(5):1849.

[33] H Toda, E Maire, S Yamauchi. In situ observation of ductile fracture using X-ray tomography technique[J]. Acta. Mater., 2011,59(5):1995.

[34] H Toda, M Takata, T Ohgaki. 3D Image-Based Mechanical Simulation of Aluminium Foams: Effects of Internal Microstructure[J]. Adv. Eng. Mater., 2006,8(6):459.

[35] H Toda, A Miyawaki, K Uesugi, et al. Localized deformation during fracture of high-strength aluminum alloy[J]. Procedia Engineering, 2011,10:2597.

[36] T Belytschko, T Black. Elastic crack growth in finite elements with minimal remeshing[J]. International Journal for Numerical Methods in Engineering, 1999,45(5):601.

撰稿人:李晓刚　生　海

金属腐蚀疲劳发展研究

一、引言

工程结构材料的服役环境经常是既存在着腐蚀性环境、又同时承受着交变载荷，在两者的联合作用下则产生腐蚀疲劳破坏。由于腐蚀疲劳往往导致灾难性事故，长期以来腐蚀疲劳一直得到了研究者、工程技术人员的普遍重视。然而，腐蚀疲劳涉及材料的成分、微观结构、制备工艺，腐蚀性介质的成分、浓度，工程结构承受的载荷变化幅度、频率、顺序以及工程结构的几何形状等复杂因素的影响。虽然腐蚀疲劳从 1926 年 McAdam 开始发现并加以研究，迄今对于不同材料、环境、载荷和工程结构形状与尺寸耦合一起导致的腐蚀疲劳行为的研究还远未达到工业界的期望。尽管人们在不断探讨把模糊数学、神经网络、随机过程等方法引入到腐蚀疲劳的寿命描述中，但实际上，对新材料和苛刻环境下的腐蚀疲劳即使是采用传统的唯象方法也一直难以进行比较准确的寿命评估。围绕着材料的腐蚀疲劳机理（例如新材料和先进材料）、使役环境下材料的腐蚀疲劳行为与规律（例如核电环境、油气苛刻环境、海洋环境、飞机的变化环境等）、工程结构的疲劳（例如飞机、桥梁、车辆、发电设备）等方面，人们一直在不懈努力，并不断提出检测、评价、预测、改进和提高抗腐蚀疲劳的方法与措施。近年来，镁合金的腐蚀疲劳、核电站材料的腐蚀疲劳成为国际热点。而材料腐蚀疲劳的早期检测更成为国际上关心的重要问题。本文综述了近年来在本领域最活跃的这几方面的进展，并指出了发展趋势。

二、最新研究进展

（一）腐蚀疲劳的监测与检测

金属材料在疲劳过程中，试样内部的微观组织结构、缺陷的形态、位错组态等总会发生变化。宏观上有表面粗糙度和表面裂纹等的改变。这些变化必然引起材料本身的物理性质、化学性质的变化。这种微观和宏观的变化与疲劳的各个阶段密切相关。近年来，温度直接测量法、声发射方法得到了很好的发展。

新发展的测温方法，可以灵敏地测量出疲劳试样表面的温度变化。把微小的热敏电阻探头粘贴在材料试样上[1,2]，该热敏电阻将试样的温度变换成相应的电阻。采用事先标定的电阻值与温度之间的对应关系就可得到温度的变化，灵敏度达 0.001°C。在 X52 钢和 TiNi 形状记忆合金上的测试结果表明，金属材料在拉伸弹性变形时，试样的温度降低，卸载时试样的温度升高，而在压缩弹性变形时，试样的温度升高，卸载时试样的温度降低。温度变化的幅度与弹性应变幅呈线性关系。循环塑性变形时，金属材料试样的平均温度随着循环周次的增加而持续升高，最终由于试样与环境的温度差不断增大，向环境放热的速率也不断增加，试样的温度最终稳定在一个固定的值附近。试样的温度在一周循环内也发生波动，波动的幅度与发生弹性应变时试样的温度波动幅度相当。

虽然人们已经成功地采用声发射方法测量了疲劳裂纹扩展，但对于腐蚀疲劳过程，特别是对阳极溶解型腐蚀疲劳却很难获得理想结果。对 LY12CZ 铝合金、镁合金在 3.5% NaCl 水溶液中不同电位下极化的声发射测量表明[2-6]，声发射事件率与电流密度近似呈线性关系。电流密度的大小直接影响声发射事件的发生率，说明无论是阳极溶解还是铝合金的阴极腐蚀都能诱发位错的运动和增殖，成为重要的声发射源。分析发现，氢致开裂的声信号与阳极溶解有显著不同，因此，采用该方法可以明显地判定腐蚀疲劳过程的机制是阳极溶解型还是氢脆型。

(二)镁合金的腐蚀疲劳

镁合金是最轻的金属结构材料。由于镁的蕴藏量很高，近年来镁的生产成本降低，且比重轻，在全世界的应用逐渐增加。镁合金具有高的比强度、很好的导电和导热性、易于回收等许多优点，在飞机、汽车等交通运输工具中使用则可节约大量的能源，因此具有广泛的应用前景。镁的自腐蚀电位低，与其他结构材料相比，镁合金的耐腐蚀性最差，故而常被用做牺牲阳极。由于结构件的服役条件通常是在腐蚀环境下(大气也是腐蚀性环境)受到循环应力的作用，会导致结构件的腐蚀疲劳失效。有关镁合金腐蚀疲劳的研究结果很少，而推动镁合金的应用必须有完整的数据，深入认识镁合金的腐蚀机理，并采用适当的防护措施。

镁合金在空气中的疲劳裂纹源是第二相开裂所致。在含氯离子溶液中，蚀坑为疲劳裂纹源。氯离子浓度越高裂纹越易萌生、裂纹扩展越快。蚀坑的尖锐程度和蚀坑深度是控制裂纹萌生的两个参数。在深度相近的条件下，尖锐蚀坑比半球形蚀坑更具有损伤性[7-20]。

力学因素对镁合金的疲劳性能的影响很大。镁合金腐蚀疲劳过程中，存在加载频率效应。在一定的加载频率范围内其疲劳寿命(断裂循环周次)随着频率的降低而降低。裂纹萌生周次和稳定扩展周次随着频率的增加逐渐增加。并且裂纹萌生周次占疲劳寿命的比例也增加。裂纹萌生时间也吻合蚀坑裂纹萌生模型。

介质浓度对镁合金疲劳性能存在很大影响。随着 Cl^- 浓度的增加，镁合金的腐蚀疲劳寿命降低。

采用声发射测量后的能量判据可以有效区分腐蚀疲劳裂纹萌生寿命、裂纹扩展寿命、瞬断寿命之间的比例关系。随着腐蚀介质的浓度增加，裂纹萌生比例降低，瞬断比例增加。前者是因为浓度增加，腐蚀速度增加；后者则是由于腐蚀性离子不仅显著降低材料的拉伸强度，同时也显著降低材料的塑性，这样的降低主要来自于材料中氢的作用。

(三)核电材料的腐蚀疲劳

轻水堆核电站设备的服役弱(老)化问题贯穿于设计、建造、运行、维护、延寿及退役的全寿命范围，尤其是反应堆冷却系统压力边界的寿命设计、管理和预测是影响整个核电站运行安全性和经济性的关键问题之一。保证核电站在寿命期间的结构完整性，主要取决于压力边界的安全设计、合理选材及物理防护、老化管理和寿命评价等。压力边界材料的服役条件为高温、高压、辐射、特殊水化学环境及承受一定应力（热应力或机械应力等），其腐蚀疲劳问题对结构完整性和安全性至关重要。由于缺乏直接的实验证据，目前国内外对高温高压水环境下核电材料腐蚀疲劳裂纹的起始和扩展机理仍存在很大争议。从工程设计角度，结构完整性首先基于其安全合理的设计标准或曲线。ASME 疲劳设计曲线及在此基础上发展的设计标准已经广泛应用于世界各国的核电站压力边界的设计。但近些年来美国、日本和中国等的实验结果均表明，在特定环境和载荷因素的联合作用下，核电材料在高温高压水中的疲劳寿命比空气中显著降低，且降低程度依赖于应变速率、水化学和材料状态的变化[21-23]。说明如果按当前 ASME 设计标准设计核电压力边界可能存在潜在的安全裕度不足的问题。因此，如何在疲劳设计标准中充分考虑材料、力学、环境因素的交互作用，是当前世界核电材料疲劳设计和评价亟待解决的难题之一。日本和美国的研究人员率先开展了尝试研究，最具代表性的是日本 TENPES/EFD 提出的环境疲劳寿命校正因子模型和美国 ANL 提出的统计模型[24,25]。

在借鉴国外研究经验的基础上，通过深入认识高温高压水腐蚀疲劳开裂机理，中国科学院金属研究所发展了植入环境损伤效应的核电关键材料的疲劳寿命设计模型，建立了便于工程应用的环境疲劳设计曲线及环境疲劳安全评估流程，尝试开展了核电站实际压力边界设备的疲劳损伤评估和疲劳延寿评估研究[26]。

三、国内外研究进展比较

在材料疲劳过程的研究中，人们已经采用了许多直接或间接的方法来测量各种变化，以确定疲劳损伤的程度。例如：表面裂纹观察方法、柔度法、循环滞回线法、电位降法、透射电镜位错组态观察法、扫描电子显微镜的电子通道衬度（ECC）成像技术；等等。近年来，人们又发展了磁响应法、涡流探针、铁电薄膜、压电磁性、光纤传感器、红外温度测量、声发射技术等许多方法。声发射方法和局部温度测量是能够与疲劳裂纹萌生和机理密切联系起来，是国内外研究的热点。然而，如何区分损伤机制一直是难点。

与在空气中相比，镁合金的腐蚀疲劳寿命会显著降低，其断裂模式是穿晶与沿晶的混合型。Speidel 等发现腐蚀疲劳开裂以穿晶一晶间复合方式扩展，加速腐蚀疲劳裂纹扩展速度的环境与加快应力腐蚀裂纹扩展速度的环境是相同的。Stephens 等发现 AZ91－T6 的腐蚀疲劳阻力在 3.5％的盐水里比在空气中明显地降低。Mayer 等研究高压压铸件 AZ91HP、AM60HP 和低压永久模铸件 AZ91HP 在环境空气和盐雾中的腐蚀疲劳，发现低压永久模铸件 AZ91HP 的 S-N 曲线在腐蚀环境下比在空气中要陡，在两种环境中达到 109 周还不能看到疲劳极限。高压压铸件在盐雾中也没有疲劳极限，而在空气中能看到疲劳极限。腐蚀环境下疲劳寿命降低的原因是快速的裂纹萌生和裂纹扩展速率。A. Eliezer 等人研究发现，腐蚀环境可以极大地降低镁合金的疲劳寿命。对于镁合金的腐蚀疲劳及其裂纹萌生行为的研究不多。对于用于承力部件使用的变形镁合金的腐蚀疲劳行为的研究则更少。同时，腐蚀疲劳过程中的裂纹萌生和扩展机理至今尚不清楚。因此，研究镁合金的腐蚀疲劳可以为材料性能的改善、扩大应用和寿命预测提供理论依据。

核电发达国家均已建立了各自的设计标准或准则(典型的如:美国 ASME 的 BPV 标准、法国的 RCC、德国的 RSK、日本的 MITI 准则等)以指导本国核电站关键设备的设计、选材、建造、服役、检修及寿命评估。然而,这些设计标准并没有合理考虑服役环境造成的损伤效应。以 ASME 的 BPV Code 为例,其设计疲劳曲线(Code Section III)是在光滑小试样室温低周疲劳数据的基础上,获得最佳拟合曲线,然后将该曲线应力减小一个因子 2,或循环数减小一个因子 20 而获得的[7]。因子 2 或 20 仅仅是一种人为调整因子,用以解释实验测试小样品和实际构件之间疲劳寿命的差别和其他各种不确定因素的影响,并非真正的安全系数[8]。而且,设计曲线所依据的实验数据不考虑材料、环境、载荷的交互作用及由此造成的损伤效应。近年的研究表明,在特定的环境和载荷条件下,核电材料在轻水堆服役高温高压水环境中的疲劳寿命显著低于空气中的,许多实验点落在 ASME 设计疲劳曲线的下方[21-28]。说明在核电服役环境中,环境损伤效应可能变得非常严重,会威胁到反应堆运行安全。核电发达国家非常重视这方面的研究工作:2009 年专门在美国 Charlotte 召开了核电厂疲劳研讨会;2007 年美国核管会颁布的 1.207 导则中明确指出美国新核电厂建设必须考虑环境效应;美国电力研究院在其开发的疲劳安全评估软件 FatiguePro 的下一版本中也将考虑环境效应。如何理解材料、环境、载荷等的交互作用规律与机理,评价环境疲劳试验数据,并与实际设备的服役经验关联,将多因素交互作用效应植入到疲劳设计标准中,是核电材料研究领域亟待解决的难点之一。日本和美国的研究人员首先在这方面进行了尝试,提出了环境疲劳寿命校正因子模型和统计模型,并根据实验数据和经验反馈持续改进[24,25]。

我国商用核电站起步较晚,运行时间接近 20 年。受模拟实验设备和相关测试技术的限制,在核电材料环境疲劳损伤评价方面主要依靠国外标准或方法,关于环境疲劳寿命设计标准或预测模型的基础和应用研究均非常缺乏。近些年来,中国科学院金属研究所、上海核动力设计院、苏州热工院等单位在核电材料的高温高压水腐蚀疲劳方面开展了初步试验研究,获得了一些试验数据。其中金属所在核电高温高压循环水腐蚀疲劳试验装置、核级低合金钢和不锈钢的高温高压水腐蚀疲劳损伤行为、规律及机理方面获得了明显进展:研究了水化学、载荷、材料等因素对核电材料在高温高压水中的疲劳损伤的影响,提出了应变速率控制的高温高压水环境致裂模型[23,29],揭示了核级不锈钢腐蚀疲劳裂纹起始和扩展特征与机理[30];结合国内外同类核电材料的环境疲劳强度数据,发展了植入环境效应的核电关键材料的疲劳寿命设计模型,建立了便于工程应用的环境疲劳设计曲线及环境疲劳安全评估流程,尝试开展了核电站实际压力边界设备的疲劳损伤评估和疲劳延寿评估研究[26]。尽管如此,国内在核电设备材料(尤其是国产材料)环境疲劳损伤机理认识、疲劳强度试验数据积累、疲劳寿命设计和预测模型开发等方面与核电发达国家相比仍有很大差距,急需开展系统的基础性研究工作。

四、发展趋势与展望

欲降低腐蚀疲劳事故必须对腐蚀疲劳机理有深入认识,而这种认识必须从早期的腐蚀疲劳裂纹萌生、短裂纹扩展和连接开始。因此,研发更敏感的检测与监测技术对腐蚀疲劳机理的深入认识有重要价值，始终是本领域的发展趋势和热点。

无论从材料资源的角度，还是从比重低而降低能耗的角度，镁合金都是金属材料的热点。而人们对镁合金的腐蚀疲劳认识远远不足，严重影响其规模化应用，包括设计、制造和安全寿命评估。

由于对高温高压水腐蚀疲劳过程和机理的认识不足，改进后的核电材料环境疲劳寿命设计模型在影响因子及其物理意义、多因素交互作用效应、边界条件确定等方面仍存在缺陷，导致某些条件下疲劳安全裕度仍然不足。大型先进压水堆是世界商用核电技术发展的趋势，其设备材料的制造工艺发生了改变，服役水化学环境也有所改变，且实际运行过程中核电设备的服役环境、载荷和材料会随服役时间或操作条件变化而改变，这些均是构建环境疲劳设计曲线时应考虑的重要因素。因此，结合核电设备材料的设计、制造、服役、评价等过程，寻找直接的实验证据揭示其腐蚀疲劳失效机理，发展考虑多因素交互作用和变因素影响的环境疲劳设计标准，完善核电材料的设计、制造、检测和评价标准，是核电材料腐蚀疲劳研究的趋势和下一步发展的方向。

总之，研发原位监测与检测技术，针对实际服役环境进行模拟试验和澄清机理，把腐蚀疲劳规律与材料的制备加工工艺以及腐蚀环境参数有机结合，通过理论计算和试验模拟相结合提出针对腐蚀疲劳的服役寿命预测模型将会是近期腐蚀疲劳研究最为活跃的工作内容。

参考文献

[1] Rao Guang-bin, Wang Jian-qiu, Han En-hou, et al. In situ study of evolution of stress-induced martensitic transformation in TiNi shape memory alloy during cyclic deformation[J]. Chinese Journal of Nonferrous Metals, 2005(15): 12-18.

[2] 韩恩厚，柯伟. Fatigue Damage of Matorials and its Deteclion Techniaues[R]//第十二届全国断裂和疲劳会议，2004. 11.

[3] H Chang, E H Han, J Q Wang, et al. Acoustic emission study of fatigue crack closure of physical short and long cracks for aluminum alloy LY12CZ[J]. International Journal of Fatigue, 2009(31): 403-407.

[4] H Chang, E Han, J Q Wang, et al. Analysis of Modal Acoustic Emission Signals of LY12CZ Aluminum Alloy at Anodic and Cathodic Polarization[J]. NDT & E Iinternational, 2006(39): 8-12.

[5] H Chang, E H Han, J Q Wang, et al. Acoustic Emission Study of Corrosion Fatigue Crack Propagation Mechanism for LY12CZ and 7075-T6 Aluminum Alloys[J]. Journal of Materials Science, 2005(40): 5669-5674.

[6] 常红，韩恩厚，王俭秋，等. 飞机蒙皮涂层对LY12CZ铝合金腐蚀疲劳寿命的影响[J]. 中国腐蚀与防护学报，2006，26(1) : 34-36.

[7] Huamao Zhou, Jianqiu Wang, Qishan Zang, et al. Study on the effect of Cl^- concentration on the corrosion fatigue damage in a rolled AZ31B magnesium alloy by acoustic emission[J]. Key Engineering Material, 2007(353-358) : 327-330.

[8] Huamao Zhou, Jianqiu Wang, Qishan Zang, et al. Characteristics of Acoustic Emission During Fa-

tigue of As-rolled AZ31B Magnesium Alloy[J]. Materials Science Forum, 2007(546-549): 579-584.

[9] 周华茂，王俭秋，张 波，等．轧制 AZ31B 镁合金在空气和 NaCl 溶液中疲劳行为[J]. 中国腐蚀与防护学报，2009，29(2)：132-136.

[10] 周华茂，王俭秋，张 波，等．轧制 AZ31B 镁合金腐蚀疲劳过程中的声发射信号分析[J]. 中国腐蚀与防护学报，2009，9(2)：2-87.

[11] R C Zeng, W Ke, E H Han. Influence of load frequency and ageing heat treatment on fatigue crack propagation rate of as-extruded AZ61 alloy[J]. International Journal of Fatigue, 2009(31): 463-467.

[12] R C Zeng, Y B Xu, W Ke, et al. Fatigue crack propagation behavior of an as-extruded magnesium alloy AZ80[J]. Materials Science and Engineering A, 2009, (509): 1-7.

[13] 韩恩厚，王俭秋．镁合金的腐蚀疲劳损伤研究[R]//第十四届全国疲劳与断裂会议，2008. 11.

[14] Rongchang Zeng, Enhou Han, Wei Ke. Effect of Temperature and Relative Humidity on Fatigue Crack Propagation Behavior of AZ61 Magnesium Alloy[J]. Materials Science Forum, 2007, 546-549: 409-412.

[15] Zeng Rong-chang, Chen Jun, Ke Wei, et al. pH value in simulated occluded corrosion cell for magnesium alloys[J]. Trans. Nonferrous Met. Soc. China, 2007(17): S194-S197.

[16] Zeng R C, Han E H, Ke W. Fatigue and corrosion fatigue of magnesium alloys[J]. Materials Science Forum, 2005, 488-489: 721-724.

[17] Rongchang Zeng, Wei Ke, Yongbo Xu, et al. Corrosion Fatigue Behavior of Magnesium Alloy AZ80[J]. Transactions of Materials and Heat Treatment, 2001(22): S71-S74.

[18] 曾荣昌，韩恩厚，柯伟，等．挤压镁合金 AM60 的腐蚀疲劳[J]. 材料研究学报，2005，19(1)：1-7.

[19] 曾荣昌，韩恩厚，柯伟，等．变形镁合金 AZ80 的腐蚀疲劳机理[J]. 材料研究学报，2004，18(6)：21-25.

[20] 曾荣昌，韩恩厚，刘路，等．轧制组织对镁合金 AM60 疲劳性能的影响[J]. 材料研究学报，2003，17(3)：241-264.

[21] O K Chopra, W J Shack. Effect of LWR coolant environment on the fatigue life of reactor materials [M]. Final report, NUREG/CR-6909, US NRC, Washington, DC, USA, 2007.

[22] M. Higuchi, K. Iida, Y. Asada. Effects of strain rate change on fatigue life of carbon steel in high temperature water[M]. ASTM STP, 1997, 1298: 216-231.

[23] X Q Wu, E H Han, W Ke, et al. Effects of loading factors on environmental fatigue behavior of low-alloy pressure vessel steels in simulated BWR water[J]. Nucl. Eng. Des., 2007, 237(12-13): 1452-1459.

[24] M Higuchi. An updated method to evaluate reactor water effects on fatigue life for carbon and low alloy steels[R]// International Conference on Fatigue of Reactor Components, Napa, CA, 2000, 31-3.

[25] J M Keisler, O K Chopra, W J Shack. Statistical models for estimating fatigue strain-life behavior of pressure boundary materials in light water reactor environments[J]. Nucl. Eng. Des., 1996, 167.

[26] 吴欣强，徐松，韩恩厚，等．核级不锈钢高温水腐蚀疲劳机制及环境疲劳设计模型[J]. 金属学报，2011，47(7)：790-796.

[27] O K Chopra, W J Shack. Low-cycle fatigue of piping and pressure vessel steels in LWR environments [J]. Nucl. Eng. Des., 1998(184): 49-76.

[28] O K Chopra, W J Shack. Margins for ASME code fatigue design curve-effects of surface finish and material variability [J]. ASME PVP, 2003(453): 71-85.

[29] X Q Wu, Y. Katada. Strain Rate Dependence of Low Cycle Fatigue Behavior in A Simulated BWR Environment [J], Corrosion Science, 2005,47(6):1415-1428.

[30] S Xu, X Q Wu, E H Han, et al. Crack initiation mechanisms for low cycle fatigue of type 316Ti stainless steel in high temperature water[J]. Mater. Sci. Eng. A, 2008, A49(1-2): 16-25.

撰稿人:韩恩厚　吴欣强　王俭秋　柯　伟

局部腐蚀学科发展研究

一、引言

局部腐蚀，指在腐蚀环境中金属表面某些不连续的局部区域腐蚀速度比其他区域快得多，因而造成局部的明显腐蚀破坏，包括小孔腐蚀、缝隙腐蚀、晶间腐蚀等类型。局部腐蚀过程往往与钝化有关，当金属表面大部分区域保持钝化状态时，局部区域钝化膜的破坏就会导致腐蚀加速而发生局部腐蚀。应力腐蚀开裂和电偶腐蚀也属于局部腐蚀类型，但由于其作用机制不同，在腐蚀科学中通常作为单独的腐蚀类型加以研究。

局部腐蚀由于只发生在材料表面的某些局部区域，具有隐蔽性、随机性和突发性的特点，很难被早期发现，在各种腐蚀类型中，是危害最大的腐蚀类型之一。在工程实践中，以小孔腐蚀、晶间腐蚀和应力腐蚀开裂为代表的局部腐蚀是导致工程结构与装备突发性腐蚀事故的主要原因。

二、小孔腐蚀的研究进展

(一)小孔腐蚀行为与机理的研究进展

小孔腐蚀是指金属表面微小区域因腐蚀作用而产生小孔并向深处发展的现象。腐蚀小孔一旦产生，其发展速度往往很快，会导致材料迅速穿孔，因此称孔蚀；而在材料表面，可观察到许多腐蚀斑点，往往又称点蚀。小孔腐蚀过程有下列步骤：首先，钝化膜表面局部发生破坏；其次，发生局部溶解一再钝化过程，即由于表面局部溶解产生微小孔，但很快又重新钝化，称亚稳态小孔腐蚀；最后，某些亚稳态小孔达到持续生长所需的临界条件，转化为稳定蚀孔。

对小孔腐蚀影响最大的因素包括环境中卤素子含量、电位和材料表面的非金属夹杂。卤素离子如 F^-、Cl^-、Br^- 等在钝化膜表面与促进钝化的 OH^- 发生竞争吸附，并导致钝化膜局部破坏。Cl^- 在工业环境中广泛存在，是导致孔蚀的主要环境因素。材料发生孔蚀要达到一定的临界电位，称孔蚀电位 E_b；而一旦小孔产生，即使令电位负移，小孔也会继续发展一段时间，在比孔蚀电位更负的某一电位下才能停止发展，称为再钝化电位或保护电位 E_p。孔蚀电位与再钝化电位与材料成分、组织结构、环境等因素有关，相同环境中，E_b 值越高，材料的耐孔蚀性能越好，因此，E_b 往往作为评价材料耐孔蚀性能的指标。材料表面的各种缺陷如晶界与位错露头、非金属夹杂物等由于具有较高的电化学活性，通常都是促进孔蚀萌生的源头，特别是非金属夹杂物与基体的界面是原子排列不规则的区域，而夹杂物与基体之间往往又存在电位差，容易导致界面处的优先溶解。不锈钢与碳钢中的硫化物夹杂，在工程实践中是诱发孔蚀的最重要因素之一。

关于小孔迅速向材料深处发展的机制，目前广泛接受的是"自催化效应"：一旦小孔萌生即小孔内部金属发生溶解，溶液中的负离子如 Cl^- 会加速向阳极迁移，导致小孔内部 Cl^- 浓度逐渐升高；另一方面，小孔底部溶解的金属离子与 Cl^- 生成金属氯化物，并进一步发生水解反应生成 H^+，导致小孔内部 pH 值降低。由于孔内的 Cl^- 富集和酸性增强，孔内溶液的腐蚀性要远远超过本体溶液，因此在小孔底部可维持快速的溶解速度。

（二）亚稳态孔蚀行为及孔蚀早期过程的研究进展

对很多钝性金属如不锈钢、碳钢、铝合金、镍合金等材料进行阳极极化时，在小孔腐蚀发生之前会观察到电流、电位的微小波动现象，这种波动是表面活性点溶解及重新钝化的结果，实际上代表着微小的蚀孔形核、生长及再钝化过程，因此被称为"亚稳态孔蚀"。早期的研究表明[1-3]，亚稳态孔蚀的生长过程与稳定孔蚀过程很相似，可以用"扩散生长模型"来解释：小孔一旦形核，能否持续生长取决于孔内溶液能否维持使金属溶解所需的高腐蚀性。金属溶解速率比钝化膜要快得多，随着小孔发展，其表面会保留一层难溶性的氧化膜作为覆盖，在氧化膜盖上有一些孔隙或开口，小孔的生长速度因此由通过开口的腐蚀产物离子的扩散速度所控制。由于氧化膜盖薄而不完整，很容易在溶液扰动或其他应力作用下破裂，这时小孔内部与外部的溶液会迅速混合，导致孔内溶液酸度和氯离子浓度快速降低，从而孔底金属不能继续溶解而发生小孔再钝化。如果小孔长大达到一定的临界条件，使得小孔自身能够维持连续生长而不再需要氧化膜盖的作用，亚稳态小孔就不会再钝化而成为稳定小孔。Burstein 等[3]根据实验结果，提出了一个估计亚稳态小孔转化为稳定孔的临界条件，称作"小孔稳定性积"，即孔蚀电流密度 i 与小孔半径 r 的乘积，为 $ir=3\text{mA/cm}$。

对碳钢亚稳态孔蚀期间的电流波动和表面腐蚀小孔图像的比较研究[4]表明二者存在良好关联性，电流随时间的变化可以反映表面发生的亚稳态孔蚀、稳态孔蚀以及由于腐蚀产物阻塞孔口而使小孔停止发展的整个过程。对于铝合金也得到了类似的结果[5]。

近年来，Hudson 和 Scully 等[6-8]及其研究团队对亚稳态孔蚀行为开展了深入研究，对于亚稳态小孔与稳定孔蚀之间的转化提出了另一种机制。在 0.05m NaCl 溶液中对不锈钢表面进行阳极极化并利用对比增强显微技术进行原位观察，发现随着电流增大的同时小孔数目发生爆炸式增长。据此认为，小孔腐蚀的突发不是由于个别亚稳孔的稳定持续生长，而是由于相邻亚稳态小孔之间的相互作用，因此不能用单个亚稳孔的性质和行为来解释。一旦有亚稳态小孔产生，从活性小孔中释放的侵蚀性离子会导致小孔周边区域钝化膜的局部损伤，即使侵蚀性离子继续向更远区域扩散，钝化膜的损伤在重新恢复之前仍会保持一段时间，称作"记忆时间"，这段时间内对于小孔腐蚀是高度敏感的，很容易萌生新的小孔。因此，每一个活性小孔的邻近区域中，在"记忆时间"内产生新的小孔的可能性显著增大，当这种小孔连续萌生的趋势大于亚稳态小孔自发钝化的趋势时，金属表面就发生自催化式的小孔数量快速增长，而导致钢的孔蚀。

一般认为，小孔腐蚀与金属表面的夹杂物有关，小孔往往在夹杂物、基体界面萌生。而 Hudson 等[9]的观点认为，孔蚀实际上与夹杂物之间的相互作用有关。一个活性小孔对相邻区域的作用限于一定范围，大致为侵蚀性离子在金属表面的溶液界面层中的扩散距离，如果表面夹杂物的平均距离大于此扩散距离，则不能发生相互作用导致的自催化小孔快速增殖。因此，存在一个临界硫化物夹杂密度，如果金属表面的硫化物密度低于该临界值，发生孔蚀的门槛值明显提高；另一方面，由于扩散距离与溶液界面层尺度相关，强化搅拌使界面层减薄，可以使侵蚀性离子的扩散距离缩短，从而减少小孔萌生。上述观点已被实验证实。

尽管近年间开展了关于亚稳态孔蚀的大量研究并取得显著进展，但关于亚稳态小孔的形核过程仍然了解得很少，对于亚稳态小孔与稳态孔蚀之间的关系和亚稳态小孔向稳定孔的转变机制，还需要针对不同体系进一步深入研究。

(三)小孔腐蚀萌生、发展与再钝化过程的研究

局部腐蚀发生的第一步是钝化膜的局部破坏，但关于钝化膜破坏过程和机制的研究相对较少。Macdonald 等[10,11]提出的点缺陷模型(PDM)认为，在钝化膜中阳离子空位向膜/金属界面迁移，如果空位流比界面氧化反应的消耗量更大，就会在界面聚集形成空洞或早期小孔，Cl^- 等侵蚀性离子可以影响阳离子空位的产生和迁移过程。PDM 模型能够正确预测电位对小孔形成的影响，解释侵蚀离子与缓蚀性离子在腐蚀过程中的作用，但不能解释在较低电位下产生亚稳态小孔的机制。

Marcus 等[12]近年提出了一个以钝化膜纳米结构观察为基础的钝化膜破坏模型，模型强调了氧化物钝化层中的纳米晶晶界的作用。由于晶界原子排列的不规则，对于铁离子传输的阻力比无缺陷点阵处要小，因此，在氧化膜/溶液界面可能产生氧化物局部减薄的现象，也可能在金属/氧化膜界面沿晶界在氧化膜下方产生空洞，从而沿氧化膜晶界产生凹陷。当环境中无 Cl^- 时也可以产生这种现象，由于瞬态的活性溶解，沿氧化膜晶界的凹陷会产生小孔萌芽，但无 Cl^- 时很容易再钝化。当环境中存在 Cl^- 时，Cl^- 与 OH^- 在钝化膜表面竞争吸附，尤其是在晶界缺陷处吸附，会降低金属阳离子在晶界处迁移的活化能，并导致膜的局部减薄。Cl^- 也能通过氧化膜晶界处贯穿膜层，迁移到金属/氧化膜界面与晶间阳离子发生反应，导致含氯化合物粒子的形成，后者的生长会引起氧化膜的应力诱导开裂。钝化膜一旦破坏，Cl^- 还将竞争吸附到金属表面阻碍再钝化，如果 OH^- 不能及时补充，再钝化将被阻止而导致较大的纳米孔形成。

在小孔早期起源方面，通过原位电化学扫描隧道显微镜研究单晶 Ni 的(111)晶面在 0.1mol/L NaOH 中由于极化引起的结构变化，发现小孔优先在覆盖于表面的无序氢氧化镍粒子台阶界面形成，而在原子排列有序完整的钝化膜和基体表面则不易形成小孔。在由于局部溶解而新形成的台阶上，溶解和钝化竞争而引发纳米尺寸的三维小孔生长，即发生纳米尺度的局部腐蚀[13]。

再钝化电位在评价材料局部腐蚀倾向时实际上是比孔蚀电位更重要的参数。当腐蚀体系的电位高于再钝化电位时，就存在局部腐蚀的可能性，而当体系电位低于再钝化电位超过 100mV 以上时，通常不会发生局部腐蚀[14]。Anderko 等[15,16]提出的再钝化过程机制认为：在再钝化电位以上，金属溶解在一层高浓度金属卤化物的下方发生，再钝化过程中，在金属与金属卤化物层界面形成薄氧化物层，氧化物覆盖部分金属表面，随着再钝化

过程进行，氧化物的覆盖分数增大。氧化物下方的金属溶解速度大大降低，当达到再钝化电位时，整个表面的溶解速度就相当于钝态溶解速度。各种侵蚀或缓蚀离子则通过竞争吸附机制对再钝化产生影响。

夹杂物对小孔萌生有重要作用。利用扫描电化学显微镜对 7075 铝合金小孔腐蚀的研究表明[17]，在夹杂物 Mg_2Si 粒子上对应着较高的净阳极反应速度，而在 Al_7Cu_2Fe 和 Al_3Fe 粒子上则有较高的净阴极反应速度。电化学扫描图像与 SEM 图像有良好的一致性，当溶液的 pH 值和 Cl^- 浓度变化时，扫描图像能够反映相应的反应速率变化。在 7075 铝合金中，Mg_2Si 夹杂发生活性溶解，但一般不会引起持续生长的小孔；而在 Al_7Cu_2Fe 和 Al_3Fe 粒子附近，由于粒子作为阴极促进了氧化还原反应，导致周边溶解产生小孔并可以持续长大。

利用高分辨二次离子质谱分析不锈钢中的硫化物夹杂时，探测到夹杂物周围存在一个富集硫化铁的宽约 100nm 的环带[18]，由于这个环带的溶解会环绕硫化物夹杂形成一层多硫化物膜层，钝化的最初破坏即发生在这层膜中，而局部环境的几何条件则决定最初的局部溶解电流能否发展成一个亚稳态小孔，夹杂物附近的 Cr 含量可能也对局部酸化和溶解是否能够持续发展起关键作用。

也有作者[19]研究了磁场对低碳管线钢小孔腐蚀的影响，提出了磁场对小孔腐蚀的影响机制：小孔一旦形成，在小孔内和边缘会出现一个漏磁场，沿着小孔边缘存在随小孔半径线性增强的磁场梯度，此磁场梯度驱使腐蚀产物中的顺磁性离子离开小孔底部，使孔底的离子浓度降低，从而减小了小孔底部的腐蚀速率。另一方面，由于顺磁性离子在磁场作用下趋于小孔周边，使周边区域的腐蚀加快。

(四)小孔腐蚀检测与研究技术的进展

早期小孔腐蚀的研究主要应用宏观的电化学方法，扫描电化学显微技术的发展，使小孔腐蚀早期的电流与电流分布图像得以建立。通过扫描电化学显微镜研究奥氏体不锈钢在开路电位下的电流分布状态，可以显示由于亚稳态小孔溶解产生的电流峰，以及小孔周边的阴极区，因此得到了亚稳态小孔的分布图像[20]。阻抗和电化学噪声技术在小孔腐蚀研究方面也得到进一步发展。亚稳态孔蚀过程的交流阻抗特征表明双电层电容与小孔内部的活性表面积有直接关系，因此能够反映小孔生长的信息[21]。谭永俊[22]用丝束电极研究了孔蚀期间的电化学噪声特征，通常腐蚀过程的噪声电阻，即电位噪声的标准差与电流噪声标准差之比，可以用来表征均匀腐蚀过程，而噪声特征即腐蚀电位和电流波动信号反映局部腐蚀的特征。利用丝束电极传感器测量噪声特征与噪声电阻在表面的分布并加以比较，可以得到表面局部腐蚀的空间与时间分布特征。丝束电极的不足之处是产生一幅图像需要的时间比较长，大约为 15 分钟，因此只适合研究慢速电极过程，而不适于研究快速电极过程。

近年来同步辐射光源在腐蚀研究中有越来越多的应用。利用高分辨原位 X 射线成像技术研究 304 不锈钢在恒电流控制模式下在 1mol/L NaCl 溶液中的小孔腐蚀，采用同步辐射光源得到的像素尺寸为 350nm，结果显示了小孔的生长过程[23]，通过三维和二维图像分别显示了表面小孔的形态和小孔内部的横截面形态。在小孔表面可以看到存在一个上面有许多穿孔的氧化膜盖，同时还观察到小孔底部有平行于轧制方向的凸起，认为可能是由于沿轧制方向分布的硫化锰夹杂的影响。

小孔腐蚀的预测始终是实际工程中最受关注的问题之一，Xiao 等[24]针对航空工业中铝合金孔蚀问题，提出了一个基于有限元法的铝合金孔蚀预测模型，模型考虑了包括各种夹杂物和金属间化合物、钝化膜、溶液组分及 pH 值、各种可能的电化学反应以及小孔形状等多方面的影响，该模型能够反映材料成分和显微组织对小孔生长过程的作用，预测、评估小孔形状对孔发展速度的影响，以及可以针对溶液化学和小孔形态对局部环境和小孔的稳定性做出深入分析。如果进一步利用第一性原理和微观与纳米尺度动力学过程的蒙特卡洛模拟，模型有望更加合理化。

由于油气管线工程的重要性，不少研究者研究了管线钢中腐蚀小孔的深度分布并建立了相应的预测孔深度的模型。对地下管线外部土壤腐蚀的孔深度和生长速度分布概率的研究表明，Weibull，Frechet 和 Gumbel 三种概率分布分别适合不同使用年限管线的孔深与速度数据，Frechet 分布最符合经过长期暴露的管线的腐蚀数据，可以用扩散控制下小孔生长的长期稳定化来解释；而短期腐蚀数据更符合 Weibull 和 Gumbel 概率分布。针对地下管线的土壤腐蚀，Caleyo 等[25,26]用一个连续时间、非均匀线性生长的马尔科夫过程模拟孔蚀行为，对不同的土壤类型，用蒙特卡洛模拟法预测了小孔深度分布平均值随时间的变化，模型分别对管线实测数据及实验室数据进行的孔蚀分析取得良好结果，可以用于不同性质土壤中孔蚀深度与速度分布的预测。

对在太平洋海水中暴露 5 年的 API X56 管线钢试样中的最大蚀孔深度及其变化趋势的分析表明[27]，焊缝区和母材上都出现腐蚀小孔，小孔深度符合 Gumbel 极值分布，材料晶粒尺寸与最大孔深之间没有简单关系，焊接热影响区中的最大孔深在不同暴露时间都比母材中要大，但暴露 1 年时热影响区最大孔深只比母材和焊缝区高 25%，而随时间延长此差别达到 50%～100%，即热影响区最大孔深发展加快，可能是由于热影响区中存在较多的微结构缺陷，使局部缺氧条件易于发展所致。

三、缝隙腐蚀的研究进展

由于金属表面狭缝或间隙的存在，在狭缝内发生的加速腐蚀现象称为缝隙腐蚀。缝隙腐蚀在工程中是常见的腐蚀形态，在金属表面与其他金属或非金属构件接触处都有可能发生缝隙腐蚀，当金属表面形成腐蚀产物层或污垢沉积层时，在垢层下方也可能发生缝隙腐蚀，又称垢下腐蚀。最容易发生缝隙腐蚀的缝隙宽度大致在几十到 100nm，这种宽度下溶液能够流入缝隙内并维持滞流状态，从而容易构成缝内缺氧、缝外富氧的“供氧差异电池”，这时缝隙内部为阳极，主要发生金属溶解，缝隙外部发生氧化还原反应，构成“大阴极”。这种情况下，缝隙内部与小孔内部类似，会由于“自催化效应”而逐渐酸化和富集侵蚀性阴离子，腐蚀速率明显高于缝隙外部。因此，缝隙腐蚀的发展机制与小孔腐蚀很接近，但其萌生机制则与孔蚀不同，由于缝隙的存在构成了天然的“闭塞区”，因此不需要经历小孔腐蚀前期的形核阶段，溶液中不存在卤素离子时，也能够发生缝隙腐蚀。缝隙腐蚀主要沿金属表面的缝隙发展，与小孔腐蚀向深处发展不同，因此其危害低于小孔腐蚀。

Pickering 等[28]对缝隙腐蚀早期过程进行了深入分析。对于 Fe,Ni,Ti 和不锈钢等钝化金属材料,会发生 IR 型的缝隙腐蚀,如图 1(a)所示,I 是缝隙金属的电流,R 是缝隙溶液电阻,设 $\Delta\Phi$ 为缝隙外部钝化电位($E_{app}=E_x=0$)与缝隙内金属活化/钝化转变电位($E_x=E_{A/P}$)之差,当欧姆降 $IR>\Delta\Phi$ 时,在缝隙深处 $X_{A/P}$ 与 $x=L$ 之间的区域就会发生活化腐蚀。但在缝隙腐蚀的孕育期,整个缝隙壁还保持钝化状态,如图 1(b)所示,这时只有在 IR 降最大的部位即缝隙最下部可能发生活性腐蚀,缝隙底部金属最先发生局部溶解产生小孔,然后小孔聚集形成局部腐蚀,导致缝内溶液酸化,腐蚀过程则转变为图 1 的方式。随着腐蚀进行,活化/钝化转变电位沿缝隙逐渐向上移动,腐蚀区域亦向上扩展。一旦腐蚀产物堵塞缝隙通道,腐蚀过程会停止。利用有机玻璃与纯铁构成缝隙,通过显微镜结合电化学测试观察缝隙中腐蚀与氢气泡产生的位置,最初的小孔和氢气泡都出现在缝隙底部,证实了上述腐蚀过程。

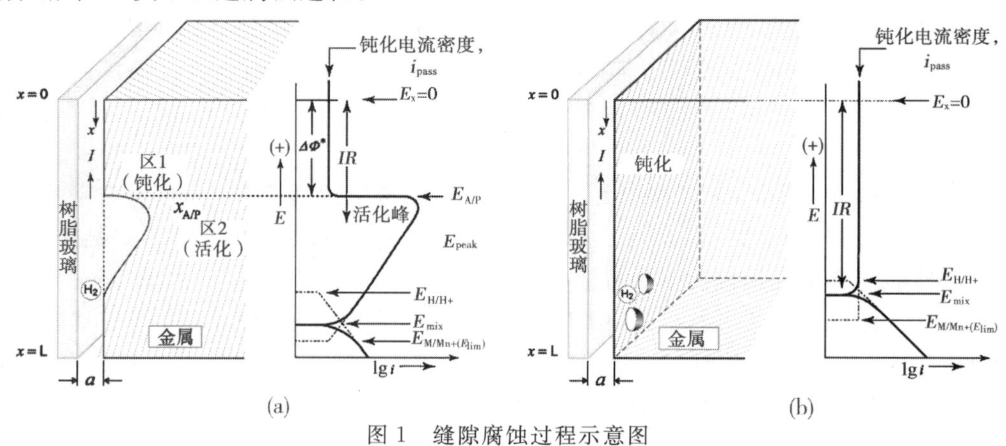

图 1　缝隙腐蚀过程示意图

(a)缝隙腐蚀扩展,(b)缝隙腐蚀孕育期[28]

工业纯钛在 NaCl 溶液中会发生缝隙腐蚀,Ti 中的铁含量及分布对缝隙腐蚀程度影响很大,FeTi 金属间化合物中的铁能够在缝隙中催化 H^+ 还原反应,促进 H^+ 转变为 H_2,降低缝内的酸性,从而抑制腐蚀。NaCl 浓度在一定范围内升高会促进缝隙腐蚀的发展面积和深度,但浓度达到 5mol/L 时,缝隙腐蚀反而减轻。在缝隙腐蚀过程中,氢的吸收效率稳定,表明缝隙腐蚀过程及温度和氯离子浓度等因素对钛的吸氢行为影响不明显[29]。

垢下腐蚀是特殊的缝隙腐蚀现象,研究相对还较少。通过在表面覆盖一层砂粒模拟污垢,利用丝束电极研究了碳钢在含 CO_2 的合成盐水中的垢下腐蚀,得到的垢下电流分布的图像表明,在 CO_2 饱和的纯盐水中室温下不发生垢下腐蚀,但加入咪唑啉缓蚀剂或溶液中通 O_2 时则发生了垢下腐蚀,咪唑啉的浓度增高可以降低均匀腐蚀的速度,但加速局部腐蚀[30]。因此,对于均匀腐蚀有效的缓蚀剂对局部腐蚀则不一定有缓蚀作用,有时反而效果相反。

四、晶间腐蚀的研究进展

晶间腐蚀也是导致材料失效的主要腐蚀形式之一,特别是对于不锈钢、铝合金、镍合金等重要结构材料，工程应用中存在大量的晶间腐蚀问题，因此多年以来受到腐蚀科学与工程研究人员的广泛重视。晶间腐蚀是沿着材料晶界优先发生的腐蚀过程，结果导致晶界脆化，材料丧失力学性能。不锈钢晶间腐蚀的主要原因是由于在敏化温区碳化铬沿晶界析出，使晶间贫铬而不能钝化。铝合金的晶间腐蚀则主要与合金中的金属间化合物和夹杂物的优先溶解以及形成的微电池作用有关。

不锈钢表面一旦有晶界发生腐蚀，腐蚀的晶界在溶液中造成欧姆电位降，当电位降大到使邻近贫铬晶界的界面电位降低到弗莱德电位以下时，就会触发相邻晶界的腐蚀，发生晶间腐蚀的扩展。在贫铬晶界集中区域，晶界的腐蚀会构成相互连接的大网络[31]。

许多新技术近年间被用于晶间腐蚀研究。利用同步辐射光源及 X 射线断层摄影技术研究敏化不锈钢晶间应力腐蚀开裂过程，可以清楚地观察到晶界结构与取向对裂纹扩展的影响[32]。利用 X 射线断层摄影术对航空铝合金 2024 和 7075 晶间腐蚀的研究[33,34]，通过二维与三维图像的比较，能够了解晶间腐蚀起源和扩展的过程，以及晶界方向、湿度、盐浓度等的影响。电化学噪声技术（EN）中的噪声电流、电位、噪声特征电量 q 和特征频率 f_n 等噪声参数随晶间腐蚀敏化指数（DOS）而变化，因此可以表征敏化程度和晶间腐蚀倾向[35]。

五、近年国内局部腐蚀研究的进展

我国学者在局部腐蚀领域开展了大量研究工作并取得了不少重要进展。例如：通过扫描电化学探针研究钢的局部腐蚀，结果表明，Cl^- 优先吸附并聚集在表面的缺陷位置，导致小孔萌生并发展，钢中的硫化锰夹杂是最容易诱发小孔腐蚀的缺陷[36]。用扫描电化学显微镜和原子力显微镜研究划痕对合金 690TT 在 10% NaOH 溶液和 250℃高温高压水中的局部腐蚀的影响，电化学测试表明划痕部位电化学活性增强，划痕沟及整个形变区作为阳极具有最高的峰值电流，较强的局部腐蚀可以在沟槽底部诱发裂纹[37]。

关于亚稳态孔蚀行为，我国学者也开展了不少研究：碳钢和纯铁上亚稳态小孔形成并再钝化后，钝化的小孔及其周边区域仍然是后续亚稳态小孔优先形核的位置，从而容易形成聚集态的小孔；小孔很容易沿着表面的划痕沟槽形成，说明除了夹杂物以外，表面的几何形态在小孔最初的形核过程中也起着重要作用[38,39]；电化学信号特征与实际小孔的大小和数目存在良好的一致性。不同离子对亚稳态小孔与稳态小孔生长有相似的影响，表明二者的生长过程本质相同[40]。利用超声换能器与电化学电池结合研究了不锈钢的小孔腐蚀，通过超声作用能够控制亚稳态或稳态小孔生长过程中小孔上部的膜盖破裂，证实了膜盖对小孔稳定性的作用。较浅的小孔上膜盖破裂会导致小孔钝化，而深孔则有可能在无膜盖条件下继续生长。研究还表明，循环极化测量的再钝化电位能够较好地描述小孔内部闭塞区的行为[41]。用电化学噪声法研究了 Q345 钢在混凝土孔隙液中的亚稳态孔蚀行为，亚稳态小孔的萌生速度开始时迅速增大，但随后达到一个稳定值；稳态孔蚀发生后，亚稳态小孔的形核受到锈层的诱发而主要发生在锈层边缘[42]。引入原胞自动机算法用计算机模拟了小孔腐蚀过程，结果与试验一致，分析了影响亚稳态小孔转变为稳定小孔的主要因素如扩散条件、小孔半径等的影响[43]。

国内学者近年还利用原位原子力显微镜，研究了磁控溅射的不锈钢纳米晶涂层的小孔腐蚀，结果表明，纳米晶涂层的孔蚀阻力明显高于普通多晶合金，其亚稳态孔蚀频率增大而稳定蚀孔形核与生长速度降低，认为纳米晶促进了钝化膜中纳米尺寸的氧化物离子的形成和生长，从而增强了涂层的再钝化能力[44]。研究了 304 不锈钢在硫酸溶液中发生孔蚀时的声发射特征，观察到两种类型的声发射信号，每种信号都可以根据声信号的波形、持续时间、计数和幅值等参数表征，小孔内产生的氢气泡可能是声信号的来源[45]。

晶界是原子排列不规则的区域，晶界取向、原子密度等参数对晶间腐蚀有很大影响。考虑 13Cr 不锈钢在 NaCl 溶液中晶间腐蚀的缝隙开口尺寸和缝外/内面积比 r 的影响，r 值增大使缝隙腐蚀孕育期延长，但一旦腐蚀发生，其发展速度更快[46]。也有作者通过晶界工程的方法控制 304 不锈钢的晶界网络，研究其对晶间腐蚀的影响。结果表明，$\Sigma 3c$ 晶界不发生腐蚀，而 $\Sigma 3i$、$\Sigma 9$ 和 $\Sigma 27$ 晶界发生严重的晶界腐蚀，随着 ΣCSL 晶界比例升高，晶间腐蚀减轻，因此通过晶界工程控制晶界类型，可以改善钢的抗晶间腐蚀能力[47]。现有的晶间腐蚀试验方法主要适用于奥氏体不锈钢，由于双相不锈钢结构不同，对双环电位反应(DL-EPR)测量晶间腐蚀敏感性的方法进行了改进，针对双相不锈钢 UNS S31803 得到了晶间敏化试验的优化条件[48]。

总体而言，我国关于局部腐蚀的研究近年间发展很快，在国际学术界产生了明显影响，但在研究的理论深度和研究手段的新颖性方面与国际先进水平相比还存在一定差距，需要进一步努力。

六、关于局部腐蚀研究的未来展望

局部腐蚀作为引起工程材料失效的主要腐蚀类型之一，多年来受到研究者的高度关注，在腐蚀科学研究中始终是热点与前沿领域。但关于局部腐蚀的许多基本科学问题还理解得很不深入，特别是关于小孔腐蚀早期的形核与发展问题。例如，关于纳米尺度范围内小孔腐蚀的萌生过程，材料微观缺陷种类、尺度排列及分布与孔蚀萌生的关系，钝化膜最初的破坏过程及侵蚀性离子对膜的作用，腐蚀产物层的结构、成分与小孔、缝隙腐蚀萌生的关系，小孔与缝隙腐蚀发展过程中闭塞区内化学与电化学状态的变化，小孔再钝化的宏观与微观临界条件，晶界结构、缺陷和化学组成与电化学过程的定量关系，各种特殊化学物质在原子尺度上对局部腐蚀萌生过程的作用等，都需要进一步的深入理解。尽管几十年来对小孔腐蚀进行了大量研究，但关于其机理，特别是小孔早期萌生与发展的机制，仍然有许多问题不清楚。

小孔萌生早期为纳米尺度，而钝化膜的厚度也在几个纳米的量级，目前的技术还很难对这样小范围内的结构、成分变化进行原位分析。另一个困难是小孔的定位，目前还不能预测小孔何时在何位置出现，因此，很难探测到早期的小孔并对其进行深入研究。

传统的电化学测量结果得到的是许多原子和分子的平均行为，近年间，通过扫描电化学显微镜、电化学毛细管探针显微术结合原子力显微镜、扫描凯尔文探针、扫描隧道显微镜、显微拉曼光谱等测试手段的应用，明显加深了对局部腐蚀早期过程的认识。但小孔最初形核的尺度为纳米量级，目前的研究手段还很难原位观察小孔的早期形核过程，也很难定义与小孔形核初期相关的材料与环境在纳米尺度的化学状态及其变化，要想了解溶解和钝化过程中离子和电子迁移与反应的原子细节，需要纳米以至原子尺度的电化学测试技术与化学分析技术，以及高分辨的纳米尺度原位观察及实时监测等测试技术和相应的理论计算来支持。另一方面，目前对于局部腐蚀过程还很难进行监测及预测，而实际工程中迫切需要相关技术。因此，小孔腐蚀的早期检测、监测与寿命预测技术，也仍然将受到研究者的高度关注。可以预见，无论在腐蚀科学还是腐蚀工程领域，未来关于局部腐蚀的研究仍然将是重要的前沿领域，并面临着重要突破。

参考文献

[1] G S Frankel, L Stockert, F Hunkeler, et al. Metastable Pitting of Stainless Steel[J]. Corrosion, 1987(48):428.

[2] P C Pistorius, G T Burstein. Growth of corrosion pits on stainless steel in chloride solution containing dilute sulphate[J]. Corrosion Science, 1992(33):1885.

[3] G T Burstein, P C Pistorius, S P Mattin. The nucleation and growth of corrosion pits on stainless steel[J]. Corrosion Science, 1993(35):57.

[4] Y Tang, Y Zuo, H Zhao. Current fluctuations and accumulated pitting damage on carbon steel[J]. Applied Surface Science, 2005(243): 82-88.

[5] M A Amin. Metastable and stable pitting events on Al induced by chlorate and perchlorate anions—Polarization, XPS and SEM studies[J]. Electrochem. Acta., 2009(54): 1857-1863.

[6] C Punckt, M Bolscher, H H Rotermund. Sudden Onset of Pitting Corrosion on Stainless Steel as a Critical Phenomenon[J]. Science, 2004(305):1133.

[7] L Organ, Y Tiwary, J R Scully, et al. Interactions among metastable pits on heterogeneous electrodes[J]. Electrochem. Acta., 2007(52): 6784.

[8] J R Scully, N D Budiansky, Y Tiwary, et al, An alternate explanation for the abrupt current increase at the pitting potential[J]. Corrosion Science, 2008(50): 316-324.

[9] A S Mikhailov a, J R Scully b, J L Hudson. Electrochemistry of Pt (100) in alkaline media: A voltammetric study[J]. Surface Science, 2009(603):1912.

[10] D D Macdonald. On the Existence of Our Metals-Based Civilization[J]. J. Electrochem. Soc., 2006(153): B213.

[11] S F Yang, D D Macdonald. Theoretical and experimental studies of the pitting of type 316L stainless steel in borate buffer solution containing nitrate ion[J]. Electrochem. Acta., 2007(52):1871.

[12] P Marcus, V Maurice, H H Strehblow. Localized corrosion (pitting): A model of passivity breakdown including the role of the oxide layer nanostructure[J]. Corros. Sci., 2008(50):2698.

[13] A Seyeux, V Maurice, L H Klein, et al. Initiation of localized corrosion at the nanoscale by competitive dissolution and passivation of nickel surfaces[J]. Electrochem. Acta., 2008(54): 540.

[14] G S Frankel, N Sridhar. Understanding localized corrosion[J]. Materials Today, 2008(11):10,38.

[15] A Anderko, et al. A general model for the repassivation potential as a function of multiple aqueous solution species[J]. Corros. Sci., 2004(46):1583.

[16] A Anderko, et al. Predicting Localized Corrosion in Seawater[C]// Corrosion/2004. NACE Interna-

tional, 2004.

[17] R G Buchheita, N Birbilis. Electrochemical microscopy: An approach for understanding localized corrosion in microstructurally complex metallic alloys[J]. Electrochem. Acta. ,2010(55):7853.

[18] David E Williams, Matt R Kilburn b, John Cliff b,et al. Composition changes around sulphide inclusions in stainless steels, and implications for the initiation of pitting corrosion[J]. Corrosion Science,2010(52):3702.

[19] J H Espina-Hernández, F Caleyo b, V Venegas b, et al. Pitting corrosion in low carbon steel influenced by remanent magnetization[J]. Corrosion Science,2011(53):3100.

[20] Y Gonzalez-Garc, G T Burstein, S Gonzalez, et al, Imaging metastable pits on austenitic stainless steel in situ at the open-circuit corrosion potential[J]. Electrochemistry Communications, 2004 (6):637.

[21] S Krakowiak, K Darowicki, P Slepski, Impedance of metastable pitting corrosion[J]. Journal of Electroanalytical Chemistry,2005(575):33.

[22] Yongjun Tan. Sensing localised corrosion by means of electrochemical noise detection and analysis [J]. Sensors and Actuators B,2009(139):688-698.

[23] S M Ghahari,A J Davenport,T Rayment,et al. In situ synchrotron X-ray micro-tomography study of pitting corrosion in stainless steel[J]. Corrosion Science,2011(53):2684.

[24] J Xiao, S Chaudhuri. Predictive modeling of localized corrosion: An application to aluminum alloys [J]. Electrochem. Acta. , 2011(56):5630.

[25] F Caleyo, J C Velazquez, A Valor, et al. Markov chain modelling of pitting corrosion in underground pipelines[J]. Corrosion Science,2009(51):2197.

[26] F Caleyo, J C Velázquez a, A Valor b, et al. Probability distribution of pitting corrosion depth and rate in underground pipelines: A Monte Carlo study[J]. Corrosion Science,2009(51):1925.

[27] I A Chaves, R E Melchers. Pitting corrosion in pipeline steel weld zones[J]. Corrosion Science, 2011(53):4026.

[28] H K Shua, F M Al-Faqeerb, H W Pickering. Pitting on the crevice wall prior to crevice corrosion: Iron in sulfate/chromate solution[J]. Electrochem. Acta. ,2011(56):1719.

[29] L Yan, J J Noel, D W Shoesmith. Hydrogen absorption into Grade-2 titanium during crevice corrosion[J]. Electrochem. Acta. ,2011(56):1810.

[30] Y Tan, Y Fwu, K Bhardwaj. Electrochemical evaluation of under-deposit corrosion and its inhibition using the wire beam electrode method[J]. Corrosion Science,2011(53):1254.

[31] S Jain, Noah D. Budiansky b, J L Hudson a, et al. Surface spreading of intergranular corrosion on stainless steels[J]. Corrosion Science,2010(52):873.

[32] A King, G Johnson, D Engelberg, et al. Observations of Intergranular Stress Corrosion Cracking in a Grain-Mapped Polycrystal[J]. Science,2008(18):321.

[33] S P Knight, M Salagaras b, A M Wythe b, et al. In situ X-ray tomography of intergranular corrosion of 2024 and 7050 aluminium alloys[J]. Corrosion Science,2010(52):3855.

[34] S P Knight, M Salagaras b, A R Trueman. The study of intergranular corrosion in aircraft aluminium alloys using X-ray tomography[J]. Corrosion Science: 2011(53):727.

[35] M G Pujar, N Parvathavarthini, R K Dayal, et al. Assessment of intergranular corrosion (IGC) in 316(N) stainless steel using electrochemical noise (EN) technique[J]. Corrosion Science,2009(51): 1707.

[36] B Lin, R Hu, C Ye, et al. A study on the initiation of pitting corrosion in carbon steel in chloride-containing media using scanning electrochemical probes[J]. Electrochem. Acta., 2010(55): 6542.

[37] F Meng, E Han, J Wang, et al. Localized corrosion behavior of scratches on nickel-base Alloy 690TT[J]. Electrochem. Acta., 2011(56): 1781.

[38] Y M Tang, Y Zuo. The metastable pitting behaviors of mild steel in bicarbonate and nitrite solutions containing Cl^- [J]. Corrosion Science, 2008(50): 989-994.

[39] H Wang, J Xie, K P Yan, et al. The nucleation and growth of metastable pitting on pure iron[J]. Corrosion Science, 2009(51): 181.

[40] Y Zuo, H Wang, J Zhao. The effects of some anions on metastable pitting of 316L stainless steel [J]. Corrosion Science, 2002(44): 13.

[41] D Sun, Y Jiang, Y Tang, et al. Pitting corrosion behavior of stainless steel in ultrasonic cell[J]. Electrochem. Acta., 2009(54): 1558.

[42] Z H Dong, W S, X P Guo. Initiation and repassivation of pitting corrosion of carbon steel in carbonated concrete pore solution[J]. Corrosion Science, 2011(53): 1322.

[43] L Li, X G. Li, C f Dong, et al. Computational simulation of metastable pitting of stainless steel[J]. Electrochimica. Acta., 2009(54): 6389.

[44] L Liu, Y G Li, F Wang. Influence of nanocrystallization on pitting corrosion behavior of an austenitic stainless steel by stochastic approach and in situ AFM analysis[J]. Electrochem. Acta., 2010 (55): 2430.

[45] J Xu, X Wu, E Han. Acoustic emission during pitting corrosion of 304 stainless steel[J]. Corrosion Science, 2011(53): 1537.

[46] Q Hu, G Zhang, Y Qiu, et al. The crevice corrosion behaviour of stainless steel in sodium chloride solution[J]. Corrosion Science, 2011(53): 4065.

[47] C Hu, S Xia. H Li, et al. Improving the intergranular corrosion resistance of 304 stainless steel by grain boundary network control[J]. Corrosion Science, 2011(53): 1880.

[48] J Gong, Y M Jiang, B Deng, et al. Evaluation of intergranular corrosion susceptibility of UNS S31803 duplex stainless steel with an optimized double loop electrochemical potentiokinetic reactivation method[J]. Electrochem. Acta., 2010(55): 5077.

撰稿人：左　禹

缓蚀剂发展研究

一、引言

近年来，环境友好型缓蚀剂已成为缓蚀剂研究的热点之一。环境友好型缓蚀剂的开发主要通过合成有机化合物和从天然植物（例如白酒糟、木薯、竹叶、树叶等）中提取两种方式，合成的环境友好型缓蚀剂主要有咪唑啉系列、氨基酸系列、曼尼烯碱、硫代磷酸酯类有机化合物。钢筋混凝土缓蚀剂、气相缓蚀剂、铝/镁及其合金缓蚀剂的研究都取得了一定的进展。当金属表面有腐蚀产物膜存在时，腐蚀产物膜与缓蚀剂之间的相互作用将成为影响缓蚀剂防护性能的重要因素。一方面，为了进一步探究缓蚀剂机理，需要结合新的原位分析手段，从分子尺度研究缓蚀剂的作用行为，阐明缓蚀剂的作用机制。另一方面，为了建立缓蚀剂现场应用的加注制度，需要完善缓蚀剂的快速、准确、原位评价的方法与技术。

缓蚀剂的协同效应和基于量子化学的缓蚀剂的构效关系的研究也是缓蚀剂研究的前沿和热点领域。关于缓蚀剂研究，总体上我国与世界同步。近两年，国际上缓蚀剂的研究工作主要集中在中国、印度、埃及和美国等国家，涉及的研究内容也很广泛，其中，中国是在国际学术期刊上发表缓蚀剂研究论文最多的国家，占同期世界发表的缓蚀剂研究论文的 17%以上。此外，欧洲各国关于缓蚀剂的研究论文也占有很大的比例，不过，欧洲各国关注最多的工作是混凝土中缓蚀剂和铝合金缓蚀剂的研究。绿色天然缓蚀剂、高效多功能缓蚀剂的开发，以及基于分子设计的缓蚀剂的开发与研究将成为未来缓蚀剂研究发展的趋势。

二、最新研究进展

（一）环境友好型缓蚀剂的开发

近年来，国内外环境友好型缓蚀剂的开发主要通过合成有机化合物和从天然植物中提取两种方式。合成的有机化合物作为环境友好型缓蚀剂的种类包括：咪唑啉系列、氨基酸系列、曼尼烯碱和硫代磷酸酯类等。

咪唑啉系列环境友好型缓蚀剂仍然是目前的开发热点之一。众多研究结果表明：咪唑啉季铵盐对碳钢在酸性介质下的腐蚀有很好的抑制效果；双咪唑啉季铵盐和多单元吗啉环已胺与含硫有机物及炔醇复配，能显著抑制 CO_2 气液两相的腐蚀；氯苯基咪唑啉缓蚀剂对稀硫酸和稀盐酸中的低碳钢有很高的缓蚀剂效率；氨基咪唑啉季铵盐对 CO_2 腐蚀有显著的抑制效果。

氨基酸系列环境友好型缓蚀剂的研究已开发出了全有机多元复合水处理缓蚀剂[1]、

高效的酸洗缓蚀剂[2]。

曼尼烯碱系列和硫代磷酸酯类缓蚀剂逐步引起国内外研究者的兴趣[3,4]。双苯并三唑 Mannich 碱对铜在 $NaHCO_3$ 溶液中的腐蚀具有较好的缓蚀作用，将喹啉和 2－巯基苯并三唑插入 Zn－Al 和 Mg－Al 合金表面的氢氧化物层中能显著改善这两种合金在 NaCl 溶液中的耐蚀性能，O,O'－二苄基二硫代磷酸－N,N－二乙铵对碳钢在硫酸介质中的腐蚀具有很好的缓蚀效果，硫代磷酸苯酯对 A3 钢在环烷酸中的腐蚀具有很高的缓蚀率。

从植物中提取缓蚀剂是近年来缓蚀剂研究领域的热点之一[5,6]。国内开展了对白酒糟、滇润楠叶、麻竹叶、木薯、云南甜龙竹叶等的提取物对金属的缓蚀行为研究。国外一些学者研究了特定树叶提取物在硫酸介质中对低碳钢的缓蚀行为，研究结果表明，这些植物提取物对低碳钢具有良好的缓蚀作用，其吸附行为符合 Langmuir 吸附方程。另外，米糠、无花果树叶、酒耶树汁等提取物也对金属有较好的缓蚀作用。

(二)缓蚀剂与腐蚀产物膜相互作用

目前研究较多的是缓蚀剂与钢铁表面产生的腐蚀产物膜之间的相互作用。缓蚀剂作为控制 CO_2 腐蚀的一种经济有效的方法，在油气工业中得到了广泛应用，但在实际应用中，由于缓蚀剂加入的滞后性，金属表面会形成一层 $FeCO_3$ 的腐蚀产物膜，此时缓蚀剂可能直接作用于腐蚀产物膜上而不一定是金属表面，因此，缓蚀剂与腐蚀产物膜的相互作用将成为影响实际缓蚀效果的重要因素。研究表明，在 CO_2 腐蚀环境中选择适当的缓蚀剂能细化腐蚀产物的晶粒、降低腐蚀产物的内应力、提高腐蚀产物膜的粘附力，从而显著地提高腐蚀抑制效果。一方面，腐蚀产物的组成和物性会显著地影响缓蚀剂的吸附行为和作用机理；另一方面，缓蚀剂的吸附也会改变腐蚀产物的结构和物性，使腐蚀产物膜变得更致密，其润湿性由亲水性转变为憎水性，离子透过性由阴离子选择性转化为阳离子选择性，从而更有效地抑制金属的腐蚀[7]。

(三)钢筋混凝土中缓蚀剂

引起混凝土内钢筋腐蚀的主要原因是碳化作用和 Cl^- 渗透。钢筋缓蚀剂的主要功能是抑制、阻止、延缓钢筋腐蚀的电化学过程。缓蚀剂通常可作为外加剂掺加到混凝土中或涂敷在混凝土表面，优先参与并阻止腐蚀反应的阴阳极过程，从而有效地阻止钢筋的腐蚀。

早期使用的钢筋混凝土缓蚀剂有亚硝酸盐、铬酸盐、苯甲酸盐等，但由于它们存在有毒或者对混凝土性能有负面影响等缺点，逐渐被淘汰。近年来新提出的迁移性缓蚀剂是含有各种胺(amines)和醇胺(alkynolamines)以及它们的盐与其他有机和无机物的复合型阻锈剂，能对钢筋表面的阴极和阳极同时产生保护作用，由于 MCl 具有渗透移动至钢筋表面并进行保护的特性，它既可应用于新建结构也可用于既有结构。一种不含亚硝酸盐，由磷酸盐、铝盐和吗啉多元胺化合物组成的无机和有机复合钢筋阻锈剂表现出良好的防锈性能[8]。

模拟碳化混凝土孔隙液中的研究表明，四乙烯五胺(TEPA)浓度升高导致碳钢点蚀电位正移。低浓度的 TEPA 会造成亚稳态蚀点形核速率略微增加，但会降低其寿命。随着 TEPA 浓度增加，亚稳态蚀点寿命和平均点蚀电量则迅速下降，表明其明显加速了亚稳态蚀点修复。TEPA 不仅能抑制 Cl^- 离子引起的亚稳态和稳态蚀点生长，还可吸附于钝化膜表面，抑制膜的均匀溶解。TEPA 和亚硝酸钠缓蚀剂对局部腐蚀抑制能力存在差异，NO_2^- 离子能快速渗透腐蚀产物层，并抑制锈层下的碳钢活性溶解，而乙烯胺由于在锈蚀层内的扩散速率低，初期反而会促进锈层下的局部腐蚀，随着烯胺分子扩散并吸附于锈蚀层/金属界面处，碳钢活性溶解才受到抑制。

(四)气相缓蚀剂

气相缓蚀剂又叫挥发性缓蚀剂或气相防锈剂，常温下能自动挥发出缓蚀成分，吸附在金属表面，从而防止金属腐蚀。通常使用的气相缓蚀剂大多是界面型缓蚀剂。气相缓蚀剂作用效果受缓蚀剂分子结构、缓蚀剂到达金属表面的途径、缓蚀剂的蒸汽压、金属表面吸附薄层液膜的 pH 值等因素影响。气相缓蚀剂到达金属表面后，其作用机理可分为电化学作用机理与成膜型机理。电化学作用机理主要是气相缓蚀剂抑制了金属的阳极过程、阴极过程或同时抑制阴阳极过程。成膜型机理可分为氧化膜型缓蚀剂、沉淀膜型缓蚀剂、吸附膜型缓蚀剂。高效环保的气相缓蚀剂新品种开发日益受到重视。将有机二胺或多胺化合物作为气相缓蚀剂的研究越来越多，氨基酸化合物具有无毒、易降解的特点，在缓蚀剂研究中备受亲睐[9]，通过将气相缓蚀剂与天然的溶剂如植物油和它们的酯联合使用，可获得具有环境友好可生物降解的气相缓蚀剂。

(五)铝、镁等其他金属缓蚀剂

近年，对铝及其合金的缓蚀剂研究主要有：氨基酸类、喹啉类、合成芳香环类含 N 原子的化合物。8－羟基喹啉对商用铝和 Al－H0411 两种合金在 0.2mol/LNaOH 溶液中的腐蚀具有优良的缓蚀效果。含有芳环结构的氨基酸由于离域 π 键的作用，使其更容易吸附在合金的表面，具有较好的缓蚀能力，而含巯基的半胱氨酸由于 S 的强吸附性，其缓蚀效果也较好。色氨酸对铝合金在含氯离子溶液中的腐蚀、烟碱醛缩氨基硫脲对铝合金在不同浓度的硫酸和盐酸的混合溶液中的腐蚀都具有较好的抑制效果。香草醛与铝形成的膜层跟铝合金表面的膜层一起形成紧密的膜层，能有效地抑制腐蚀的电荷转移过程。

盐酸溶液中，离子化咪唑啉的缓蚀效率随着饱和烷基链的增长而增大，含 N 原子的芳环化合物的缓蚀效果随着官能团的供电子能力的增强而增大。NaCl 溶液中，带有多个官能团的三唑类缓蚀剂的缓蚀效率随缓蚀剂浓度增大而增大，该类缓蚀剂是混合型缓蚀剂，其吸附行为符合 Langmuir 吸附方程。噁唑衍生物对铝合金在稀硝酸中的缓蚀行为属于混合型缓蚀剂，该化合物在铝合金表面的吸附也遵循 Langmuir 吸附方程。此外，葡萄糖酸钠、肉桂酸钠、钼酸钠和硝酸盐均能较好地抑制铝合在乙二醇－水体系中的腐蚀，其缓蚀能力大小顺序为：硝酸盐＞肉桂酸钠＞葡萄糖酸钠＞钼酸钠[10]。

关于镁合金缓蚀剂研究却相对较少，当前主要是研究在冷冻液中对镁合金能起到防腐蚀作用的部分缓蚀剂，$KMnO_4$、Na_3PO_4、Na_2MoO_4、KF 和 NaF 等无机类缓蚀剂主要抑制镁合金的阳极过程，而一些有机类缓蚀剂主要抑制阴极过程，有的表现为一种混合抑制型缓蚀剂特征。磷酸钠与十二烷基苯磺酸钠无机—有机复合缓蚀剂在水－乙二醇体系中对 GW103 和 AZ91 镁合金的腐蚀具有很好的抑制效果，表现出优良的协同效果，在高温和低温下都能有效地抑制镁合金的腐蚀[11]，但要寻找高效抑制镁合金电偶腐蚀的缓蚀剂还面临许多挑战。

除了在汽车冷却液中镁合金缓蚀剂的研究外，许多学者还着手于镁合金在其他介质中的缓蚀剂研究。另外，许多多价的阴离子对镁的腐蚀有一定的抑制作用，特别是 XOy^{n-} 型阴离子，如铬酸盐、高碘酸盐、钒酸盐等。这些酸根离子可在镁表面形成一层在很宽的 pH 值范围内稳定的保护膜，从而对镁起到保护作用。饱和的直链脂肪酸盐也是镁在水溶液中的缓蚀剂，脂肪酸金属盐对镁的缓蚀能力与其碳链的长度有关，碳链长度为 11 时缓蚀性能最好。

(六)微观尺度下缓蚀剂作用行为研究

近代谱学和表面分析技术可以测定缓蚀剂在金属表面上所形成缓蚀保护膜的化学特性、分子取向和缓蚀吸附膜厚度等重要信息。例如，利用椭圆偏振光法、红外吸收光谱、表面增强拉曼散射、X 射线光电子能谱(XPS)及俄歇电子能谱法(AES)等谱学方法研究缓蚀剂的吸附行为，对理解缓蚀剂的作用机理具有重要意义。另外，辅助使用的方法还有显微学方法，主要有扫描电子显微镜(SEM)、电化学透射电子显微镜(ECTEM)和扫描电化学显微镜(SECM)方法。最近发展的扫描隧道显微镜(STM)和原子力显微镜(AFM)可以在原子尺度研究表征缓蚀剂的吸附作用规律。

谱学法中的椭圆光度法可以直接测定膜的厚度，推算膜的折射率，为研究成膜分子的结构和取向提供了依据。研究中多采用电化学法与椭圆偏光仪相结合，根据腐蚀电流和缓蚀膜厚度的变化结果，用以探讨缓蚀剂的作用机理。缓蚀剂膜的红外光谱(IR)研究，包括掠角反射红外光谱(GIR－IR)和水平衰减全反射－傅立叶变换红外光谱(ATR－FTIR)。表面增强拉曼散射(SERS)在缓蚀剂作用机理中的应用包括：①缓蚀剂缓蚀性能比较：主要是通过研究缓蚀剂与侵蚀性离子间的竞争吸附和不同缓蚀剂间的竞争吸附来进行判断。如缓蚀剂与侵蚀性离子间的竞争吸附及不同缓蚀剂间的竞争吸附；②金属表面上缓蚀剂吸附物种的识别；③化学吸附和物理吸附的判别；④缓蚀剂作用基团的确定；⑤缓蚀剂在金属表面上吸附取向的确定；⑥缓蚀剂的协同作用等。

谱学方法中，XPS 是应用最为广泛的表面分析技术，是研究基底与成键原子成键性质最为有力的工具。最新发展的变角 XPS 技术(ARXPS)可以进一步增强检测信号的强度。XPS 中的化学位移所提供的信息有助于了解原子的成键情况以及价态的变化，从而判断吸附原子与衬底原子的相互作用情况。对于同一种元素，光电子谱峰强度峰面积或峰高大小能反映元素浓度或含量的多少，因此也可用于定量分析。AES 对表面微量元素有很高的灵敏度，对 0.5－3nm 的表层分析有代表性，对原子序数大于 2 的元素检测极限约为 0.1%，配上离子溅离技术，对样品可作三维分析。因此，可用来分析缓蚀剂膜的组成、厚度、所含元素的相对含量及深度分布，从而有助于深入研究缓蚀剂与金属相互作用的机理。但是 AES 的测试需要在真空条件下进行，无法得到相应于实际腐蚀状况的表面状态。

SECM 兼具形貌表征及化学灵敏性的特点，可以分辨电极表面微区的电化学不均匀性，给出基体表面的形貌，因此可以用于原位研究缓蚀剂的吸附行为和缓蚀效果，弥补了STM或AFM只能确定基体导体表面形貌，不能直接提供电化学活性信息的不足。STM在获得单分子膜的纳米结构方面显示了独特的优越性，可用于单分子缓蚀剂膜的表征。电化学STM(ECSTM)综合了电化学和STM两种技术的优势，特点是可用于在溶液中研究固体表面的微观结构，实时观察和控制表面反应，这对探测缓蚀剂分子、分子与电极之间的相互作用具有重要意义。

AFM是利用样品表面与探针之间力的相互作用这一物理现象，因此不受STM要求样品表面能够导电的限制。原子力显微镜在腐蚀电化学领域的应用可分为原位in-situ和非原位ex-situ两大类。中子反射器与原子力显微镜结合来原位分析界面层薄膜，使得研究表面缓蚀剂分子的结构和取向成为可能。利用AFM的相位成像图、力曲线测试功能，可以检测到粗糙多晶表面缓蚀剂单分子吸附膜的存在，能灵敏地反映出缓蚀剂在金属表面的吸附分布状态[12,13]。

(七)缓蚀剂作用效果的在线可靠评价方法

在实际现场应用中，需要对缓蚀剂作用效果进行原位评价，以便建立合适的缓蚀剂加注制度和评价防护效果。但是由于现场环境复杂、多变，使得一些原位评价方法无法使用或者误差较大。缓蚀剂在线评价方法根据具体场合适用不同方法，除了挂片法、铁含量跟踪分析等现场常用的方法外，目前现场较多地利用电化学探针、电阻探针等技术对缓蚀剂性能进行在线监测。然而，单一的评价方法可靠性并不高，将多种技术统合成一个智能评价系统[14]，可使各种监测技术获得的信息互补和相互印证，能大大地提高对缓蚀剂效果评价的可靠性。另外还可利用分光光度法[15]、原子示踪法、色谱法、加入定量已知可检出物质、直接检出缓蚀剂中某类物质或基团等方法。

三、国内外研究进展比较

关于缓蚀剂研究，总体上我国与世界同步。近两年，国际上缓蚀剂的研究工作主要集中在中国、印度、埃及和美国，涉及的研究内容也很广泛，其中，中国是在国际学术期刊上发表缓蚀剂研究论文最多的国家，占同期世界发表的缓蚀剂研究论文的17%以上。此外，欧洲各国关于缓蚀剂的研究论文也占有很大的比例，不过，欧洲各国关注最多的工作是混凝土中缓蚀剂和铝合金缓蚀剂的研究。这里仅从缓蚀剂协同效应和缓蚀剂构效关系的研究进行说明。

(一)缓蚀剂协同效应的研究状况

关于缓蚀剂协同效应的研究工作，总体上国内外基本同步。有机物与卤素离子之间的协同效应是目前研究比较成熟的缓蚀协同效应体系，一般认为含N、O、S、P的有机物在酸中与卤素离子存在协同效应的几率很大。胺盐、硫脲及其衍生物、吡啶类化合物及衍生物等与卤素离子都表现出良好的协同效应。另外，对于唑类化合物和卤素离子的协同效应也得到了广泛的关注。对稀土镁合金GW103在乙二醇溶液中的腐蚀行为研究表明，在常温及高温下加入无机—有机(磷酸盐—SDBS)复配缓蚀剂后,磷酸盐与SDBS相互作用产生协同效应,在GW103表面形成更为致密的保护性膜层,从而极大地降低了GW103的腐蚀速率[11]。

钼酸盐用作缓蚀剂无毒,不污染环境,以钼酸盐为主体的复合型缓蚀剂得到了广泛的应用。钼酸盐与无机缓蚀剂和有机缓蚀剂之间在适当的条件下都能表现出强烈的缓蚀协同效应。钼酸盐是阳极型缓蚀剂,其钝化作用主要是 $Fe-MoO_4-Fe_2O_3$ 膜在金属表面的沉积。但是这种沉积膜并不十分致密,当钼酸盐和有机或其他无机缓蚀剂复配使用时,后者或者通过在阴极区的沉积,或者通过化学、物理吸附、络合、螯合作用,在 $Fe-MoO_4-Fe_2O_3$ 膜之外又形成了新吸附层,构成了一层三维网络的缓蚀屏障,其作用远强于单纯的钼酸盐吸附层。

钨酸盐由于低毒又不引起微生物滋生,属环境友好缓蚀剂。一般认为,钨酸盐缓蚀剂为阳极型缓蚀剂,属于危险性缓蚀剂,在投加量较少的情况下反而会加速金属的腐蚀,所以使用浓度较高。而与一些无机、有机缓蚀剂及其他分散剂、阻垢剂等复配后,能显著降低其投加量且缓蚀率可得到提高,如钨酸盐与磷酸盐的复配缓蚀剂对中性条件下碳钢的腐蚀有很好的缓蚀作用[16]。

我国稀土资源丰富。稀土离子一般是通过在金属表面形成一层稀土金属氧化物和氢氧化物来抑制腐蚀。稀土单独作为缓蚀剂用量大,效果不是很稳定,为此,人们总是用稀土离子和其他缓蚀剂复配来提升其缓蚀剂性能能。稀土金属一般作为添加剂,掺杂在有机、无机缓蚀剂或复配缓蚀剂中,对铝合金、镁合金、钢铁及金属锌等许多金属和合金都有很好的缓蚀作用。早在20世纪80年代,澳大利亚研究人员就发现低浓度的稀土金属盐的存在,可以使铝合金的腐蚀速率大幅度降低,并且观察到铝合金表面形成了黄色的膜,这种由铈的氧化物和氢氧化物组成的膜的耐蚀性能比铝合金表面自然形成的氧化膜要更耐腐蚀。La^{3+} 在盐酸介质中对铝的缓蚀作用不明显,且 La^{3+} 的浓度变化对铝的腐蚀抑制影响也不显著,然而若同时存在有 La^{3+} 与 NO_3^-,则铝的腐蚀速率则明显地受到抑制。四羟基肉桂酸镧系缓蚀剂对低碳钢及铝合金有很好的缓蚀效果,而且稀土金属的加入也大大减轻铝合金的丝状腐蚀[17]。稀土铈(Ⅳ)离子和复配化合物(有机配体香兰素和原儿茶醛、阴离子表面活性剂油酸钠)在强酸(盐酸、硫酸)中对冷轧钢的腐蚀有很好的协同效应[18]。在氯化钠溶液中铈盐在合金表面形成三维沉积层,属于界面型缓蚀剂,与镧盐相比,铈盐的缓蚀效果更好,且有效浓度更宽。

(二)缓蚀剂构效关系的研究进展

近年来,随着计算机硬件水平的提高和技术的完善,以及化学计量学的兴起,通过量子化学计算缓蚀剂的构效关系(QSAR)逐渐成为缓蚀剂研究领域的热点。近两年,在这方面我国的缓蚀剂工作者较国外同行展开了更多的工作。将量子化学参数应用于缓蚀剂的定量构效关系研究已获得不少的成功模型[19-21]。用量子化学密度泛函理论方法计算苯并咪唑类缓蚀剂最稳定构型下的结构参数,发现分子的最高占有轨道能量EHOMO、总负电荷TNC及疏水参数LogP对苯并咪唑类缓蚀剂的缓蚀性能有很大的贡献,同时,试验结果证实基于量子化学密度泛函理论方法建立的QSAR模型是可行的。用量子化学半经验算法AM1方法,对N—芳基—α—氨基苄基膦酸的缓蚀性能与分子结构的关系进行研究的结果表明,缓蚀效率与 EHOMO、N 原子净电荷、R'上的苯环碳原子净电荷之和有非常好的相关性,随 EHOMO 的升高而升高,随 N 原子净电荷、R'上的苯环碳原子净电荷之和的升高而降低,其缓蚀效率主要由分子的供电子能力决定。通过 AM1 和 B3LYP/6－31G＊半经验方法关联了苯并咪唑的量子化学 SCF 计算的部分参数与其在酸性环境中对碳钢的缓蚀效率,通过线性回归得到了缓蚀效率计算方程,并证实最高占有轨道 EHOMO 能量越高,该轨道中的电子越不稳定,电子越易供出,缓蚀剂与金属的成键就愈牢固,缓蚀性能愈好。通过 GFA 算法分析量子化学参数与其缓蚀效率之间的 QSAR 方程,成功预测了十几种嘧啶衍生物的缓蚀效率。量子化学和分子动力学的理论计算结果表明,咪唑衍生物 R 基团的亲水性对缓蚀剂自组装膜层与 Fe 表面间的分子反应、键能以及自组装缓蚀膜层的致密程度都有显著性的影响。用量子化学密度泛函理论及多元线性回归分析方法研究发现,电子转移参数、咪唑环上非氢原子静电荷之和及分子极化率对咪唑啉类缓蚀剂的缓蚀性能有很大的贡献,所建 QSAR 模型具有很好的稳健性和预测能力,并在理论上提出了一些具有较高抗 H_2S、CO_2 腐蚀的新型咪唑啉衍生物。对硫脲及其衍生物,采用 PM3 半经验分子轨道算法计算得到的多个量化参数与实验数据构建 QSAR 模型,得到了与实验值极为接近的理论预测值。此外,采用 AM1 和 PM3 半经验方法计算缓蚀剂在不同温度下的热力学参数——焓和熵,并通过与腐蚀电流的相关性进行回归分析,建立相关的回归模型对在其他温度下的腐蚀电流进行预测,进而定性的预测缓蚀剂缓蚀性能。

四、发展趋势与展望

(一)开发绿色天然缓蚀剂

目前所用的缓蚀剂以无机缓蚀剂和人工合成的有机缓蚀剂较多,其中一些缓蚀剂存在添加量较多、毒性较大和成本较高等问题。随着环保意识的增强和环境保护法的严格限制,人们希望开发一种高效、低毒、剂量小及成本低的新型缓蚀剂来取代那些缓蚀剂。绿色天然缓蚀剂是高效的环境友好型缓蚀剂开发研究中的一个重要方向。

植物是天然缓蚀剂的一个重要来源,由于其天然及环境友好的特性一直是国内外科学家热衷的研究对象。目前国内外已经用各种不同的方法从油橄榄叶、大蒜、海带、迷迭香叶、黄连、樟树叶、绿茶叶、油菜籽、竹叶等天然物质中提取相应的成分,研究了它们在酸性、中性、碱性的环境中对金属的缓蚀作用,取得了一定的进展。关于动物提取物作为缓蚀剂的研究较少,为数不多的研究集中在河蚌水解产物、鱼内脏水解产物、人类的头发、鸡蛋的水解产物等物质上。另外,利用生物废料豆渣,采用浸渍方法制备氨基酸类缓蚀剂,利用化工生产下脚料制备缓蚀剂,用胱氨酸废水制备缓蚀剂等工作已有报道。这不仅为废弃物的综合利用开辟了新的途径,而且具有较好的经济效益和环境效益。

(二)多功能高效缓蚀剂的开发

多功能高效缓蚀剂的开发,不仅有助于降低缓蚀剂的使用成本,而且可以减缓缓蚀剂对系统介质和环境的影响。国内外的腐蚀和防腐工作者研究和开发的缓蚀剂向多功能、高效、无毒、可生物降解方向发展，呈现以下发展趋势：

(1)进一步对现有缓蚀剂进行改性研究，提高其缓蚀性能。无论是有机缓蚀剂、无机缓蚀剂还是从生物体中提取的天然缓蚀剂，都可以从其结构或者化合态等方面进行改性，得到针对性强、缓蚀性能高的缓蚀剂。

(2)对现有的缓蚀剂进行通复配研究，得到一种多功能的缓蚀剂，实现资源的优化利用。目前，通过复配寻找高效缓蚀剂已经成为研究中的一种重要的手段，但其中的复配机理、缓蚀剂间的相互作用尚有待进一步完善。

(3)大力探索从天然植物、海产动植物中，提取、分离、加工新型缓蚀的有效成分，同时加强人工合成多功能基的低毒或无毒的有机高分子型缓蚀剂的研究工作。

(4)运用量子化学理论和分子设计等先进科学技术合成高效多功能环境保护的高分子型有机缓蚀剂。

水溶性咪唑啉衍生物对于碳钢、合金钢、铜、铝等多种金属有优良的缓蚀性能。以咪唑啉缓蚀剂为主的多组分复配体系，具有缓蚀、抑雾、促洗的多功能特点。在含硫、磷的化合物中引入咪唑啉和唑啉等基团，从而获得同时具有良好的防锈、润滑和抗氧化性的硫一磷型添加剂。絮凝一缓蚀剂是指在水处理中兼有强化固液分离和减缓腐蚀两种功能的水处理剂。在油田采油中，部分油井产出介质中地层水矿化度高，Ca^{2+}、Mg^{2+}、$SO_4{}^{2-}$、HCO^{3-}、H_2S 及 SRB 含量高，pH 值小，这种产出介质具有很高的腐蚀和结垢倾向。油井同时投加单向缓蚀剂和阻垢剂，既增加生产成本又增加工作量，而且必须解决阻垢剂和缓蚀剂的配伍问题，因此，针对油井腐蚀、结垢等影响因素，研究具有缓蚀和阻垢性能的缓蚀阻垢剂也是缓蚀剂研究开发的重要发展方向。

目前，在一些苛刻环境下，需要的更高效缓蚀剂能够有效地抑制金属的腐蚀。例如，随着油气田的不断开发，井下温度越来越高，对酸化缓蚀剂的要求也越来越高。β一二乙胺基酰苯是一种新型高温酸化缓蚀剂；另外，以曼尼希碱作主剂与醛胺缩合物按一定比例复配，也可获得一种性能优良的高效缓蚀剂。

在用于高含 H_2S、CO_2 的油气田的缓蚀剂方面，加拿大开发了胺类、吡啶和咪唑啉类缓蚀剂，SHELL 公司开发了合成酸/多胺缩合物缓蚀剂，Cortec 和 Baker Petrolite 公司研究的咪唑啉缓蚀剂，在高含硫环境中都发挥了十分有效的防腐作用。四川气田在 20 世纪 60 年代初，便研制了性能良好的抑制气井的 H_2S 腐蚀缓蚀剂。随着我国高含 H_2S、CO_2 油气田的开发，开发出优良的高含 H_2S、CO_2 油气田缓蚀剂是我国缓蚀剂工作者面临的重要任务。

(三)利用分子设计开发缓蚀剂

设计开发更多缓蚀性能好、适应能力强、经济效益显著的缓蚀剂对于应对各种复杂的腐蚀环境尤为重要。传统的缓蚀剂研制方法是建立在猜测和大量实验筛选的基础上的，存在着一系列的问题：成本高，研发周期长，工作带有一定的盲目性。因此，设计开发新型缓蚀剂迫切需要理论指导。

量子化学理论研究的发展和实验技术、计算机硬件水平的进步，为新型缓蚀剂的开发设计提供了方向，通过构建缓蚀剂的定量结构一性能关系(QSAR)模型，设计、预测、合成新型高效缓蚀剂。同时，充分利用相关实验结果，提高新型缓蚀剂分子设计的成功率，节省大量的时间和资源，降低环境污染，实现分子裁剪缓蚀剂的目的。利用分子设计开发缓蚀剂是缓蚀剂研究的一个最重要的方向之一，尽管越来越多的缓蚀剂研究者不断探索通过理论计算利用分子设计来指导新型高效缓蚀剂的开发，但距离建立一个真正能通过分子设计来有效地指导缓蚀剂的开发还面临着许多挑战。

参考文献

[1] 胡晓静，刘振法，武秀丽，等．环境友好型缓蚀阻垢剂的研制及性能研究[J]. 水处理技术，2010，36(3)：39-42.

[2] 柳鑫华，杜娇，王庆辉，等．氨基酸类酸洗缓蚀剂缓蚀机理及其缓蚀性能的影响因素研究[J]. 表面技术，2010，39(6)：51-53.

[3] 左书瑞，刘瑞泉．双苯并三唑 Mannich 碱在 5% $NaHCO_3$ 溶液中对 Cu 的缓蚀作用．中国腐蚀与防护学报，2011，31(2)：106-112.

[4] 罗膦，马喜平，韩洁，等．新型曼尼希碱酸化缓蚀剂 HBBJ-1 的研制[J]. 应用化工，2010，39(12)：1898-1901.

[5] 赖川，谢斌，易彬，等．白酒糟提取物对 Q235 钢在盐酸介质中的缓蚀作用和吸附行为[J]. 腐蚀与防护，2011，32(8)：616-620.

[6] 李向红，付惠，邓书端，等．几种植物叶提取物在 HCl 中对锌的缓蚀作用[J]. 全面腐蚀控制，2010，24(12)：14-18.

[7] Zhu Y L，Guo X P，Qiu Y B. Inhibition mechanism of sodium laurate to underdeposit corrosion of carbon steels in NaCl solutions[J]. corrosion engineering science and technology, 2010, 45(6): 442-448.

[8] 吕民，张大全．一种新型复合钢筋阻锈剂[J]. 腐蚀与防护，2010，31(9)：709-711.

[9] 张大全．气相缓蚀剂研究、开发及应用的进展[J]. 材料保护，2010，43(4)：61-63.

[10] Liu Y Cheng Y F. Inhibition of corrosion of 3003 aluminum alloy in ethylene glycol-water solutions [J]. Journal of Materials Engineering and Performance, 2011, 20 (2): 271-275.

[11] Huang D B, Hu J Y, Song G L, et al. Inhibition effect of inorganic and organic inhibitors on the corrosion of Mg-10Gd-3Y-0. 5Zr alloy in an ethylene glycol solution at ambient and elevated temperatures[J]. Electrochimica Acta., 2011, 56(27): 10166-10178.

[12] Qu Jun E, Guo Xing Peng, Zhang Jin Zhi. Electrochemical behavior and micro adhesive force characteristic of corrosion inhibition film[J]. Acta Physico-chimica Sinica, 2008, 24(8): 1507-1512.

[13] Ai J Z, Mei P, Chen W, et al. Investigation on imidazoline amide adsorption and electrochemical behaviour of coupled steels[J]. Surface engineering, 2007, 23(1): 62-67.

[14] 郭兴蓬，胡骞，陈振宇．酸性油气田管道腐蚀安全智能监测系统研究—Ⅰ[C]//经济发展方式转变与自主创新——第十二届中国科学技术协会年会(第二卷)，2010，福州．

[15] 周渝，杜国佳，王东海，等．一种缓蚀剂残余浓度的定量分析方法及现场应用[J]. 石油与天然气化工，2008，37(6)：527-531.

[16] Rao B V A, Rao M V, Rao S S ,et al. Tungstate as a synergist to phosphonate-based formulation for corrosion control of carbon steel in nearly neutral aqueous environment[J]. Journal of Chemical

Sciences, 2010, 122(4): 639-649.

[17] Forsyth Maria, Seter Marianne, Hinton Bruce. New 'Green' Corrosion Inhibitors Based on Rare Earth Compounds[J]. Australian Journal of Chemistry, 2011, 64(6): 812-819.

[18] Li Xianghong, Deng Shuduan, Fu Hui, et al. Synergistic inhibition effect of rare earth cerium(IV) ion and sodium oleate on the corrosion of cold rolled steel in phosphoric acid solution[J]. corrosion science, 2010, 52(4): 1167-117.

[19] 胡松青,胡建春,郁金华,等．苯并咪唑及其衍生物缓蚀性能的定量构效关系研究[J]. 中国腐蚀与防护学报,2010,30(5):354-358.

[20] Khaled K F. Modeling corrosion inhibition of iron in acid medium by genetic function approximation method: A QSAR model[J]. Corrosion Science, 2011, 53(11): 3457 - 3465.

[21] Zhang J, Qiao G M, Hu S Q, et al. Theoretical evaluation of corrosion inhibition performance of imidazoline compounds with different hydrophilic groups[J]. Corrosion Science, 2011, 53(1): 147-152.

撰稿人:郭兴蓬　陈振宇

绿色表面工程技术发展研究

一、引言

国家自“九五”规划起将表面工程应用列为重大措施，并列为节能、节材示范项目。在“绿色制造”的新概念渗入各行各业的形势下，绿色表面工程技术的研究和应用得到了广泛重视。表面工程包括表面处理、表面加工、表面涂层、表面改性以及薄膜技术等内容，本文重点讨论金属表面的无铬钝化处理技术及环境友好型涂料涂装技术方面的发展现状和趋势。

目前，世界涂料正朝着低污染、无公害的方向发展[1]，在日益增多的绿色壁垒[2]、国际规则[3]的限制下，涂料出口门槛提高。为满足社会和公众对涂料安全与健康的需求，促进涂料工业的良性发展，我国涂料工业的“十一五”规划制定了“水性涂料、UV 固化涂料、粉末涂料、无溶剂涂料占涂料产量的 80%，各种涂料中 VOC 降低 50%”的环保目标[4]；在“十二五”期间，“产品绿色化”仍然是涂料工业发展的重要思路[5]。此外，当今世界涂料市场东盛西衰[6]，而我国涂料消费总量已居全球第一[7]，中国涂料市场已成为全球各大涂料企业争夺的主战场[8]。目前，外国产品几乎占据了我国中高端涂料市场，现在还出现了向低端应用领域渗透的趋势，为了避免被外企挤压生存空间[9]，我国涂料工业必须向高性能、高附加值、高效率、低能耗和低污染方向前进。

镀锌广泛应用于航空、机械、电力等领域，对镀锌层进行钝化处理是必要的表面处理技术[10]。由于传统的铬酸盐钝化液含有高毒性的六价铬，对人体和生态环境存在较大危害，许多国家都严格限制铬酸盐的使用及排放。如欧盟的 ROHS 指令，已将六价铬列入电器电子产品中不得含有的 6 种有害物质之一[11]。因此，世界各国都在积极探寻和研究低铬或无铬钝化工艺以替代铬酸盐钝化来对镀锌层进行表面处理。目前，镀锌层表面无铬钝化技术总体分为：无机物钝化、有机物钝化和无机/有机物复合型钝化。具体包括：钼酸盐、钨酸盐、硅酸盐、稀土金属盐、钛盐及有机类物质（如单宁酸、植酸、硅烷）等的钝化工艺。其中，稀土金属盐钝化、有机硅烷钝化及无机/有机物复合型钝化研究是近几年无铬钝技术领域的研究热点。

二、环境友好型涂料涂装技术

（一）现状及存在问题

1. 水性涂料

在节能、降耗、减排的主旋律下，水性涂料正进行着产业发展的大提速。未来的 5－8 年，水性涂料将占到国内涂料市场份额的 50%以上[12]。水性涂料以水作为分散介质，无毒且不燃，在降低成本、保证施工安全的同时，大大降低了 VOC 含量。因此，其已成为现代涂料工业发展的主流方向，主要包括水性丙烯酸树脂型、环氧树脂型、聚氨酯型、水性无机富锌涂料、有机硅水性涂料、水性光固化涂料等类型[13]。水性涂料本身也存在亟待克服的应用缺陷，如其耐水耐蚀性能较差、施工要求较高等[14]。目前，国内外对于水性涂料的研究普遍集中于对上述多种成膜树脂间进行复合接枝，及将特殊功能的分子结构如含氟、含硅聚合物链等引入成膜树脂上，使涂膜获得更多的功能性[15-16]。我国水性涂料所占份额远低于欧美发达国家，而在技术上也与其存在很大的差距。首先，汽车面漆尚未实现水性化，而在国外已有相关产品出售[17]，目前汽车修补漆市场几乎被外来产品占领；其次，国内开发的水性防腐涂料性能仍低于同类溶剂型防腐漆水平，在桥梁、铁路、户外大型钢结构等应用领域无法适用；再次，水性木器涂料与西欧等国存在较大差距，如双组分聚氨酯涂料的固化剂基本依赖进口，尚无自主开发产品；此外，水性醇酸树脂涂料仍未实现大量产业化应用，其贮存中黏度降低、“失干”等问题仍然亟待解决，性能上依旧存在一定的不足[18]。

2. 粉末涂料

粉末涂料因其可回收、无溶剂、生产施工安全及易自动化涂装等特点，成为目前发展最快的涂料品种，预计到 2015 年将占涂料总量的 20%。近年来研发的热点为低温固化型粉末涂料[19-20]、预涂用粉末涂料及氟树脂粉末涂料[23]等功能性粉末涂料、美术型粉末涂料及薄膜化、高耐候、耐热型粉末涂料。我国粉末涂料发展迅速，在 2007 年其产量便居世界首位。但其相关产品仍存在不足，可薄涂、可低温固化、高装饰性及高耐候性等涂料品种尚缺乏具有合适性价比的、有竞争力的产品[19]。另外，国内粉末涂料仍普遍采用毒性大的 TGIC 作为固化剂[27]，与国外的低毒固化剂存在差距。

3. 高固体含量涂料

一般固体含量在 65%以上便可称为高固体含量涂料。该涂料实现了在低有机溶剂用量的同时保证了较高的使用质量标准，因而广泛应用于众多行业。高固体含量涂料是汽车、船舶、集装箱、重防腐和木器等重要涂料应用领域的主力军和发展方向。目前其研究热点在于开发和应用高分子量、低粘度的树枝状聚合物，如聚酯、聚氨酯等，以及对其施工时产生的缩孔、流挂等问题的防治。欧洲现有汽车涂装流水线都将采用高固体涂料取代固体分溶剂型涂料；美国 DuPont 公司已有 80%高固体涂料应用于汽车涂料中。我国与欧美发达国家在这一领域技术研究与应用上的差距均十分明显。

4. 辐射固化涂料

辐射固化涂料（UV 固化涂料）固化快、不需外加热、节省能源，可配制成无溶剂产品，适用于各种基材。近几年来，UV 固化涂料成为非常活跃的研究开发领域，在发达国家已获得应用。目前其研究热点集中于解决其在低温下进行固化的技术问题，如醇溶性 UV 固化涂料的开发等。另外，以溶胶凝胶法对其进行有机/无机复合杂化，以及用纳米无机离子对其进行掺杂使其具备一些特殊性能等方面的研究也受到广泛关注。与国外发达国家相比，我国在涂料品种、质量、市场规模、研究开发方面均存在较大差距。国内中低档 UV 固化涂料近年来两位数增长，但色漆、形状复杂的工件的 UV 固化进展缓慢，水性涂料、汽车涂料的 UV 固化仍处在研究试验阶段，类似不用光敏剂的 UV 固化新技术国内尚未见报道[19]。

(二)绿色涂料发展趋势

涂料的发展方向简言之即为寻求 VOC 含量不断降低的涂料,而且尽可能实现使用范围广泛、使用性能优越、设备投资适当、成本控制有效等[28]。

1. 开发高性能、高功能性涂料

高性能的新技术、新产品的开发是我国涂料市场增强竞争力的关键。结合我国的实情[19],今后应主要致力于开发低 VOC 甚至零 VOC 涂料、水性 UV 固化涂料等环境友好型涂料;开发低温固化型涂料、再生资源性涂料、无机涂料、有机一无机复合涂料等节能型涂料;开发高耐候、高防腐、耐高温、高弹性、超硬涂料等高性能涂料;开发多功能及新型功能涂料。

2. 改变涂料溶剂结构,发展 VOC 限制豁免的溶剂

除了以发展水性、粉末、高固体等涂料来降低 VOC 外,通过改变溶剂产品结构,以含氧溶剂代替烃类溶剂、以低毒溶剂如 DMC 等代替有毒有害溶剂也成环保涂料发展的一个趋势。此外,近年来一些 VOC 限制豁免的溶剂也渐渐成为研究热点。例如,提炼某些植物(柑橘皮)汁液以获得油基涂料溶剂、利用乳酸酯取代部分有机溶剂、从植物油出发获得的生物溶剂等。

3. 加大“产学研管”结合力度,发展可持续型涂料工业

针对国内涂料产业缺乏自主创新的技术、产品和工艺,企业对外部技术依赖性过大的不良现状,未来涂料行业的发展需要将“产、学、研、管”相结合,企业建立健全人才管理机制及自主创新机构;科研院所提高研究水平的同时注重产业化进程;政府加快相关政策的制定,加大技术创新资金投入及优惠政策的落实力度,如此才能保证我国涂料工业在激烈的竞争中生存及可持续地发展。

三、无铬钝化技术及研究热点

随着环保要求的日益严格,无铬钝化技术必将完全取代铬酸盐钝化。从目前研究及应用现状来看,无机盐钝化工艺中,钼酸盐应用前景较好,不过其钝化成本相对较高;硅烷盐价格低廉,其钝化膜性能有待进一步提高,改性硅酸盐钝化技术也是未来无铬钝化发展的主要方向之一;稀土钝化在环保及性能方面均具备一定优势,其与有机物复合后,能进一步提升防护效果;有机膜层,尤其是有机硅烷及植酸类,与无机金属盐复合后,钝化膜层抗蚀性得到很大提高,接近铬酸盐钝化膜,然而有机膜层较厚,耐候性差,导电性差等问题也制约着其在工业上的广泛应用,这些也是研究领域亟待解决的问题。

对于钼酸盐钝化的研究,现有的研究成果均显示,其耐蚀性与铬酸盐钝化膜仍存在明显差距,未来发展的主要方向集中在钼酸盐与磷酸盐、有机缓蚀剂等进行复配来提高镀锌层耐蚀性上。钨酸盐钝化的研究在国内尚未开始,国外对其的研究多表明,钨酸盐钝化膜的耐蚀性要逊于钼酸盐与铬酸盐钝化膜。目前,国内许多学者主要研究其作为缓蚀剂所

具有的防腐性能。钛盐低毒低污染，其氧化膜在机械损伤后能很快得到自修复，在铜、铝、钢铁等金属材料表面进行转化处理，可获得具有优良耐蚀性的转化膜。

(一)稀土钝化

稀土元素(铈、镧、钇等)被认为是锌的有效缓蚀剂。稀土金属钝化剂的研究是目前无铬钝化技术研究的主要方向之一。

(二)有机硅烷钝化

有机硅烷可与极性物质和非极性物质结合成为化合物，则其与金属表面结合的同时也能完成自身交联，在金属表面形成一层致密的保护膜，显著提高金属的耐蚀性。然而，这层保护膜较薄，难以长时间对镀层产生防腐作用，同时不具备自修复能力。因此，有机硅烷钝化的研究主要集中在添加无机钝化剂，改善膜层的自愈性及耐蚀性等的有机/无机复合钝化技术领域。

(三)有机/无机复合钝化

关于有机/无机复合钝化的研究，目前已取得很大进展，仍是目前无铬钝化技术研究的一大热点。不仅是有机硅烷与无机盐进行复合后能提高钝化膜耐蚀性能，其他的有机钝化剂与无机钝化盐的复合钝化膜其性能也有很大提高。许哲峰等[64]制备了单宁酸—H_2TiF_6/SiO_2复合涂层，其腐蚀性能与pH值及固化温度相关，在pH值为4，PMT为60—80℃时，复合涂层的耐蚀性达到最佳，接近常规铬酸盐钝化膜。

(四)无铬钝化技术未来发展方向

未来的无铬钝化的研究除了继续致力于上述钝化体系的优化及工艺的开发外，还应充分利用有机、无机物质之间的协同作用，各种钝化体系之间的互补效应，采用复配技术或者复合涂层组装技术对基材进行钝化处理，才能进一步提高耐蚀性，实现对铬酸盐钝化技术的完全替代。

四、结语

实现对溶剂涂料及铬酸盐钝化的完全取代，将是与绿色涂料在绿色钝化领域的发展目标。作为实现“绿色产品化”的基础，其所代表的绿色表面工程技术的开发将长期成为我国科技攻关的重要技术领域，为我国工业产业实现可持续发展提供必要的技术支持。作为科研工作者，在做好技术研究的同时，加强与相关企业有针对性的合作，努力解决生产中实际存在的问题，使研究成果服务于技术革新，服务于社会进步。

参考文献

[1] 赵金榜. 国内外涂料工业现状及发展趋势(一)——世界涂料工业现状及发展趋势[J]. 上海市涂料

研究所,电镀与涂饰,2006,25(1):51-54.

[2] 曹存宁.浅议涂料产业的“绿色化”改造[J].宁波化工,2010(3):22-25.

[3] 沈浩.哥本哈根气候变化大会与中国涂料工业的发展[J].中国涂料,2010,25(2):5-7.

[4] 竺玉书.我国涂料工业“十一五”发展思路(二)[J].精细与专用化学品,2007,15(22):1-3.

[5] 祝季华.我国涂料工业“十二五”发展规划思路和建议[J].中国涂料,2010,25(5):1-5.

[6] 孔志元.回眸“十一五”:涂料这五年[J].中国涂料,2011,26(1):3-4.

[7] 韩永奇.我国涂料产业发展新亮点[J].涂料技术与文摘,2009,(1):22-24.

[8] 韩永奇.2010年我国涂料市场走向何处[J].涂料技术与文摘,2010,(4):6-10.

[9] 康举,韩利华,梁英华.镀锌层无铬钝化的研究进展[J].上海化工,2008,33(6):18-21.

[10] 章江洪,张英杰,闫磊,等.镀锌产品无铬钝化技术研究进展[J].材料保护,2009,42(3):48-52.

[11] 王凌,李斌,杜新胜.我国水性涂料的研究现状[J].杭州化工,2011,41(1):13-16.

[12] 吕建波,梁笑丛.水性防腐涂料的发展现状[J].信息记录材料,2009,10(6):38-43.

[13] Jang M K,Hartwig,A Kim,B K. Shape memory polyurethanes cross-linked by surface modified silica particles [J]. Mater. Chem. , 2009, (19): 1166-1172 .

[14] D K Chattopadhyay, K V S N Raju. Structural engineering of polyurethane coatings for high performance applications[J]. Progress in Polymer Science, 2007,32 (3): 352-418.

[15] 徐蕊,肖新颜.含氟硅丙烯酸酯核壳乳液及涂膜表面性能[J].化工学报,2009,60(12):3142-3146.

[16] 王凌,李斌,杜新胜.改性丙烯酸乳液的研究进展[J].2010(11):1-5.

[17] 周杰,陈慕祖.水性漆在中国汽车涂装线的应用及展望[J].上海涂料,2007,45(3):4-8.

[18] 刘国杰.涂料行业技术发展现状及趋势[J].中国涂料,2010,25(3):11-17.

[19] 葛伟青,王益民.低温固化粉末涂料的研制[J].表面技术,2008,37(3):58-59.

撰稿人:刘　敏　汪的华　朱　华　林　安　甘复兴

高性能结构耐蚀钢发展研究

一、引言

钢铁素有“工业粮食”之称，是国民经济的基本支柱之一，产值为全国 GDP 的 8%。钢铁材料作为最重要的结构材料应用面最广，几乎遍及所有工业，随着能源工业的开发与发展，以及海洋资源利用和舰船工业的发展，对高性能结构耐蚀钢的需求越来越迫切。本报告将针对海洋工程、舰船及近海设施、油气开采与储运、电力工业中核电和火电超超临界机组高性能结构耐蚀钢的研究进展进行评述。

二、研究现状与进展

(一)海洋用耐蚀钢

我国未来国民经济和社会发展规划中强调要“强化海洋意识，维护海洋权益，保护海洋生态，开发海洋资源，实施海洋综合管理，促进海洋经济发展”;《国家中长期科学和技术发展规划纲要》将海洋列为超前部署的全国五大重点战略领域之一。

1. 海洋工程用钢

我国海洋石油资源相当丰富，仅南海的石油地质储量就有 230 亿—300 亿吨，约占我国石油总资源量的 1/3，是世界上四大海洋油气聚集中心之一。要开发就需要海洋采油平台用钢。目前海洋工程用钢发展的趋势表现为：第一是高强度。随着海洋资源开发的发展，普通级别海洋平台用钢已经不能满足需要，超高强度级别钢板的需求越来越多，其强度范围涵盖 420MPa，500MPa，550MPa 和 690MPa。第二是厚规格。由于海洋平台的日益大型化，尤其是自升式海洋平台，焊接板结构用厚度达 80—100mm，桩腿齿条钢的厚度更达到 210mm。第三是更低温度的韧性。随着对海洋开发区域的日益扩大，海洋用钢的低温韧性更显重要，韧性指标要求−60℃甚至更低的极地温度。第四是高耐蚀性。由于海洋用钢结构长期处于盐雾、潮气和海水等环境中，受到海水及海生物的侵蚀作用而产生剧烈的电化学腐蚀，漆膜易发生剧烈皂化、老化，产生非常严重的结构腐蚀，不仅降低了结构材料的力学性能，缩短其使用寿命，而且又因远离海岸，不能像船舶那样定期进行维修、保养，所以，对其耐腐蚀性能的要求更高。海洋环境分为海洋大气带、海洋飞溅带、海水潮差带、海水全浸带、海泥带，因此，海洋平台用钢处于不同的环境中腐蚀机理的不同造成腐蚀速率也不同，所以对其耐腐蚀性能的要求也不同。

我国海洋平台设计和制造刚起步，目前研制的大部分是近海平台设施[1]。近年来，国产海洋平台钢板发展迅速，海洋平台钢的各种级别已经基本涵盖了国际各大船级社的规范，大部分级别钢种已能够制造生产。我国目前尚无专用的海洋平台用钢标准，所用钢种大多采用美国海洋结构用钢 API 规范或由船用钢、压力容器用钢等移植而来。近十年来，国产海洋平台钢板已经被广泛采用，EH36 以下平台用钢基本实现国产化，占平台用钢量的 90%，但关键部位所用大厚度、高强度钢材仍依赖进口[2]。国内海洋平台用钢主要由上海宝钢集团浦钢公司和邯钢集团舞阳钢铁公司生产。产品牌号为 A、B、D、E(Z15，Z25，Z35)、AH32－FH32(Z15，Z25，Z35)、AH36－FH36(Z15，Z25，Z35)、AH40－FH40(Z15，Z25，Z35)、API 2H、Cr42、Cr50 等。但关键部位所用大厚度、高强度钢材，如 210mm 厚 690MPa 级齿条钢仍无法生产，仍必须依赖进口，最近我国自行设计的 CP－300 自升式海洋平台刚刚建设完成。但是，由于缺乏海洋平台设计经验和适用于我国海洋环境的钢材服役性能基础数据，大大制约了高性能海洋平台钢在我国自主设计的海洋平台的应用[3]。

综上所述，我国海洋平台用钢的发展正处于起步阶段，虽然在已能生产的产品强韧性级别、厚度规格达到了国际水平，但是在材料的同一性，均质性等方面还存在很大的发展、完善空间，特别是在应对海洋环境腐蚀方面，将面临更新的挑战，急需耐蚀原理进一步明确，防腐技术实现新的突破，腐蚀与防护基础数据得到完善和丰富。

2. 海底管线用钢

海底油气资源开发使海底管线的重要性日益凸显，恶劣的海洋环境对海底管线用钢提出较陆地管线更加严格的质量要求。海底管线不仅要求钢管的横向强度，还要求其纵向强度。随着海洋石油开采从近海向深海发展，管线钢的抗压溃性、耐局部腐蚀性能就愈来愈重要。目前，海底管线钢常用主要有 X52、X60、X65、X70。X70 以上钢级在海底管线管的应用很少见报道。这主要是因为海底管线管采用敷管船流水线作业，要求高效率焊接，对可焊性要求高，X70 以上高强度级别钢种现场施工可焊性较差[4]；此外，海管敷管时有较高应变，高钢级应变时效敏感；海管挤毁及屈曲抗力是主要设计参数，抗力的提高主要靠提高壁厚(3 次方关系)，强度的影响(1 次方关系)较小；此外，强度越高，抗局部腐蚀和氢致裂纹的能力越差。我国海底用 X70 管线钢的最大壁厚已经达到 34.1mm，并已批量在工程中应用。

恶劣的海洋环境对海底管线用钢提出较陆地管线更加严格的质量要求[5]。随着海洋石油开采从近海向深海发展，海底管线在海底服役时其氢致开裂(HIC)、应力腐蚀(SSCC)规律和机理都会发生显著的变化，发生环境敏感断裂的倾向加重[6]。同时，由于油气管道直接放置在海床上或处于悬跨状态，会随着海底地形变化、洋流、地质因素而产生众多的附加结构拉应力，再加上管道内压的共同作用，会产生强烈的复合载荷和复杂环境的耦合效应作用，导致输油管在应力腐蚀作用下失效，造成严重海洋污染。因此，为进一步提高海底管线钢的输送能力并确保管线长期安全服役，高强韧、易焊接性和环境耐蚀性的海底管线用钢有迫切需求。

3. 舰船用钢板

我国造船业迅速发展，其规模已经成为世界第一。近年来，伴随全球范围内海洋安全及环境保护等意识方面的提高，国际海事组织(IMO)密集出台海事规则，国际海事及各国船级社更加注重国际范围联合制定各类海洋建造标准，这将对处于快速发展的中国海洋船舶业带来严峻的挑战和新的机遇。

舰船板钢在服役期间要承受复杂的动态载荷，在船舶的建造和组装过程中，结构件会产生巨大的应力，舰艇的无限航区的航行要承受位置及温度的考验，为了使船舶能在恶劣环境下持续航行，同时，从资源和环保考虑，为减轻船体自重、增加船舶的载重量、提高船速，要求船板钢具有高强度、高精度、良好的低温冲击韧性、焊接性能，而这些需要冶炼成分、纯净度、轧制工艺来保证。国际上船板钢的发展趋势表现为：第一是大规格。为满足各类海洋设施建造需求，钢板生产规格要实现大型化，并能够全系列供货。在宽度方面，为了减少船体焊缝，国外一般多采用 3500－4500mm 的钢板，甚至达到 4500mm 以上。在长度方面，国外钢企最长定尺可达 22000－24000mm，部分达 26000mm，并且能够根据船厂要求裁减，从而缩短工时和建造周期，降低建造成本。第二是高强度、高韧性和高塑性。高强度低合金船板首先是可适应海洋设施大型化、专业化的要求，确保制造过程中的加工焊接性、降低成本等。第二是随着船舶和海洋工程的不断发展，特别是对大陆架近海石油开发力度的加大，低合金高强度钢需求会不断增加。第三是开发可抑制船舶涂膜劣化的新型钢板。根据 2007 年出台的国际压载舱涂层新规范，要求海水压载舱防护涂层具有预期 15 年的使用寿命。日本 JFE 开发的 JPE－SIP－BT 船用厚板将涂膜劣化速度减慢到原钢材的一半左右，使单次涂装寿命延长到 25 年，与船舶设计寿命相同。第四是开发无需涂装的耐蚀厚板，减轻船舶对环境的影响，并降低船舶的建造和维修成本。日本新日铁开发的无需涂装耐蚀厚板 NSGP－1 已用在日本邮船会社（NYK）正在建造的 VLCC 船上。

造船用宽厚钢板钢种包括一般强度船板（A－E），高强度船板（AH32－EH40），超高强度船板钢（AH42－FH69），船用锅炉板，造船及海洋平台用 Z 向钢板等。2006 年 5 月，鞍钢宣布鞍钢造船板通过了英国、挪威等 9 国船级社的权威认证，钢板级别涵盖了 315－550MPa 级，最高质量等级达到 FH550 级，最大厚度由过去的 40mm 增加到 100mm，超高强级别达到 80mm，这些进步标志着我国船体结构和海洋工程结构用钢板已接近世界先进水平，有助于打破国外企业在此领域高端产品的垄断格局。钢研总院课题组成员与冶金企业“十五”期间在国家“863”项目支持下，完成了铜时效硬化型高强海洋结构用钢 A710－PT 钢的研制，是目前获得应用的国产海洋平台钢中强度级别最高的品种。北京科技大学近年来已经相继与鞍钢、济钢、沙钢合作研发了 32、36、40 高强度船板和 420、460、500、550、690 级别超高强度船板，最大厚度达到 80mm，低温达到－60℃，抗层状撕裂的耐海洋大气腐蚀的船板及海洋平台用钢，产品分别通过 9 个船级社认证。科研成果获得国家及省部级多项奖。

我国舰造船用钢，虽然在力学性能和规格品种上已得到迅猛的发展，但是，在应对复杂深海域的材料适用性和可靠性、耐海洋环境腐蚀性能等方面还缺少基础数据和使用经验。尤其是，海洋领域的军事竞争日趋激烈，发展和建造大型舰船、航空母舰、核潜艇、深潜器、深海空间站等已成为维护国防安全的根本保障。为了满足下潜深度的需求，潜艇用钢强度需求 1GPa 级，低温韧性要达到－60℃，然而，目前遇到挑战的不是强度与韧性，主要是焊接性、屈强比、均匀延伸等综合性能指标仍然无法满足服役要求[7]。

4. 近海设施用钢

国际上近海设施用钢的发展趋势表现为：第一是发展免涂装耐海洋大气腐蚀钢。日本NKK公司开发了一种新的耐候钢（海岸用耐候钢），可以无涂装地使用于飘散盐分较多的沿海地域。这种海岸用耐候钢的牌号为CUPLOY400－CL（40kg级）和CUPTEN－CL（50kg级），除具有较高的耐盐分特征外，初期的"流锈"也很少，并且焊接性能也比原来的耐候钢有大幅度的改善。其主要特征是添加Ni和Mo。Ni使锈层致密化，能抑制H_2O、O_2、Cl^-的透过；Mo的作用是从钢中溶解出来形成MoO_4^{2-}，吸附于锈层，通过电化学反应抑制透过的效果，在盐分飘散较多的环境下能生成具有保护性的锈层，大大提高了抵御盐分的能力。第二是发展高强度级别桥梁结构钢。美标ASTMA709桥梁钢系列产品具有高的屈服强度、耐腐蚀性能以及较低的焊接预热要求，因此能显著地降低成本；作为传统桥梁用钢的替代品，HPS70W具有高的强度级别，能减轻桥梁上层结构的质量以及使用更窄的连接梁，从而令桥梁设计者可以重复使用已存在的底层结构单元；HPS70W钢中最大碳含量为0.11wt%，改善了钢的可焊性，最大硫含量0.006wt%，提高了钢的韧性，钢中添加了铜、镍、铬，提高了该钢在大气中的耐候性。随着建桥技术的发展，目前中国许多钢的牌号已经远远不能满足桥梁工程需要，因此有必要对其性能进行改进。第三是发展功能性桥梁结构钢，如低预热温度型钢板。日本近年来开发的桥梁用钢不但强度较高，而且焊接裂纹敏感性指数Pcm较低，焊接时预热温度可较低，甚至不预热，NKK公司采用TMCP技术，并添加适当的微合金元素，控制淬火工艺，开发出了570MPa级和780MPa级的低预热型桥梁用钢板，这种钢板实现了强度与韧性最佳的配合，并具有优良的焊接性。还有如耐震用钢，提高钢结构的耐震性十分重要，在桥梁设计中采用超低碳制成用于桥脚部件的减震器，其塑性变形吸收了地震输入能量，可提高桥脚的耐震性和安全性。

目前桥梁钢提出了高强、耐候、低屈强比的性能要求。国际上桥梁钢的屈服强度已经达到690MPa级，可实现自重减轻的效果；此外，国外桥梁钢已实现不涂漆，裸装使用，达到减少环境负荷、节约维护成本的目的。尽管我国在耐候桥梁钢方面做了一些研究工作，例如已研究和生产的品种16Mnq、15MnVNq、14MnNbq、WNQ570、Q345、Q370、Q420等。虽然部分产品已经达到420MPa、500MPa级，但应用并不广泛。目前存在这一问题的原因是：从桥梁钢构件的制作到后期维护的整体上看，使用耐候桥梁钢具有经济性，但是由于合金成本增加，购买钢板的单项投资要高于同等级普通桥梁钢，这一点很难被市场接受。使用耐候桥梁钢的相关国家或行业标准还未建立或健全，影响设计者对耐候桥梁钢选用的积极性。如在锈层的折减计算、耐候性钢板的构造细节、制作与拼装的配套材料如焊材、螺栓等都缺乏系统数据与标准。钢铁企业、桥梁设计部门、制造部门需要通力协作，对耐候桥梁钢（涂装、不涂装）在设计与施工中所遇到的一些细节问题进行周密而系统的研究，并对正在服役的耐候性桥梁进行跟踪，了解其在使用中存在的问题，以期建立相应的企业、行业或国家标准，便于设计者选取，才能为耐候桥梁钢的应用奠定坚实的基础。

（二）油气开采与储运用耐蚀钢研究现状

石油天然气是当今重要的能源，我国的石油天然气战略主要体现在三个方面：一是勘

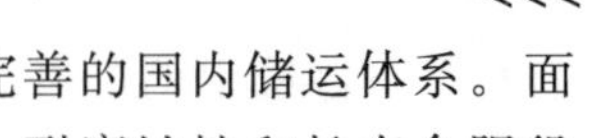

探、开发、利用自有资源；二是解决进口油气输运条件；三是建立完善的国内储运体系。面对我国油气资源开采和储运新的发展势态，对钢铁材料的强韧性、耐腐蚀性和长寿命服役安全提出了更高的要求。

1. 油井管

油井管包括套管、油管及钻柱构件（钻杆、钻铤、方钻杆等），在石油工业中占有重要的位置。油井管装备和构件的服役条件包括载荷与环境两个方面：静载荷、冲击载荷、交变载荷、局部压入载荷、高环境温度和复杂腐蚀环境等。例如，作为我国“十二五”期间石油天然气开发主战场的塔里木和川渝地区，油井管服役条件更加复杂和严酷，部分井深要达到 8000m，同时还存在 H_2S 等腐蚀环境气，因此，对油井管构件的强度（特别是抗扭强度）、疲劳和腐蚀疲劳抗力提出了新的、更高的要求等。我国超高强度、耐腐蚀、高抗挤、低温、稠油热采等非 API 油井管的开发刚起步，还不能适应我国西北塔里木、西南川渝等特殊地质条件、原油条件对油套管的要求。目前，国际上用于深井、超深井的超高强度套管，强度级别达到 150ksi(1050MPa)。虽然，我国正在研发这一级别的钢种，并有少量应用，但与国外产品相比其寿命和质量的稳定性仍有较大差距，主要用于浅层油井。更为严峻的是：我国新发现的大型油气田大多处在超深层，且腐蚀性更强，要求更高级别的油井管，迄今国际上也没有能满足这种严酷条件的钢材。我国必须自主研发超深油气田钢管，以满足石油工业的需求[8]。

2. 输油气用钢

用于地面输送的油气管道的主要载荷是被输送介质（原油、成品油、天然气等）的工作压力。现代油气管道正朝着大口径、高压力的趋势发展，其服役条件也日益苛刻。如，管输天然气中 H_2S 分压大于 300Pa 时，必须对管材提出抗 SSCC 和 HIC 的要求，而我国抗 SSCC 和 HIC 管线钢的研发刚刚起步。近年来，高 pH 值和近中性 pH 土壤应力腐蚀开裂引起油气管道失效的事故有较多报道。另外，油气长输管道往往需要穿过地震断裂带、冻土带或遭遇各种潜在的地质灾害（滑坡、崩塌、泥石流、湿陷性黄土、冲沟等）。为了进一步提高输送能力，需开发高强韧性、耐低温、耐腐蚀、抗大变形、长寿命油气输运管线用钢材。

(三)电力工业用耐蚀钢研究现状

1. 核电用钢

我国电力短缺严重，积极发展核电是一项重要的能源战略，根据《核电中长期发展规划(2005—2020年)》，到 2020 年时，我国核电装机容量将达到 4000 万 kW，在建约 3000 万 kW。福岛核电站事故促使我国发展更加先进、更加安全的核电技术。我国核电技术虽然起步较晚，但中国是世界上第一个正式建造第三代商业核电站的国家，并且在 AP1000 和 EPR 两个第三代核电站技术消化吸收完成后，新建核电站将全部采用三代技术。第三代核电技术在安全性方面进行了革命性的改进，全面提高了核电站的整体安全性，同时也对材料提出了更高的要求：运行载荷更大、综合性能要求更高、安全性要求更严格。

实现第三代核电站设备与材料的自主化制造和保障核电装备关键材料服役安全是核

电发展对核电用钢提出的最迫切需求，特别是主管道、主泵、反应堆压力容器、蒸汽发生器等核岛内核一级关键部件，其生产制造所需的超低碳控氮不锈钢、高性能合金钢、镍基合金等需要尽快突破高纯净化精准冶炼、大型零件锻造与铸造成形等关键技术。目前国内外还没有现成的经验可以借鉴，材料冶炼、管坯锻造、制作成形都属于首创技术。主管道作为核岛内核一级关键部件，是三代核电站建设发展的重要环节，特别是 AP1000 机组主管道能否研制成功关系到示范工程能否顺利建设，关系到三代自主化技术的发展，对我国核电产业乃至整个电力行业具有重要意义[9]。

2. 超超临界机组用钢

火电在相当长一段时间内依然是我国电力供应的主体，在国家节能降耗减排政策的导向下，发展高效清洁的大型超超临界燃煤发电机组是我国火电发展的必然选择，《国家中长期科学和技术发展规划纲要（2006—2020）》中，将研究开发高参数超超临界机组高效发电技术与装备，列为优先发展主题中的重点。虽然我国在超超临界机组研制方面取得了重大进展，但自主创新的瓶颈仍然明显，主要表现为技术对外依存度高，超超临界机组设计制造的核心技术尚未掌握，关键零部件和原材料主要依靠进口，国内正在研发的关键材料也只能满足 650℃的水平，且腐蚀性能难以达到要求。目前，德国和欧共体正在进行的 COST 和 THERMIE 计划，趋向于采用高参数（温度 700℃，压力 35MPa）超超临界火力发电机组，锅炉过热器及再热器的高温耐蚀合金研发已成为当前急需解决的关键问题。

我国要实现高效能超超临界机组设备设计制造的自主化，须突破关键材料和成套设备设计制造技术，应对未来激烈的国际竞争，占领国际市场。

（四）存在的差距

总结我国在高性能结构钢领域的差距主要表现在：

1. 跟踪模仿为主，缺少自主创新品种

国内目前材料的设计大多采取照抄标准、照抄成分，摸索工艺的老路，在适应国家重大需求，能够承受复杂环境、复合载荷、全寿命周期考验的新型钢铁材料设计方面，缺乏适用于我国特有环境和服役条件的自主品种。例如我国川渝地区的油气田具有高 H_2S 腐蚀的特点，采用现有品种无法满足耐蚀要求，模仿国外 G3 钢，又造成材料的浪费和成本上升。

2. 某些关键材料不能满足需求，仍然依赖进口

国家海洋工程、能源工程等快速发展对高性能结构钢提出迫切需求，目前仍有不少关键部件的用钢不能自主化生产，依赖进口，这对我国海洋安全、能源安全造成重大影响。例如屈服强度 690MPa 级、高强度、高韧性、耐腐蚀、易焊接的海洋工程钢完全依赖进口，时速 200km 以上高速列车车轴锻坯、车轮以及轴承等关键钢铁材料几乎全部进口，岭奥二期核电 200 万 kW 的 2 台机组用钢量 6387t，其中进口钢材高达 47%。

3. 质量稳定性不足，材料寿命不能保障

在我国能够自主化生产的高性能结构钢品种中，也往往存在质量不稳定，材料寿命短的问题，主要是在一些关键的质量指标方面，如化学成分控制精度、组织的均匀性、性能的

稳定性、钢材的洁净度等与先进国家均有较大差距，使得我国钢铁产品在国际竞争中处于劣势。例如我国钢中杂质和有害元素含量普遍较高，尤其是 T[O]，国外 T[O]可达 3ppm，国内最好仅为 8－10ppm，一般为 20ppm；精细化、均质化技术方面；国外先进国家钢铁材料的同批次或同板性能差可以控制在 10MPa 以内，而我国普遍在 30－60MPa 范围内。如国外船板钢在线轧制控制厚度精度可达 0.045mm，而我国最好仅为 0.3mm。

4. 材料服役数据积累不足，缺乏完善的评价体系和标准规范

目前我国在评价体系的实验研究，积累应用数据，制定被广泛接受的标准方面存在差距，而这恰恰是冶金创新链条中的重要一环。如评价海洋工程领域中钢铁材料强度、低温韧性、疲劳、抗撕裂、耐海洋环境腐蚀等的评价体系和标准；油气资源开采与输运领域中在多轴、交变、挤毁复合应力作用下，抗 H_2S、CO_2、高温等性能的材料评价体系及标准均未建立。

三、耐蚀结构研究趋势和展望

未来材料使用的地域将由陆地向海洋、由浅表向深层，负荷由静载向动载，环境由大气向酸碱，应力由简单向复合变化。新一代高性能耐蚀结构钢要求能够在复杂应力、交变应力、动态载荷、多种腐蚀介质下安全服役，以下是对未来耐蚀结构钢的研究趋势和展望。

全寿命周期设计理念：综合考虑材料在制造、使用过程中经济性、可持续性、长寿命等要求，研究材料成分、制备工艺、组织结构、性能、服役行为等一体化全寿命周期设计理论、方法与技术，进一步完善并推动适应我国耐蚀结构钢发展的生命周期评价理论、方法和技术的建立与推广

复合载荷和复杂环境下腐蚀机理研究：研究耐蚀结构钢在多因素耦合作用下，腐蚀失效的形式和机理，包括：多因素耦合环境腐蚀与对应实际多因素耦合环境腐蚀之间的相关性；多因素耦合作用下材料腐蚀失效理论与方法；服役性能和腐蚀过程的经时非线性行为规律；服役安全评价综合分析方法与理论；寿命预测基础理论与延寿方法。

加速腐蚀试验方法研究：加速模拟试验是材料服役性能表征和评价、腐蚀规律研究的必要手段，如何在模拟的环境中，确保加速失效的等效性、失效机理的一致性成为耐蚀结构钢自主研发和工程应用的重要发展趋势。

参考文献

[1] 刘年富，何矿年，李桦，等. E36 级海洋平台用钢的试制[J]. 钢铁，2011，46(5)：97-100.

[2] 陈华，鲁强，杨军，等. 海洋平台用钢 EH40-Z35 开发[J]. 鞍钢技术，2011，371(5)：22-25.

[3] 吴辉，赵燕青，李闯，等. 690MPa 级海洋平台用钢的组织和性能[J]. 金属热处理，2010，35(9)：20-25.

[4] 李中平，熊详江，陈奇明，等. 大壁厚海底管线钢 X70 工艺试验[J]. 宽厚板，2011，17(5)：1-3.

[5] 邓晓辉，邓卫东，廖伍彬，等. X65 海底管线在多相流中的冲刷腐蚀[J]. 石油化工腐蚀与防护，2011，28(1)：20-29.

[6] 姜信德,李言涛,杜芳林,等.电化学方法研究海淀管线腐蚀行为[J].腐蚀与防护,2011,32(8):601-604.

[7] 陈妍,齐殿威,吴美庆,等.国内外高强度船板钢的研发现状和发展[J].2011,32(5):26-30.

[8] 丰振军,曹峰,杨力能,等.中国油井管研究进展[J].石油工业技术监督,2010(7):52-53.

[9] 毕岩,谢里阳.核电关键构件材料的寿命预测方法[J].失效分析与预防,2011,6(1):12-14.

撰稿人:杨德钧　程学群　李晓刚

不锈钢局部腐蚀研究状况分析

一、引言

钢铁腐蚀基础研究曾经是腐蚀研究的重点与热点领域。不锈钢以其抗蚀性为主要特征，在钢铁腐蚀研究领域中亦曾占据突出地位。不锈钢的主要失效方式是局部腐蚀，因此，其相关研究在各类材料中进行得最为系统。它的研究方法、理论解释构成了其他材料局部腐蚀研究的基础。

在发达国家，近20年来，随着材料需求的迅速拓宽，材料基础研究的重点逐步向先进材料领域发展。各著名大学与研究机构的钢铁腐蚀研究逐步萎缩，被认为是夕阳领域，这使得高水平不锈钢腐蚀研究的步调急剧放缓。特别是由于后继人员短缺和老学者的退出，已有的大量研究成果呈缺少传承态势，导致基础研究水准逐年下降。主要高水平研究工作转到大的钢铁公司进行，内容亦以应用课题为主，相关工作很少报道。但近几年，又有恢复态势。原因有三：一是钢铁技术进步导致新的问题。如，MnS夹杂的消除导致其研究失去意义，但新的含Al、Mg、Si、N、Ca、C等元素的相结构提出新课题，当然还有新钢种与新工艺导致的问题。二是应用领域的拓宽导致新的规律与机制出现。三是新的理论与实验技术用于老问题的澄清。

发展中国家目前研究相对活跃。现在每年有3000篇左右的SCI论文为不锈钢腐蚀相关工作，发展中国家对此有很大贡献。

我国从事不锈钢腐蚀研究的人员众多，为世界第一。按自由探索、项目引导、技术引导和领域引导的发展规律，正处于第二阶段研究中。目前的任务应该是向专业化方向发展。应该说，在现阶段，我们的任务应该是重走长征路，消化国外近百年来的成果。也就是说，目前不锈钢腐蚀研究的高峰在我们身后，而不在前方，这需要有清醒的认识。

考虑到这种情况，我们的分析不得不回顾的久远一些。

二、不锈钢的发展历史

在20世纪早期，美国、英国和德国科学家的共同研究导致了不锈钢的产生和发展。其中，Monnard，Strauss和Brearley被认为是最重要的三位先驱[1-3]。随着原材料的紧缺，20世纪50年代不锈钢发展由300系列奥氏体不锈钢转向含镍量更少的200系列。特别后来在70年代早期新型冶炼工艺氩氧脱碳技术（AOD）的出现，极好地控制了C、S、O等元素的含量，进而引起了不锈钢工业的飞速发展，出现多个新型钢种[1]。

由于不锈钢不仅具有优异的力学、化学和工艺性能（如耐蚀性、耐热性、耐磨性、成形性、相容性以及在很宽温度范围内的强韧性），而且其外观精美、强度高、质量轻，因此，在石油、化工、机械、造船、核电、军工、建筑、生活用品等重工业、轻工业、建筑业、生活制品等

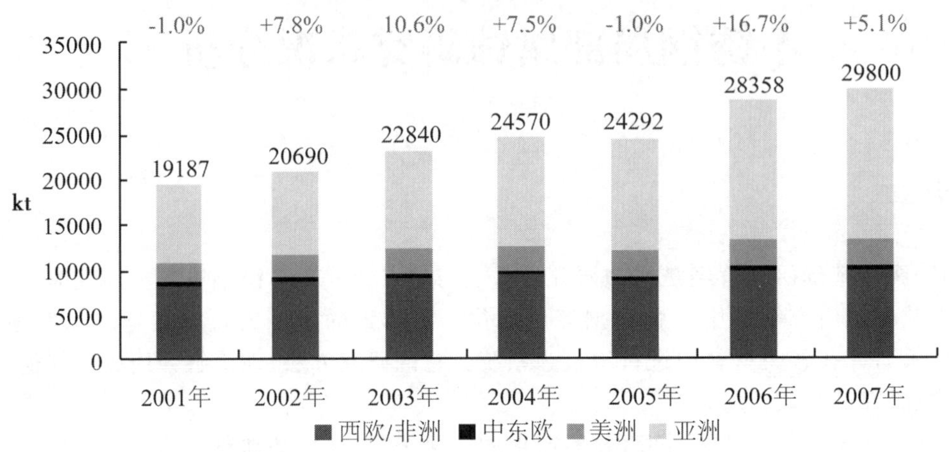

图 1　全球不锈钢粗钢产量

行业中获得广泛的应用，成为发展国民经济和满足人民需求的重要基础材料。图 1 给出了全球不锈钢的粗钢产量。2007 年全球不锈钢增速减缓，但是亚洲依然是不锈钢增速最为强劲的地区，中国、印度成为增产的主导力量。图 2 给出了亚洲不锈钢粗钢产量占全球比例的变化情况。随着中国、韩国、印度等国家不锈钢产能的提升，2005 年亚洲的不锈钢占全球产量的比例超过 51%，而中国的比例从 2005 年的 13%上升到 2006 年的 18.7%，超过日本，成为全球最大的不锈钢生产国，特别是 2007 年，中国的不锈钢产量比例更是达到 24%[4]。2010 年，我国不锈钢消费达到 1000 万 t，人均为发达国家的 50%左右。

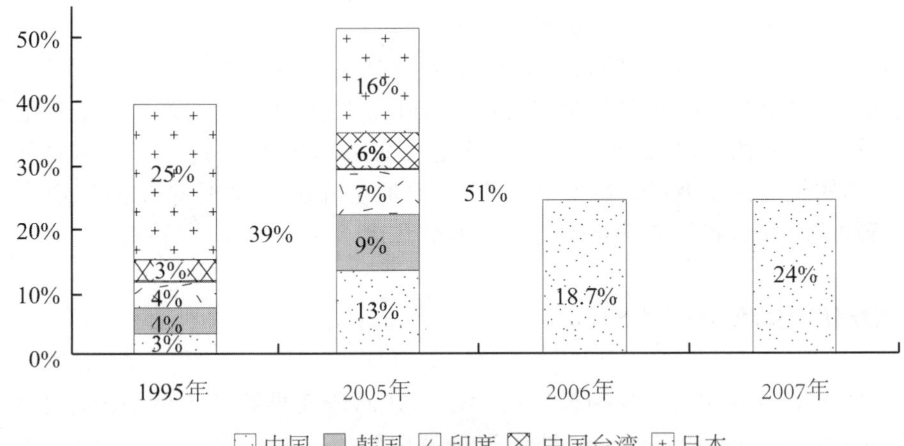

图 2　亚洲不锈钢粗钢产量占全球比例的变化

尽管我国不锈钢产量巨大，但是以 2005 年为例，国产不锈钢的产量只满足国内市场的 57%左右，313 万 t 不锈钢钢材需要进口。更重要的是，我国不锈钢产品在不断替代进口低端产品的同时，还需开发高端不锈钢产品。而作为不锈钢重要性能指标之一的腐蚀性能也需要进行深入的研究。

三、研究现状

工程应用中发现不锈钢表面常见的局部腐蚀形式有点蚀、缝隙腐蚀、晶间腐蚀、电偶腐蚀和应力腐蚀开裂等几种。

(1)点蚀(pitting corrosion):在侵蚀性的溶液中钝化态的金属表面形成局部点状或孔状向金属基体发展的一种腐蚀。点蚀是一种自催化的小阳极大阴极电化学反应的独特形式。形成蚀坑后,腐蚀溶解产物形成内部侵蚀性环境并维持内部基体金属溶解的持续进行。

(2)缝隙腐蚀(crevice corrosion):在电解质溶液中,不锈钢部件由于结构或者损伤的原因形成了宽度足以使介质浸入而又使介质处于一种停滞状态的缝隙,而缝隙内发生基体加剧腐蚀的现象。与点蚀相比,尽管二者的定义和形貌各不相同,但形成机理非常相似,均存在自催化效应,因而二者发生的材料条件、介质条件、影响因素、预防措施甚至评价手段也非常接近。

(3)电偶腐蚀(galvanic corrosion):不同种类不锈钢相互接触形成电偶(即宏观腐蚀电池)而引起阳极金属(耐蚀性差的不锈钢)的局部腐蚀。该类腐蚀比较容易在材料设计的过程中通过正确选材而加以防范,同时其形成机理也比较简单。

(4)晶间腐蚀(intergranular corrosion):多晶金属材料在特定腐蚀介质和条件下沿着晶粒间界所发生的一种电化学腐蚀现象,造成材料沿晶界优先腐蚀,继而由于小阳极大阴极效应,最终材料将沿着晶界产生腐蚀。这种腐蚀使晶粒间丧失结合力,以致材料的强度几乎完全消失。不锈钢的晶间腐蚀发现于20世纪20年代,主要发生在焊接热影响区。

(5)应力腐蚀开裂(stress corrosion cracking):金属在应力(拉应力或内应力)和腐蚀介质的联合作用下所发生的一种破坏,其特征是形成腐蚀/机械特征的裂缝,腐蚀过程既可以沿着晶界发展,也可以穿过晶粒扩展。由于裂缝扩展是在金属内部,会使金属结构强度大大下降,严重时会发生突然破坏。

在过去的几年中大量研究者对不锈钢的应力腐蚀[5-9]与腐蚀疲劳敏感性[10-13]失效进行了深入的探索和研究,并发现点蚀孔和贫铬的晶界处是它们的主要萌生源[14]。因此如下主要讲述最近几年在点蚀和晶间腐蚀方面的研究成果。

1. 不锈钢点蚀

纵观点蚀研究的历史和现状,内容主要涉及点蚀发生的微观机制、影响因素及作用机理、评价方法及标准这三个方面。

(1)点蚀发生的微观机制又包括:不锈钢表面的钝化膜状态[15-16],点蚀的萌生和点蚀生长的动力学过程。

1)不锈钢表面的钝化膜状态:一部分研究集中在采用不同的理论模型并结合现代计算机技术研究不锈钢表面钝化膜的生长过程,如对数或者反对数增长方式[17];另一部分研究集中在采用物理方法检测钝化膜的厚度以及生长动力学,如光谱法和电容法等;而大部分研究仍集中在采用传统电化学法间接表征钝化膜的生成、破裂、再修复以及半导体特性,如极化曲线(Tafel)、电化学阻抗谱(EIS)和电化学噪声(EN)等。这些研究注重新介质中的现象与规律，缺少新意。

2）点蚀的萌生：在点蚀研究的历史过程中，广泛存在三种钝化膜破裂的微观机制：由 Cl^- 引起吸附减薄机制、离子迁移刺穿机制和膜破裂机制。XPS 的结果证明了点蚀萌生阶段钝化膜减薄的事实。Macdonald 等发展了电场作用下点缺陷迁移而导致外部钝化膜破裂的点缺陷模型，证实了离子迁移刺穿机制。Galvele 提出点蚀稳定生长存在一个临界的点蚀坑深度与点蚀电流密度的乘积，随后大量研究者做了相关工作，证实在 Cl^- 溶液中不锈钢表面稳定点蚀的点蚀稳定积约为 0.3—0.6A/m[18]。

3）点蚀发展的动力学过程：点蚀一旦萌生，亚稳态点蚀开始进行。随后根据点蚀坑内溶液的化学环境，亚稳态点蚀或者快速再钝化，或者继续增长为稳态点蚀。点蚀发生之后的形貌差别很大，存在开口、内部抛光的半球形，蝶形和复杂的花边形貌等。所有这些形貌取决于点蚀增长过程中起控制作用的反应种类，比如扩散控制、电荷转移和欧姆控制等。

（2）影响因素及作用机理主要涉及材料和环境这两个因素。

1）材料因素是指不锈钢的合金成分和组织结构。合金成分对不锈钢耐点蚀能力的影响非常大，国际上通常采用 *PREN* 值来表征材料的耐点蚀性能。研究表明 Cr、Mo 和 N 三示中元素对 *PREN* 值的贡献较大，可用定量的公式表示：$PREN = Cr + 3.3\%MO + 16\%N$。后期研究者修订了该公式，并引入新的元素来综合考虑合金成分对点蚀能力的影响，如：$PREN = Cr + 3.3\%(MO + 0.5W) + (12.8\sim30)\%N - 1\%Mn$。*PREN* 值越高，材料的耐点蚀能力越强。

组织结构对点蚀的影响将更为复杂。实际不锈钢表面的钝化膜由于存在夹杂物、晶界、相界、位错、机械损伤及应力、二次析出相等缺陷和异质相薄弱区域，点蚀通常会在这些区域萌生并发展。

夹杂物一般指硫化物，如 MnS，由于该夹杂物在溶液中处于阳极活性状态，因此点蚀通常优先在夹杂物处萌生。Suter 等用毛细管微电极研究单个 MnS 颗粒的电化学行为，观察到异质相颗粒、异质相基体界面和基体的点蚀电位存在差异。通过采用激光融化表面、化学钝化和化学成分修饰等途径，去除或者改变夹杂物的化学成分和形态来提高材料的耐点蚀能力。

二次析出相：在材料加工和使用过程中，不锈钢内部会有二次相析出。在溶液中，如果这些析出相与金属基体的电化学电位不同就可能形成原电池，势必使电位较负的一方成为阳极并加速溶解。这类二次析出相/金属基体组成原电池的区域被认为是钝化膜最先溶解的位置，在侵蚀性的溶液中就可能成为点蚀萌生的位置。二次析出相种类众多、成分异常复杂而且析出动力学温度迥异，其研究得到了广泛的关注。目前研究普遍得到的共识是二次析出相与其周边的基体界面处存在下列特征：金属基体和二次析出相由于热膨胀系数不同形成边界，使得基体与二次相之间形成应力场，容易诱发点蚀；金属基体和二次析出相的边界处合金成分发生明显的变化，存在贫铬区并易于引起点蚀。

2）环境因素是指溶液介质和温度。溶液介质又包含卤素离子浓度和各类缓蚀剂对于不锈钢耐点蚀能力的影响。由于大部分点蚀都是由 Cl^- 引起的，因此许多工作研究 Cl^- 浓度与点蚀电位之间的定性关系，如 304 不锈钢的破裂电位与 Cl^- 呈如下关系：$E_p = A +$

$B\lg[Cl^-]$。氯离子浓度越高，点蚀电位越低。缓蚀剂对于点蚀的影响主要取决于其种类和浓度。对于无机类缓蚀剂，主要存在以下几种：硫酸盐、氢氧化物、氯酸盐、硝酸盐、铬酸盐、磷酸盐和碳酸盐等。有机类缓蚀剂有喹啉衍生物和绿色蛋白质等[19－21]。这些缓蚀剂主要通过与Cl^-竞争吸附或者在不锈钢的表面形成保护性钝化膜这两种机制来实现缓释的作用。

温度的变化也会影响不锈钢表面钝化膜的性质，温度越高，不锈钢的耐点蚀能力越差，因此，国际上采用临界点蚀温度这一标准来表征不锈钢的耐点蚀能力。一种由$FeCl_3$溶液浸泡测定[22]，另一种由电化学恒电位法测定。临界点蚀温度越高则不锈钢的耐点蚀能力越好。

(3)评价方法及标准研究主要指化学浸泡和电化学这两种方法在点蚀评价中的应用现状。

1)化学浸泡法：ASTM－G48中列举了$FeCl_3$酸性溶液浸泡法评价材料的耐点蚀能力，主要评价参数是材料单位面积上的蚀孔数目、材料失重、蚀孔大小和深度[22]。尽管这种方法非常直观有效，但是存在大量的不确定因素。如在浸泡过程中$FeCl_3$溶液受到腐蚀产物的影响，样品支架会影响不锈钢表面溶液的成分，故仅能给出比较粗糙的结果。

2)电化学方法：常规的包含动电位极化曲线确定破裂电位和临界点蚀温度。

点蚀电位是在特定的合金/介质体系中得到，即点蚀发生所需的最低电位。当发生稳态点蚀，腐蚀电流达到一定数值之后开始逆向扫描得到另外一个重要的参数，即再钝化电位。利用二者的差值来表征材料的再钝化能力。差值越大，再钝化能力越差。但是这种方法需要对同一种试样重复进行多次测量，具有实验精度低、重复性差等缺陷。特别是对于高合金不锈钢，在室温下无法得到材料的点蚀电位，而发生过钝化腐蚀。这就降低了点蚀电位在高合金不锈钢评价当中的适用性。电位和温度对于不锈钢点蚀行为的影响，进一步说明了点蚀电位评价的局限性。当温度较低时，外加电位升高，材料不会发生点蚀而直接进入过钝化区；当温度较高时，材料的点蚀电位处于一定范围内，因此极化曲线测试得到的点蚀电位分散性较大。

考虑到点蚀电位评价的局限性，精确评价材料耐点蚀能力的新方法的出现则显得极其重要。不锈钢的点蚀电位不随温度连续变化，存在一个突变温度点，在该突变温度之下不锈钢无稳定点蚀发生。因此，临界点蚀温度(CPT)的概念被广泛应用在含钼高合金不锈钢的点蚀评价体系当中。Qvarfort等人系统研究了各种参数，包括氯离子浓度、表面粗糙度等因素对于CPT的影响。研究发现，如果缝隙腐蚀可以成功避免，CPT的测定精度可控制在1℃范围内。因此，该方法得到广泛的关注，并因其高的灵敏度和重复性于1997年被纳入美国国家标准中。为了理解CPT的本质，Newman和Liew等人利用人造微电极研究了不锈钢和镍基合金的再钝化温度。研究发现，亚稳态点蚀可以在CPT之下发生再钝化。之后Salinas－Bravo等人采用电化学噪声法进一步研究了双相不锈钢的点蚀行为，发现亚稳态点蚀只在CPT之下发生而稳态点蚀只在CPT之上存在。这就证明了CPT是亚稳态和稳态转变的临界温度。通过假定点蚀在阳极盐膜下维持并发展，认定在饱和盐溶液环境中存在再钝化的临界电流密度i_{crit}和电流极限密度i_{lim}，那么CPT就是$i_{crit} \approx i_{lim}$时所对应的温度。

近年来其他用于点蚀评价的电化学方法主要有电化学交流阻抗、电化学噪声[23]、微区扫描电极和原位观察[24-28]等技术，整个电化学评价方法呈现百花齐放的状态。

2. 不锈钢表面的晶间腐蚀

调研晶间腐蚀的历史和现状发现，研究主要集中在以下几个方面：晶间腐蚀的研究方法，引起晶间腐蚀的析出相种类和晶间腐蚀理论。

(1)晶间腐蚀的研究方法包括化学浸泡法和电化学动电位再活化法。

1)化学浸泡法：目前只有针对奥氏体不锈钢比较全面的晶间腐蚀评价标准。具有各种测试晶间腐蚀的化学浸泡法。这些测试方法与材料的服役环境没有直接的关系，但使用者可在较短的时间内采用金相法来判断材料在使用过程中是否具有晶间腐蚀倾向。但是，目前专门针对双相不锈钢晶间腐蚀的评价标准还没有形成。众所周知，化学浸泡法的过程相对繁琐，实验介质存在一定的毒性，在这样的背景下快捷、方便的电化学方法开始应运而生。

2)电化学动电位再活化法：晶间腐蚀主要由阳极控制，原因是侵蚀发生在晶间处的阳极活性位置。因此，敏化后的金属材料与非敏化的金属材料在极化曲线上会有明显的不同。目前，广泛存在两种电化学测试方法：单环电化学动电位再活化法(SL-EPR)和双环电化学动电位再活化法(DL-EPR)，分别如图 3 和图 4 所示。最近几年 DL-EPR 成为研究热点。这种方法可以快捷、方便、准确地获得材料耐晶间腐蚀的能力，对晶粒度和样品表面的粗糙度没有特别的要求。但是，由于这种方法对于测试介质的依赖性非常大，至今还没有形成标准。不过部分研究已经将 DL-EPR 应用在奥氏体不锈钢和双相不锈钢的晶间腐蚀评价中[29-30]。目前为了弥补双相不锈钢晶间腐蚀评价方法的空缺，我们需要在标准方法的建立这一领域进行深入系统的工作。

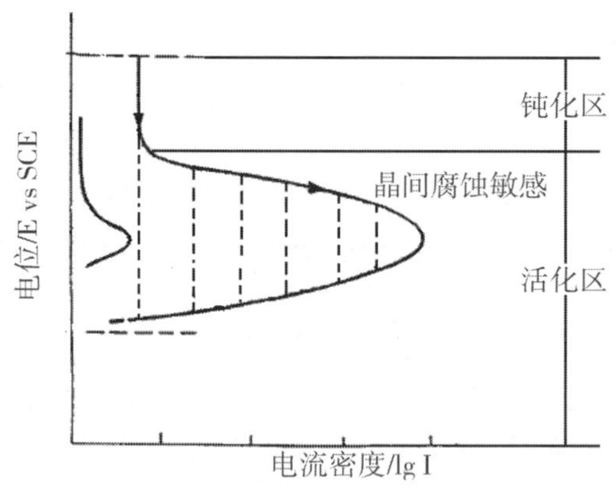

图 3　单环电化学动电位再活法示意图

(2)析出相引起晶间腐蚀主要包括碳化物沉淀引起晶间腐蚀和 σ 相沉淀引起晶间腐蚀。

1)碳化物沉淀引起晶间腐蚀：在奥氏体和双相不锈钢中含有少量的碳，它与铁可以生成复杂的碳化物$(Cr,Fe)_{23}C_6$。当加热至高温时，碳化物溶解在奥氏体相中，温度越高，则碳化物溶解越多。这种状态可以用急速冷却的方法保存在室温下，形成过饱和固溶体。

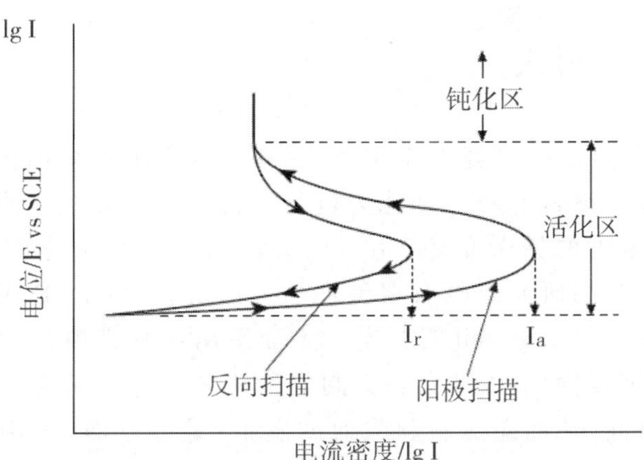

图 4　双环电化学动电位再活法示意图

但是在缓慢冷却过程中，碳化物为了保持热平衡会从固溶体中析出。此外，过饱和固溶体在低温（400－850℃）再加热时（敏化和焊接），碳化物会沉淀出来。碳化物的析出通常是沿晶粒间界优先发生，这种变化使不锈钢产生晶间腐蚀倾向。

2）σ相沉淀引起晶间腐蚀：由于冶炼方法的改进，碳的含量可以得到控制，碳化物沉淀引起的晶间腐蚀问题得到很好的解决。但是随着不锈钢中合金量的不断提高，特别是 Mo 元素的添加，σ等金属中间相也会在晶界或者相界处析出引起贫铬的晶间腐蚀。目前由σ相引起的相应晶间腐蚀研究主要集中在高钼奥氏体不锈钢和双相不锈钢当中。

（3）晶间腐蚀理论：目前存在三大理论用于解释不锈钢的晶间腐蚀发生机制。

1）高能量晶界理论：金属晶体按照有序的原子排列形成，具有较低的能量。而晶界高度无序、具有不同取向，因此具有较高的能量。无序的晶界区通常是几十个到几百个原子排列的宽度，与周边晶粒相比这些晶界区域具有较高的电化学活性。因此，晶界和晶粒形成小阳极/大阴极的原电池，导致晶间腐蚀的发生。

2）晶界吸附理论：当金属从融化态形核时，形成的晶体比原始材料要更加纯净。原因是纯金属晶体排列有序、相对于含有杂质的晶体能量较低。在某些情况下，杂质易于在晶界处富集。这些杂质在晶界处富集使得晶界相对于周围的晶粒具有更高的电化学活性，晶间腐蚀开始发生。在生产过程中，很容易发生污染晶界的现象。例如：20 世纪 60 年代中期以来核工业使用强氧化性介质，使得固溶态奥氏体不锈钢发生晶间腐蚀，就是磷的晶界吸附所致。

3）晶界贫铬理论：该理论是最早被提出的，而又被广泛接受的理论。敏化处理不锈钢时，碳向晶粒间界的扩散较铬快，因此在晶粒间界及其邻近区域的铬由于碳化物在晶粒间界的沉淀而发生贫乏现象。如铬含量降低到钝化所需的铬含量极限以下（＜12％），由于构成小阳极/大阴极的微电池，加速了沿晶粒间界的腐蚀。这种学说一方面能解释许多晶间腐蚀的现象，另一个方面也有实验数据直接证实了铬的贫乏。

四、国内外研究对比

目前，国内对于点蚀的研究工作比较单一，主要集中在采用极化曲线和化学浸泡的方法对于低合金不锈钢的耐点蚀能力进行评价。而国外关于点蚀的研究工作则呈现百花齐放、百家争鸣的繁荣景象，用不同方法对不同合金化程度不锈钢的耐点蚀性能进行了相对系统的研究。具有典型性的工作组有：以 D. E. Williams 为首的英国原子能中心材料开发部 Harwell 实验室一方面采用计算机模拟和试验数据相结合的方法，对单相不锈钢点蚀萌生和发展机制的数学模型进行系统的研究，准确预测不锈钢点蚀发生的时间，从而避免材料失效的发生；另一方面，采用最先进的表面分析技术（SIMS）等对点蚀萌生的初期状态进行系统的研究，揭示不锈钢萌生的原因；以 D. D. Macdonald 和 G. S. Frankel 为首的俄亥俄州立大学冶金工程学院 Fontana 腐蚀中心采用点缺陷理论模型，详细推导了不锈钢钝化膜增长动力学、化学破裂和点蚀萌生方面的信息，结合微区表面分析技术给出了单相不锈钢发生点蚀的本质；以 H. H. Uhlig（尤利格）为首的马萨诸塞科技学院冶金部腐蚀中心利用传统的电化学极化曲线的方法系统研究了环境介质（Cl^- 浓度、pH 值和缓蚀剂）对单相不锈钢点蚀行为的影响。以 R. C. Newman 为首的英国曼彻斯特腐蚀与防护中心采用极化曲线和临界点蚀温度相结合的方法，系统研究了不同不锈钢的点蚀萌生及其稳定性、点蚀破裂电位和临界点蚀温度等参数，并着重研究了 Cl^- 浓度、阴离子种类、pH 值、表面粗糙度、样品尺寸等因素对临界点蚀温度的影响规律。以 H. S. Isaaca（美国应用科学院材料科学部 brookhaven 实验室）和 H. Bohni（瑞士联邦工学院材料化学与腐蚀部）为首的跨国课题组，采用微区分析技术直接观测了不同种类不锈钢上点蚀萌生位置和增长过程，为理解点蚀的本质提供了直接的证据。以 G. T. Burstein 为首的剑桥大学腐蚀试验组采用先进的电化学分析技术和表面观察技术，研究了不同钝性材料的腐蚀行为，对比了不锈钢、铝合金和钛合金之间的腐蚀行为，为工业间的选材提供重要的参考。以 J. O. Nilsson 为首的瑞士 Sandvik 钢铁研究发展中心采用浸泡临界点蚀温度的方法，系统研究了双相不锈钢的耐点蚀行为，提出成分与耐点蚀能力的经验关系式。以 Chan－Jin Park（韩国先进科学技术学院材料科学与工程系）和 S. S. M. Tavares（巴西 Ceara 大学）为首的腐蚀课题组，采用极化曲线和先进的微区电化学技术，研究了不同时效条件对不锈钢腐蚀行为的影响。

基于以上的分析，我们不难发现国外的腐蚀科学家对不锈钢点蚀萌生和发展机制的研究已经非常深入系统，而我们在这方面的研究则处于学习和理解的阶段。此外，国外对不同合金化程度不锈钢的耐点蚀性能的研究已经相当广泛，而我国则更多的局限于合金化程度较低的不锈钢当中，对于超 316 不锈钢的耐点蚀性能的研究非常的缺乏，这将极大地限制我国发展高档不锈钢的战略导向。当然，国外的研究也存在一定的缺陷，比如，在将材料的耐点蚀性能与其他腐蚀类型之间的关联上缺乏系统的研究。

五、展望

根据以上分析，在今后的5－10年中，国外会把主要工作内容放在深层次理解点蚀等局部腐蚀行为发生本质的研究上。利用一些先进的仪器和测试手段直接观测一些实验现象；深入了解各种局部腐蚀的热力学和动力学规律。而我国需要在以下方面进行深入的研究：首先，深入了解典型钢种耐点蚀性能评价方法的适用性及其特点，以及各方法之间的差别和联系，使我们系统理解已有的各类耐点蚀性能评价方法。其次，基于国内对超316不锈钢的耐点蚀评价技术缺乏的现状，全力建立超316不锈钢耐点蚀性能的评价技术，以适应开发高合金化高附加值不锈钢种的新导向。

参考文献

[1] Beddoes J, Parr JG. Introduction to Stainless Steel[M]. Ohio: ASM international, 1999:27.

[2] Falkenberg F. Initiation and Repassivation of Austenitic Stainless Steel[D]. Gothenburg: Chalmers university of technology, 2001.

[3] Femenia M. Corrosion Behavior of Duplex Stainless Steels in Acidic-Chloride Solutions Studied with Micrometer Resolution[D]. Stockholm: Royal institute of technology, 2003.

[4] Lo K H, Shek C H, Lai J K L. Recent Developments in Stainless Steels[J]. Materials Science and Engineering R, 2009, 65(4-6):39-104.

[5] Bhattacharya A, Singh PM. Effect of Heat Treatment on Corrosion and Stress Corrosion Cracking of S32205 Duplex Stainless Steel in Caustic Solution[J]. Metallurgical and Materials Transactions A, 2009, 40A(6):1388-1399.

[6] Liu Z Y, Dong C F, Li X G, et al. Stress Corrosion Cracking of 2205 Duplex Stainless Steel in H_2S-CO_2 Environment[J]. Journal of Materials Science, 2009, 44(16):4228-4234.

[7] Prabha B, Sundaramoorthy P, Suresh S, et al. Studies on Stress Corrosion Cracking of Super 304H Austenitic Stainless Steel[J]. Journal of Materials Engineering and Performance, 2009, 18(9): 1294-1299.

[8] Schvartzman M, Quinan M A D, Campos W R D, et al. Stress Corrosion Cracking of Stainless Steel AISI 316L HAZ in PWR Nuclear Reactor Environment[J]. Soldagem and Inspecao, 2009, 14(3): 228-237.

[9] Tohgo K, Suzuki H, Shimamura Y, et al. Monte Carlo Simulation of Stress Corrosion Cracking on a Smooth Surface of Sensitized Stainless Steel Type 304[J]. Corrosion Science, 2009, 51(9): 2208-2217.

[10] Kusko C S, Dupont J N, Marder A R. Influence of Stress Ratio on Fatigue Crack Propagation Behavior of Stainless Steel Welds[J]. Welding Journal, 2004, 83(2):S59-S64.

[11] Kusko C S, Dupont J N, Marder A R. The Influence of Microstructure on Fatigue Crack Propagation Behavior of Stainless Steel Welds[J]. Welding Journal, 2004, 83(1):S6-S14.

[12] Schroeder R M, Muller I L. Fatigue and Corrosion Fatigue Behavior of 13Cr and Duplex Stainless

Steel and a Welded Nickel Alloy Employed in Oil and Gas Production[J]. Materials and Corrosion, 2009, 60(5):365-371.

[13] Young M C, Huang J Y, Kuo R C. Corrosion Fatigue Behavior of Cold-Worked 304L Stainless Steel in a Simulated BWR Coolant Environment[J]. Materials Transactions, 2009, 50(3):657-663.

[14] King A, Johnson G, Engelberg D, et al. Observations of Intergranular Stress Corrosion Cracking in a Grain-Mapped Polycrystal[J]. Science, 2008, 321(5887):382-385.

[15] Tsuchiya H, Fujimoto S, Chihara O, et al. Semiconductive Behavior of Passive Films Formed on Pure Cr and Fe-Cr Alloys in Sulfuric Acid Solution[J]. Electrochimica Acta, 2002, 47(27): 4357-4366.

[16] Wijesinghe T, Blackwood D J. Electrochemical and Photoelectrochemical Characterization of the Passive Film Formed on AISI 254SMO Super Austenitic Stainless Steel[J]. Journal of the Electrochemical Society, 2007, 154(1):C16-C23.

[17] Valor A, Caleyo F, Alfonso L, et al. Stochastic Modeling of Pitting Corrosion: A New Model for Initiation and Growth of Multiple Corrosion Pits[J]. Corrosion Science, 2007, 49(2):559-579.

[18] Moayed M H, Newman R C. The Relationship between Pit Chemistry and Pit Geometry near the Critical Pitting Temperature[J]. Journal of the Electrochemical Society, 2006, 153(8):B330-B335.

[19] Naderi R, Mahdavian M, Attar MM. Electrochemical Behavior of Organic andInorganic Complexes of Zn(II) as Corrosion Inhibitors for Mild Steel: Solution Phase Study[J]. Electrochimica Acta, 2009, 54(27):6892-6895.

[20] Hassan N, Holze R. A Comparative Electrochemical Study of Electrosorbed 2-and 4-Mercaptopyridines and their Application as Corrosion Inhibitors at C60 steel[J]. Journal of Chemical Sciences, 2009, 121(5):693-701.

[21] Gao Y, Ana U, Wilcox G D. Corrosion Inhibitor Doped Protein Films for Protection of Metallic Surfaces: Appraisal and Extension of Previous Investigations by Brenner, Riddell and Seegmiller [J]. Transactions of the Institute of Metal Finishing, 2006, 84(3):141-148.

[22] ASTM G 48-03. Standard Test Methods for Pitting and Crevice Corrosion Resistance of Stainless Steels and Related Alloys by Use of Ferric Chloride[S]. Pennsyvania: ASTM International, 2003.

[23] Pujar M G, Anita T, Shaikh H, et al. Analysis of Electrochemical Noise (EN) Data using MEM for Pitting Corrosion of 316 SS in Chloride Solution[J]. International Journal of Electrochemical Science, 2007, 2(4):301-310.

[24] Davoodi A, Pan J, Leygraf C, et al. In Situ Investigation of Localized Corrosion of Aluminum Alloys in Chloride Solution Using Integrated EC-AFM/SECM Techniques[J]. Electrochemical and Solid State Letters, 2005, 8(6):B21-B24.

[25] Davoodi A, Pan J, Leygraf C, et al. Integrated AFM and SECM for in Situ Studies of Localized Corrosion of Al Alloys[J]. Electrochimica Acta, 2007, 52(27):7697-7705.

[26] Davoodi A, Pan J, Leygraf C, et al. The Role of Intermetallic Particles in Localized Corrosion of an Aluminum Alloy Studied by SKPFM and Integrated AFM/SECM[J]. Journal of the Electrochemical Society, 2008, 155(5):C211-C218.

[27] Davoodi A, Pan J, Leygraf C, et al. Multianalytical and In Situ Studies of Localized Corrosion of EN AW-3003 Alloy: Influence of Intermetallic Particles[J]. Journal of the Electrochemical Society, 2008, 155(4):C138-C146.

[28] Kamrunnahar M, Braatz RD, Alkire RC. Parameter Sensitivity Analysis of Pit Initiation at Single

Sulfide Inclusions in Stainless Steel[J]. Journal of the Electrochemical Society, 2004, 151(2): B90-B97.

[29] Cocco V, Iacoviello F, Di Bartolomeo O, et al. Heat Treatment Influence on Localized and Selective Corrosion Resistance in a 21Cr1Ni Duplex Stainless Steel [J]. Metallurgia Italiana, 2008, 45(5): 25-31.

[30] Amadou T, Braham C, Sidhom H. Double Loop Electrochemical Potentiokinetic Reactivation Test Optimization in Checking of Duplex Stainless Steel Intergranular Corrosion Susceptibility[J]. Metallurgical and Materials Transactions A, 2004, 35A(11):3499-3513.

撰稿人:徐菊良　李　劲

电化学保护学科发展研究

一、引言

电化学保护技术作为防腐蚀工程技术的一个重要分支，已在世界范围获得了迅速的发展和广泛的工业应用，其在腐蚀控制方面的有效性、可靠性和经济性是十分令人瞩目的。电化学保护是利用金属电化学腐蚀过程的极化特性控制腐蚀的方法，包括阴极保护和阳极保护两种技术。阳极保护是通过外加电流阳极极化，在金属表面形成保护性钝化膜而实现有效腐蚀控制的技术，适用于具有活化一钝化转变特征的体系，目前主要应用于保护那些储存和处理硫酸、氨水、铵盐溶液的设备，在其他领域应用较少；而阴极保护适用于绝大多数的腐蚀系统，该技术自 1965 年引入国内，经过 40 多年的发展，目前也已发展为一项成熟的、经济效益十分显著的电化学保护技术，在国民经济的各个方面都得到了广泛的应用，近年来电化学保护技术的发展以阴极保护技术的发展最为显著。

近几年来，能源、交通、城市建设等部门发展迅速，现代经济建设的需要对阴极保护技术提出了新的要求，使无论在应用范围上还是在先进技术上都使得到了较大的发展，其中以下六个方面的发展尤为突出：一是电化学保护应用范围的进一步扩大，由长输管道扩大到油气输送站场、燃气管网等复杂区域，区域阴极保护技术发展迅速，国内阴极保护工作者近年来开展了大量区域阴极保护的实践和研究；二是随着数值计算和计算机学科向阴极保护领域的进一步渗透，阴极保护数值模拟计算技术发展迅速，在理论研究和实践应用基础上形成了国内首套商业化的阴保数模计算软件；三是电子学、自动控制和物联网络与阴极保护技术的结合促使阴极保护监检测技术得到进一步的发展，开发了新一代消除 IR 降、抗杂散电流干扰强的极化测试探头产品并在实际工程中得到了推广应用，同时将极化探头、无线传输系统及 GPRS 网络结合形成了阴极保护无线传输控制系统，大大提高了管理水平；四是随着油气管道、高压电网、城市轨道交通等基础设施建设发展迅速，交、直流杂散电流干扰日益严重，国内对杂散电流防护的重视程度逐年提高，并开展了相关的机理研究和检测及排除的工程实践，在交、直流杂散电流的腐蚀机理、评价方法以及排除技术方面都取得了较大的进展；五是随着对高性能阳极材料需求的增加，国内加大了阳极材料的研发力度，目前在柔性辅助阳极方面的研究及产业化上发展较为迅速；六是海洋环境金属结构阴极保护设计方法、阳极材料及钢筋混凝土结构的外加电流阴极保护技术得到进一步的发展和应用。下面即从这六个方面来介绍电化学保护技术的最新进展。

二、最新研究进展

(一)区域阴极保护技术

外防腐层与阴极保护联合保护方式已广泛应用于长距离油气管道外壁防腐，并取得了显著的效果。对于输油泵站、输气站、油库罐区和油气集输联合站等油气输送站场，受技术、安全和经济等多方面因素的影响，站区内的阴极保护技术远远落后于干线，最初大多数站场内埋地管线及金属设施没有采用阴极保护技术，仅采用外防腐层的物理防护方法。由于防护程度有限，随着时间的延长，站内埋地金属构件的腐蚀危害日益严重的暴露出来，为了保护站场埋地管道的安全，我国从 20 世纪 70 年代末、80 年代初开始在油田和部分站场开展区域阴极保护的探索。但由于站场阴极保护对象的复杂性和多样性，存在保护对象繁多、保护回路复杂、安全要求高等诸多问题，这给区域阴极保护技术的有效实施带来一定的困难，进而限制了区域阴极保护技术的应用和推广。

随着近几年西气东输管道工程、忠县—武汉输气管道工程、陕京二线输气管道工程、西部管道工程等重大管道项目的投产运行，工艺站场内管道及金属构筑物腐蚀的问题逐渐暴露出来。西气东输一线投产仅 4 年，已有 12 座站场埋地管道涂层失效，4 座站场发生局部腐蚀；忠武线岳阳站投产不到 1 年时间就发生了腐蚀穿孔，黄石站站内管道腐蚀坑深度达 3mm，其他站场也发生不同程度的腐蚀[1]。工艺站场的区域性阴极保护引起业内人士的广泛关注，同时随着先进的阴极保护设计技术和阳极材料的应用，区域阴极保护技术得以全面发展；目前新建站场在设计阶段就要求包含区域阴极保护，同时没有施加阴极保护的老站场正在逐年补加区域阴极保护。

区域性阴极保护就是将某一区域内的所有预保护对象作为一个整体进行阴极保护，依靠辅助阳极的合理布局、保护电流的自由分配以及与相邻设备的电绝缘措施，使被保护对象处于规定的保护电位范围之内。与常规阴极保护方法相比，站区阴极保护具有如下特点：①保护对象繁多、保护电流消耗大；②地下金属结构错综复杂，干扰和屏蔽问题突出；③阳极地床设计难度大；④后期调试整改工作量较大；⑤安全要求高。为了解决以上的区域阴极保护技术难题，国内高校、科研院所和运行管理单位都开展了大量研究和实践工作[1-3]。

目前确定区域阴极保护电流需求量较为准确的方法是开展现场馈电试验，建立临时阳极地床，根据金属结构的电位变化和所施加的电流，计算结构接地电阻，确定施加电流沿金属结构的分布情况、阳极地床的分布位置和阴极保护装置的电流需求。针对站场区域空间狭小，保护回路复杂，屏蔽严重，阳极地床设计困难的问题，阴极保护数值模拟计算技术为区域阴极保护阳极地床的实际应用提供了一个有效的解决途径，将数值模拟技术与油气输送厂站阴极保护设计相结合，通过计算阴极保护电位和电流密度的分布，来评价保护效果，优选保护方案，确定合理的阳极地床位置、埋设方式和分布形式等，将阴极保护的经验性设计变为科学性设计，大大提高了区域阴极保护设计水平[4]。对于区域阴极保护电流需求量大的问题，需要进行接地系统的改造，将铜包钢或减阻接地模块材料替换为锌接地极或采用去耦合器将接地系统与埋地管线进行直流电隔离。可采用以下方法来降低或排除站场区域阴极保护系统对站外干线的干扰：①尽可能使站场阴极保护系统的阳极影响区远离站外阴保系统控制点；②根据站场内阴极保护系统的调试情况，对部分阳极进行电流输出限制；③站场阴极保护采用对外界干扰小的辅助阳极系统，例如柔性阳极；④对站外干线近端进行密间隔电位测试，将站外干线阴极保护系统的控制点转移至不受干扰的位置；⑤对站外干线恒电位控制点进行处理，安装排流电极以降低或消除干扰电流引起的附加极化或去极化;⑥站外干线阴极保护系统采用恒电流控制;⑦对于小型厂站,可考虑纳入干线保护系统共同保护。

(二)阴极保护数值模拟计算技术

随着电化学和计算机技术的发展,采用数值模拟技术来获取被保护体表面的电位和电流分布,成为阴极保护领域中十分活跃的一个方面,并已在地下长输管道、海洋构件、近海石油平台等场合得到了较好的应用[8-19]。

20 世纪 60 年代,国外学者开始采用有限差分方法(FDM)、有限元法(FEM)来计算腐蚀过程的电位和电流分布。(FDM)和(FEM)的共同特点是必须对全部区域进行网格划分,要想得到被保护体表面的电位分布,首先必须计算出电解质内部的电位分布,因此,计算精度不高、计算量和数据准备量巨大是这两种方法处理三维问题的共同缺陷。80 年代初,国外学者开始通过边界元法(Boundary Element Method)来求解阴极保护电位分布问题。边界元法克服了 FDM 法和 FEM 法数据准备量大的缺陷,成为阴极保护辅助设计中最具广阔前景的数值计算方法;英国 BEASY 公司基于边界元法开发了世界上首套腐蚀及阴极保护模拟软件 BEASY,经过 30 多年的发展,随着边界元计算技术的发展,软件的适用范围、计算精度和速度都在不断发展中,目前 BEASY 软件已在全球拥有多个用户。

我国阴极保护数值模拟技术的研究始于 90 年代,天津大学、天津港湾研究所、天津纺织工学院、大港油田等单位联合开展了区域性阴极保护优化设计的研究;中国科学院上海冶金研究所用有限元法研究了钢质储罐底板外侧、码头钢管桩以及带状阳极保护下埋地管道的阴极保护电位和电流分布。此外,大连理工大学、中国海洋大学、中国石油大学等单位也开展了阴极保护电位数值计算技术的研究,但这些研究尚处于探索阶段,距离软件的商品化仍有一定差距。近年来,北京科技大学对阴极保护电位分布数值计算模型,带涂层金属构件极化边界条件开展了理论研究和测试方法研究[4,5],编写了边界元计算程序,将几何建模、网格划分、边界设置、材料物性设置、计算求解、结果后处理等功能组合为一个整体,开发了国内首套应用于阴极保护数值模拟计算的商业软件——阴极保护数值模拟计算软件(Cathodic Protection Simulation and Optimization Design Software, CP-SOD),并于 2011 年 10 月进行了正式发布,成为国内阴极保护数值模拟计算技术发展的一个标志性事件。

阴极保护电位分布数值模拟方法应用于阴极保护设计,具有以下优势:①阴极保护效果预知性强,保护电位大小和分布一目了然;②阳极地床的位置和数量确定更具理论依据;③能够在模拟阶段充分预测到干扰和屏蔽问题,并可通过在模拟中调整阳极地床分布来消除这些问题,减小了实际施工中的调试和整改工作量。由于实际问题的复杂性,阴极保护电位分布数值模拟准确性要受到多个因素的制约。其中最主要有:①几何模型的准确性,所建立的几何模型和实际的埋地构件分布越接近,计算结果越准确;②边界条件的准确性,要准确地给出计算的边界条件,需要弄清楚所有埋地构件表面的涂层状况,并能给出不同表面状况的构件在土壤环境下的极化特性;但是对于某些区域,如埋地管网众多,建设时间不确定,管道表面状况差异较大区域,若不能准确地掌握地下构件的分布情

况和表面状况，就会影响计算结果的准确性。

(三)阴极保护测试探头和数据远程监控技术

1. 阴极保护测试探头测量技术

阴极保护极化电位作为阴极保护的关键参数，标志了阴极极化的程度，是监视和控制阴极保护效果的重要指标，因此，准确测量极化电位对于保证阴极保护技术的有效实施具有非常重要的意义。通常将参比电极放置在管道上方的土壤表面上进行测量，当阴极保护系统处于通电状态时，所测得的阴极保护电位包含电流在管道和参比电极之间的土壤中流动所产生的电压降即 IR 降，通过瞬间断电测量法可以消除阴极保护系统电流造成的电压降，但无法消除杂散电流所产生的电压降。为了消除这一误差，近年来一种新兴的阴极保护电位测量技术——测试探头测量技术以其独特的优势越来越受到人们的关注[6-7]。我国国标 GB/T 21246－2007《埋地钢质管道阴极保护参数测量方法》中也明确提出："受杂散电流干扰或无法同步中断保护电流的管道，用极化探头测量埋设位置处管道保护电位。"

测试探头的基本结构包含测试钢片、参比电极和电解质几部分，钢片用和管道相同的材质制成，并用导线与管道相连，外部用绝缘体隔离，只留一个多孔塞子(渗透膜)作为测量通路，这样的结构可使参比电极和钢片之间的电阻压降最小。但由于国内外在阴极保护极化探头上的研发起步较晚，相关报道较少，目前市场上可用的产品不多；通过国内外相关资料调研和实际应用发现，国内现有的极化探头产品在结构、性能、寿命及功能方面均存在诸多不足，尚待进一步完善和提高。北京科技大学围绕目前阴极保护测试探头存在的问题，进行了一系列实验研究，系统的研究了探头微渗封端、内置电解液及试片等组件对探头性能的影响，建立了微孔材料孔径、孔隙率与探头寿命的关系；通过调整试片大小和相对位置，消除了极化试片与自然腐蚀试片之间的相互影响。在以上实验研究基础上，开发了新一代阴极保护测试探头，并申请了相关专利，目前该测试探头已经在中国北京天然气管道有限公司、广东大鹏液化天然气有限公司、深圳燃气、重庆气矿等地埋地管线上得到了应用。

2. 数据远程监控技术

传统的阴极保护电位检测方法是由阴保工或巡线员手持万用表或电压表在管道沿线测试桩处逐一进行测量，这种方法费时费力，尤其对于需要长时间连续监测的位置，并且不便于及时发现存在的问题，若将先进的数据远程监控技术应用于阴极保护电位数据的自动检测与传输，将大大提高维护管理水平，节省劳动力。对于远程监控技术，自 20 世纪 80 年代起国内外开发了不同传输技术的阴极保护远程监控和测量的产品，随着地理信息系统及信息传递技术的发展，阴极保护远程监控技术也得到发展。目前采用基于 GIS 的实时监视控制和数据采集系统作为管理的运行管理平台，已在如美国、英国、挪威、丹麦等国家的管道普遍使用。可实现数据记录、设备查询、日常管理确定敏感区域的管道位置，以便发生故障时能及时提供相关的详细资料。

阴极保护信息的传输方式可以简单分为有线和无线两大类，其中有线通信主要包括电力载波通讯、架设光缆、电缆或者租用电信电话线、DDN、ADSL 等，而无线包括短波通信、微波通信、扩频通信、卫星通信 GPS、GSM 短信/GPRS 通信等。在管道行业，由于各管网监控点分布范围广、数量多、距离远，个别点还地处偏僻，因此，架设光缆和铺设电缆的难度较大，不太符合情况。而向电信部门租用专用电话线又要申请很多电话线，而且有些监控点线路难以到达，另外采用电话线路时需要等待漫长的电话拨号过程，速度慢，运营成本较高，总之采用有线通信方式建设周期长、工作难度大、运行费用高，不便于大规模使用。与之相比，无线通信方式则显得非常灵活，它具有投资较少、建设周期短、运行维护简单、性价比高等优点。

为了能够进一步提高阴极保护管理水平，适应数字化管道建设的要求，国内有关单位开发了阴极保护数据无线传输和远程监控系统，并在陕京管道、广东大鹏液化天然气管道、东黄管道等长输管道及北京燃气管网上进行了应用。阴极保护数据无线传输和远程监控系统是集成了阴保检测技术、智能仪表技术、无线通信技术和计算机网络技术等多学科领域的数据监测系统。该系统可完成阴极保护电位的自动检测及预处理、无线数据传输和服务器数据管理等功能，该技术的推广应用对于提高国内阴极保护管理水平具有重要意义。

（四）交、直流杂散电流干扰检测及排除技术

随着中国经济的迅速发展，基础设施的建设逐渐加快，某些基础设施如高压电塔、高速铁路、城市轨道交通等将对油气管道的阴极保护产生很强的交互作用，导致阴极保护受到干扰甚至失效。因此，交、直流杂散电流干扰问题已引起各大石油天然气管道公司的高度重视。

1. 直流杂散电流干扰检测及排除技术

城市地铁、轻轨、高压直流输电线的接地极和阴极保护系统的电流都会对其附近的其他金属结构物及其阴极保护系统造成直流干扰。直流杂散电流在金属结构物上的流入点造成金属结构物的表面电位很负，致使金属结构物涂层剥离或发生氢脆；在金属结构物上的流出点直接造成金属的电解腐蚀，严重威胁到了金属结构物的使用安全及其阴极保护系统的有效性。国内外对直流杂散电流干扰机理及危害认识较早，从 20 世纪 80 年代就开始了直流杂散电流的研究和排除方法的实践应用。近几年来直流杂散电流防护技术的发展主要集中在检测、预测技术上。

检测直流杂散电流要求分辨杂散电流的类型（动态或静态）以及它对埋地结构物的影响。常见的检测量包括电位和电流，对于动态的杂散电流来说，这些测量值会随时间发生变化，而静态杂散电流下则一般为常数。静态的测量相对简单，而动态情况下，杂散电流的量和流动方向以及管道保护电位都会发生较大的波动，动态杂散电流引起的持续波动直接导致了难于正确地测量阴极保护极化电位，因此难于验证阴极保护效果，无法发现系统上的不足并加以完善；此时采用常规的瞬间断电法因无法消除杂散电流干扰而无法满足测量要求，需要埋置测试片或采取多参数监测法来消除 IR 降，但测量精度还是受到限制。近年来，北京科技大学对地铁动态杂散电流干扰下的管道极化电位测试技术开展了研究，通过大量的室内模拟实验和现场试验，研发了抗干扰能力强的阴极保护极化电位测

试探头。将所开发的极化测试探头和无线传输系统结合，建立了埋地管道地铁杂散电流实时监测系统。

直流杂散电流的影响很难从测量中得到全面的了解，特别是受 IR 降的影响以及空间的限制，采用数值计算的方法来研究直流杂散电流的分布及管地电位的动态变化为分析直流杂散电流干扰提供了一个有效途径。目前关于直流杂散电流干扰下电位分布的数值计算国外已有一些相关的研究。Metwally 运用边界元法计算了阴极保护系统所产生的杂散电流对其他金属结构物如套管等的影响，考虑讨论了阳极干扰、阴极干扰、混合干扰和感应干扰四种可能存在的干扰形式[8]。Adey 研究了海上浮式生产储油船的阴极保护系统和海下设施阴极保护系统间的干扰问题[9]。目前国内对于直流杂散电流的数值模拟计算也进行了初步探索，但对于数学模型及边界条件的处理尚待进一步完善。

在地铁杂散电流排除方面最新的进展是，发现了管道原有的牺牲阳极阴极保护系统之间会发生很强的交互作用，杂散电流会通过牺牲阳极流入、流出管道，导致流向管道的杂散电流量增大，干扰程度增强。为了减弱干扰程度，开发了专用的极性排流器，安装于牺牲阳极和管道之间，可大大降低干扰程度。

2. 交流干扰检测和排除技术

近年来，随着国民经济的日益提高，能源工业迅速发展，输电线路和各种油气管线的建设日新月异。2009 年年底，我国已建油气管道的总长度高达 7.5 万 km。随着电力工业和石油工业的发展，高压电力输电线与埋地管道平行铺设的情况越来越多。在某些地区由于环境条件的限制以及路由的择优原则使得管道与高压输电线相邻，形成了“公共走廊”，使管道遭受交流干扰。交流干扰主要包括长期处在的稳态的交流感应电压、交流感应电流等以及输电线路发生故障时产生的瞬态干扰。交流干扰的危害巨大，威胁到工作人员的人身安全、击穿破坏管道防腐层、影响阴极保护系统、加速金属的去极化过程、导致管道的交流腐蚀。在美国、加拿大、澳大利亚等地都报道过交流腐蚀的案例[10]，由于交流干扰对管道危害重大，引起了国际腐蚀领域的广泛关注，目前对于交流腐蚀的研究也越来越多[11-16]。但是由于交流干扰问题的复杂性，要涉及电场、磁场与电化学等多方面的理论，目前国际上对于交流腐蚀的认识仍处于探讨阶段，对于交流腐蚀机理、判断指标以及与阴极保护之间有怎样的相互作用等关键问题依然无法达成共识。随着国际上对交流干扰问题认识及研究的深入，国内对交流腐蚀的认识也在不断进步，同时国内近几年也开展了交流腐蚀机理、交流判断指标以及缓解方案的相关研究，近几年来，国内交流干扰认识和研究的主要进步体现在交流防护标准的进一步完善，交流腐蚀判断指标的更新以及交流干扰缓解方案设计的进步三个方面。

在标准完善方面，即将于 2013 年 5 月份实施的 GB/T 50698—2011《埋地钢质管道交流干扰防护技术标准》是在原行业标准 SY/T0032—2000《埋地钢质管道交流排流保护技术标准》基础上，同时参考了欧洲标准 CEN/TS 15280—2006《埋地阴极保护管道交流腐蚀可能性评估》、美国 NACE SP0177—2007《减轻交流电和雷电对金属构筑物和腐蚀控制系统影响的措施》和 ISO 15589—1:2003《管道输送系统的阴极保护》(第一部分：陆上管道)标准，根据当前工程建设中在管道外防腐层、高压输电线路电压等级等方面的发展变化情况，结合现阶段国内在管道建设方面出现的新需求，为体现当今技术进步和经济发展与对标准的需求相适应的原则，使国内标准与国际标准接轨，对原行业标准在规范结构、条文内容进行了较大的调整和补充、完善。对交流干扰程度的判断、交流腐蚀的识别、调查与测试、监测方面内容，以及减轻交流电和雷电对管道腐蚀控制系统影响的防护技术方面的内容，进行了补充和完善。

检测到交流干扰后如何设计排流地床来将交流干扰缓解到允许的程度，是解决交流干扰防护的关键问题。早期国内交流干扰排流根据经验和简单公式计算设计，这种方法虽简便易行，但误差较大，无法得到长距离管道整体相互影响，容易带来设计不合理的问题。由于交流干扰问题较为复杂，要进行准确的排流设计，需要借助相关软件，交流干扰的计算机模拟技术准确度高，预知性强，可为缓解措施的优化筛选提供量化的依据；目前世界上对于交流干扰预测与排流设计比较权威的软件是加拿大 SES 公司研发的 CDEGS 软件包。该软件包可以进行精确复杂的接地设计、电流分布计算、电磁场及电磁干扰计算、土壤结构分析以及雷电/雷涌等模块。目前国内多家设计公司和研究院所都购买了该软件，该软件在国内的应用对提高设计水平提供了重要的保障。

（五）柔性阳极材料发展

柔性阳极是近些年来开发出的一种新型辅助阳极，主要应用于埋地管道和储罐底部。开发的初衷是为解决旧管道防腐层老化，保护电流变大，传统的保护方法无法解决的地方。通过实践发现柔性阳极应用前景广阔，它对传统的阴极保护方法提出了补充，可以成功地解决一些用传统的阴极保护作不到的问题，如旧管道防腐层差保护电流过高的问题、站内或城市管网的保护、干扰问题、高电阻率问题、罐底电流分布问题，因此越来越受到人们的欢迎。

第一代柔性阳极产品是用导电聚合物制成，把导电聚合物包覆在铜芯上，其结构和外形与电缆极为相似，所以又称缆形阳极；目前已经开发出了基于 MMO（贵金属氧化物）的第二代柔性阳极产品。当前国内工程上应用的柔性阳极多为国外产品，近几年国内专业防腐公司加大了国产柔性阳极的开发力度，目前已经实现国产化，并开发和研制出柔性阳极碳粉灌装生产线，投入批量生产。柔性阳极的国产化打破了国外在该技术产品的垄断局面，推动了国内阴极保护事业的发展。

（六）海洋环境金属结构阴极保护技术的发展

海水是一种强电解质，对钢铁有很强的腐蚀性，为保证安全生产，必须对海洋环境中服役的金属结构物施以适当的防护措施；目前国内外普遍采用涂层和阴极保护联合保护方案来对海洋钢结构进行腐蚀防护。近年来随着海上油气开发的迅猛发展，建造使用的海上石油钻井平台、海底油气输送管线、码头设施、船舶等越来越多，为保护这些金属构筑物和设施免受海水的腐蚀，围绕海洋钢结构阴极保护的数值模拟设计方法、保护电流密度等参数的选取与影响因素以及混凝土结构的外加电流阴极保护技术开展了相关研究和实践应用。

随着海洋石油勘探开发水域越来越深，环境条件愈加恶劣，使用的海洋平台结构更加复杂，传统阴极保护设计的海洋结构保护明显不足，其保护中不仅会使平台的造价大幅度上升，而且并不能相应提高保护的可靠性。在结构复杂的深水导管架中，构件间的相互屏蔽作用比较严重，传统的设计方法常导致欠保护以及过保护部位的出现。近年来，随着计算机应用的发展，应用数值计算技术来对复杂的海洋平台导管架结构进行阴极保护设计得到了迅速发展。中国海洋大学对海洋平台复杂节点阴极保护电位分布的有限元计算方法开展了系列研究[17]；海洋石油工程股份有限设计公司也引进了国外先进的边界元数值模拟分析软件 BEASY，并利用该软件对小型导管架式平台外加电流阴极保护进行数值模拟分析研究和实际应用。

阴极保护电流密度是阴极保护设计中的重要参数之一，在海洋环境阴极保护系统中，影响保护电流密度的一个关键因素是阴极保护电化学反应生成的阴极产物膜（钙质沉积物）的性能，其可起到类似绝缘涂层的作用，能够显著降低阴极保护电流密度的需求，因此，阴极产物膜的形成质量和时间对于海洋钢结构阴极保护设计至关重要。近年来，中国科学院海洋研究所、中国海洋大学等单位围绕钙质沉积物的形成过程、性能、影响因素以及获得致密的阴极保护产物膜所需的阴极保护设计方法开展了相关研究，研究了影响阴极产物膜形成的动力学因素和时效作用，提出了一种新型的牺牲阳极——复合牺牲阳极的开发思路并进行了初步探索[18,19]。该复合牺牲阴极是由内外两种活性不同的牺牲阳极材料复合而成的，外层一般选用具有高驱动电位的阳极材料，内层则选用电容量大、电流效率高的阳极材料。极化初期利用外层高驱动电位金属提供的较大电流尽快完成极化，加速钙质沉积膜的生成，使所需保护电流密度大大降低。进入平稳期以后，具有高电流效率的阳极溶解放电，可以在较低保护电流密度下对钢结构实施长久保护，延长了阳极使用寿命，减少了浪费。尽管该阳极在海洋环境中具有广阔的应用前景，但有需要技术问题尚待进一步研究和克服。

海港码头、跨海大桥、过江桥梁等钢质或部分钢筋混凝土结构的近海港工程设施，均遭受海水或海淡介质和潮湿气氛的腐蚀，削弱其承载能力，影响其规定的设计寿命期内的安全运行。外加电流阴极保护技术是防止氯化物污染造成钢筋锈蚀的理想技术，对新结构和旧有结构都能起到很好的腐蚀控制作用。近年来混凝土钢结构的外加电流阴极保护技术在青岛海湾大桥、天津港北港池集装箱码头、长江边工业港码头等工程上获得了成功应用[20]，为该技术在国内同类工程中的应用奠定了基础。

三、发展趋势

目前，电化学保护技术与多种学科互相渗透，已形成高新技术开发的新局面。随着我国经济建设规模的扩大和不断深入，会对电化学保护技术提出新的要求，将有力促进我国电化学保护科技事业的进一步发展，主要体现在以下几个方面：

1. 先进阴极保护数值模拟计算及数据远程控制技术的进一步完善及推广应用

近年来随着计算机、电子、通讯等学科向阴极保护的渗透，阴极保护数值模拟计算技术和数据远程监控技术发展较为迅速，阴极保护的数值模拟计算技术不仅可以用于阴极保护系统的优化设计、效果评价，还可用于阴极保护电位分布规律的研究以及杂散电流防护方案的制定；阴极保护数据远程传输和控制技术可直接用于阴极保护效果评价和阴极保护系统的维护管理中，这两项技术对于提高阴极保护的设计和管理水平具有重要的意义，但作为新兴技术，在数据的准确性、系统的稳定性、可靠性方面尚待进一步的完善，如阴极保护数模计算的计算边界尚待进一步研究并建立相应的数据库，阴极保护测试探头的结构、功能、寿命、测试准确性尚待进一步研究，无线传输系统的稳定性也尚待进一步完善。在不断进行技术完善的同时，要注重与实际生产的结合，以实际应用中发现的问题作为技术和产品完善的方向，同时利用实际应用来对新技术和新产品进行检验。新技术和新产品的开发只是一个起点，将这些技术和产品真正应用于实际生产中，才能发挥出其应有的价值，故下一步的发展是如何将好的技术在实际生产中推广应用，新技术、新产品的推广应用也将推动我国阴极保护技术的发展和进步。

2. 交、直流干扰判断指标及检测、排除技术的深入研究

据统计，截至 2009 年年底，我国油气管道总长度已超过 6 万千米，在未来十年，中国的油气管道还将得到迅猛发展，新建油气管道预计可达到 5 万千米以上。同时随着国民经济的飞速发展，高速铁路、交、直流输电线路和城市轨道交通的建设速度也会增快，由于我国人口密度大，土地紧张，地理环境复杂，因此，未来交、直流干扰问题将更为突出。对于交、直流杂散电流的判别、检测及排除，我国近年来无论在观念认识上，还是科学研究和实际工程中都有了一定的发展，但围绕交、直流干扰的一些根本性问题，如动态直流杂散电流的判别，交流腐蚀机理以及交、直流干扰的有效排除技术，由于国际上也尚处于探索阶段，我国目前大多参照国外标准、研究结果或推荐作法，没有取得突破性的研究进展，故交、直流干扰腐蚀机理、判断指标以及排除技术，尚待进一步深入研究。

3. 深水环境阴极保护技术的研究

随着我国经济的快速增长，能源需求缺口越来越大，海洋油气能源的探索将成为我国寻求新能源发展的必然选择。目前，国内的海洋资源开发事业刚刚起步，海洋油气资源开发多集中在近海，国内石油天然气公司正将管道和开采系统逐渐转移到远离岸边的深海底部，海洋石油钻井平台也开始由浅海区域渐渐向深海发展。由于深海环境下维护费用是相当高的，因此在这种新环境下有效的腐蚀控制显得更为重要。阴极保护已经广泛应用于海洋环境中的腐蚀控制，由于深海环境和浅海相比，温度、压力、溶解氧含量均有较大差异，根据浅海环境建立的相关经验和标准可能不再适用，而目前尚缺乏深海阴极保护应用经验，给深海环境下阴极保护技术的实施带来了很多不确定性和困难。围绕深海环境下阴极保护实施面临的有效阴极保护准则及电流密度不确定，深水环境耐蚀合金材料氢脆倾向及抑制措施，深水环境下阴极保护的有效监测以及深水环境阴极保护用牺牲阳极材料的性能尚待进一步研究。

4. 容器内壁外加电流阴极保护技术研究

目前国内设备内壁的腐蚀控制技术还不成熟，大部分设备内壁仅依靠涂层防腐，或采用牺牲阳极和涂层联合保护方式，现场应用证明，牺牲阳极阴极技术应用于设备内壁存在牺牲阳极消耗快，保护寿命短，存在保护死角，保护范围有限等问题。因此，探索设备内壁其他更有效的阴极保护方式，成为解决设备内壁腐蚀问题的一个必然选择。在国外已有在中、大型设备上开始应用外加电流阴极保护技术的成功案例，外加电流应用于设备内壁

具有保护电流大、电流连续可调、使用寿命长、阳极类型和分布形式多样，保护效果好等优点。尽管外加电流阴极保护作为一项成熟技术已经在工程实践中得到了非常广泛的应用，但当将其应用于设备内壁时，设备内部腐蚀介质性能和温度、压力等条件对辅助阳极、参比电极等的选型、阳极分布方案、保护参数的确定，以及整个阴极保护系统的耐压密封、安全性能等都提出了更高的要求，这也是设备内壁外加电流阴极保护技术需要解决的关键问题。针对目前国内设备内壁腐蚀严重，而有效防腐技术缺乏的现状，参考国内外强制电流阴极保护技术应用的案例，开展设备内壁外加电流阴极保护技术研究，解决外加电流阴极保护技术在设备内壁应用过程中的关键问题，包括保护电流密度参数的确定、阳极材料的选择、阳极分布方式的确定、电源的选择以及有效的检监测技术等，将成为国内阴极保护领域的一个发展方向。

5. 复合牺牲阳极材料的进一步研发与产业化

对于海洋腐蚀环境，复合牺牲阳极材料与传统牺牲阳极相比，不但可以给钢结构提供更有效的保护，还可以节省大量的牺牲阳极材料，因此，具有非常广阔的应用前景，但目前关于复合牺牲阳极的研究比较少，很多问题尚不太清楚。例如，铸造过程中形成的镁铝界面的电化学性能如何，是否对后面铝阳极的放电产生影响。此外，复合阳极的极化机理和实际的保护效果也需要大量的模拟试验工作来予以证明。

参考文献

[1] 陈航．长输油气管道工艺站场的区域性阴极保护[J]. 腐蚀与防护，2008，29(8)：485-487.

[2] 葛艾天，涂明跃．区域阴极保护在陕京管道厂站的应用[J]. 腐蚀与防护，2009，30(5)：343-345.

[3] 杜艳霞，路民旭，孙健民．油气输送厂站阴极保护相关问题及解决方案[J]. 煤气与热力，2011，31(11)：1-7.

[4] Yanxia Du, Minxu Lu, Liang Dong. Study on the Cathodic Protection Scheme in Oil and Gas Transmission Station Based onNumerical Simulation[C]//NACE 2011, Paper No. 18382.

[5] Liang Dong, Minxu Lu, Yanxia Du, Study on the boundary conditions of coated steel in numerical simulation of cathodic protection systems[C]. NACE 2011, Paper No. 11318.

[6] 杨义军，李文玉，王芷芳，等．极化探头在埋地钢质管道阴极保护的应用[J]. 煤气与热力，2010，30(4)：24-27.

[7] 李秋扬，徐茂霞，王晓东，等．极化电位测试与远传技术在东黄输油老线的应用[J]. 油气储运，2011，11.

[8] Metwally I A, Al-Mandhari H M, Gastli A, et al. Stray currents of ESP well casings[J]. Engineering analysis with boundary elements, 2008，32(1)：32-40.

[9] Adey R A, Baynham J, Jacob R. Comparison between computer model predictions and survey data of interactions between a FPSO and Subsea cathodic protection system[C]//Corrosion2009. Houston, TX: NACE，2009：068.

[10] Hanson H R, Jack S. AC corrosion on a pipeline located in an HVAC utility corridor[C]//Corrosion 2004. Houston, TX: NACE，2004：209.

[11] Reyes T, Bhola S, Olson D L, et al. Study of corrosion of super martensitic stainless steel under alternating current in artificial sea water[C]//Corrosion 2011. Houston, TX: NACE, 2011:341.

[12] Lilleby L S, Olsen S, Hesjevik S M. Effects from alternating current on cathodic protection of submarine pipeliens[C]//Corrosion 2011. Houston, TX: NACE, 2011:055.

[13] Al-Mithin A W, Al-Sulaiman S, Sabri H. The correlation of external corrosion indirect assessment with inline inspection for the crude oil pipelines[C]//Corrosion 2011. Houston, TX: NACE, 2011: 127.

[14] Ormellese M, Lazzari L, Brenna A. Effects of AC-interference on passive metals corrosion[C]// Corrosion 2011. Houston, TX: NACE, 2011:342.

[15] 李自力,孙云峰,刘静,等.埋地油气管道交流干扰腐蚀及防护研究进展[J].腐蚀科学与防护技术,2011,23(5):376-380.

[16] 姜子涛,杜艳霞,董亮.交流电流对 Q235 钢腐蚀电位的影响规律研究[J].金属学报,2011,47(8):997-1002.

[17] 王爱萍,杜敏,陆长山,等.海洋平台复杂节点阴极保护电位分布的有限元计算[J].中国海洋大学学报,2007,37(1):129-134.

[18] 宋积文,兰志刚,王在峰,等.海洋环境中阴极保护设计与阴极产物膜[J].腐蚀与防护,2010,31(4):265-267.

[19] 张克,闫瑞华,孙立娟,等.海洋钢结构阴极保护初始极化问题及解决途径[J].海洋科学,2007,31(7):20-24.

[20] 姜言泉,李伟祥,李超.海洋环境混凝土结构外加电流阴极保护技术应用[J].公路交通科技,2010,27(9):9-14.

撰稿人:路民旭　杜艳霞

腐蚀检监测技术发展研究

一、引言

我国每年因金属材料的腐蚀破坏造成的经济损失已高达数1.2万亿元。材料腐蚀还涉及资源、能源、环境、安全等一系列国计民生的重大社会问题。虽然近年来腐蚀与防护已得到公众较为普遍的关注，相关腐蚀基础研究进一步深化，各种防腐蚀技术全面发展，并广泛应用于对腐蚀进行有效的控制。其中，腐蚀检监测技术作为腐蚀科学和防护技术的学科发展和工业应用的支撑和基础发挥了不可或缺的重要作用。先进的腐蚀检监测技术是认识腐蚀、控制腐蚀的基本手段，也是各种工业设施安全运行的技术保障。在腐蚀电化学监测技术和设备开发领域，我们形成具有自主创新特点的电化学检监测理论、技术和装置。增强国家创新能力，加强本领域的原始创新、集成创新和引进消化吸收再创新。逐步在高端电化学测试仪器、工业腐蚀监测装置以及监测自动化领域形成具有自主知识产权的成套技术和规模化产业。

我们必须注意到：①无论是腐蚀基础问题的实验室研究，还是工业上耐腐蚀材料的研发、防护技术措施的评价、维护维修方案的选定、重大工程结构腐蚀和防护状态的检测和监测、腐蚀倾向性和腐蚀速度的定量跟踪重大工程结构的安全性评估和服役寿命预测，均离不开各种实时、无损、定量的先进电化学检监测技术。②随着科技、经济的发展，人类活动空间的扩展及地球环境的变化，许多复杂体系的腐蚀问题不断出现，譬如石化工业腐蚀、钢筋/混凝土腐蚀、金属/聚合物腐蚀、地下管线腐蚀、深水下材料腐蚀、空间中材料腐蚀、体内腐蚀及核辐射下的腐蚀等复杂体系的腐蚀问题，目前适合复杂体系腐蚀问题的研究方法和测试技术仍相当匮乏。③在过去的20—30年间，我国工业和基础建设进入粗放性的蓬勃发展，由于缺少防腐蚀设计或全寿命设计、防腐蚀工程标准低、耐腐蚀材料缺乏、施工质量低下、防护和维护不到位，将导致今后的20—30年间腐蚀问题大量产生，可能造成更严重的经济损失和社会负担。④虽然当前我国已有多家实验室电化学仪器的制造商和从事工业腐蚀检监测的公司，但总体规模和技术水平仍比较落后，远远不能满足国内实验室和工业的腐蚀检测和监测的需求，目前国内市场仍大量依赖于昂贵的进口技术和产品。据初步估算，我国每年要花费价值上亿元购买进口腐蚀检测和监测仪器和设备。

腐蚀检监测技术是我国能源、石化、水利、交通、海洋等重要工业领域高效、安全、长寿命运行的不可缺少的技术措施和保障。在国家中长期发展规划指引下，应力争在“十二五”期间，在腐蚀电化学监测技术和设备开发领域，形成具有自主创新特点的电化学检监测理论、技术和装置。从增强国家创新能力出发，加强本领域的原始创新、集成创新和引进消化吸收再创新。逐步在高端电化学测试仪器、工业腐蚀监测装置以及监测自动化领域形成具有自主知识产权的成套技术和规模化产业，并极力推广工业应用，将可产生巨大的经济和社会效益。

二、最新研究进展及分析

由于材料在环境作用下的腐蚀破坏是一种自发电化学反应的过程，因此，绝大部分腐蚀检监测技术均离不开电化学原理。随着经济的发展和社会进步，近年来，基于电化学技术而发展的电化学测试系统和工业用的腐蚀检监测仪器也得到发展迅速。实验室电化学研究方法和仪器，包括稳态电化学极化法、暂态电化学极化法、循环伏安法、电化学交流阻抗谱、电化学噪音技术、微电极技术、扫描电化学微探针技术、电化学石英微天平、电化学光谱等已有长足发展，国外若干重要的电化学仪器商已发展各种高端的品牌电化学测试平台或工作站，并快速占据中国市场。而我国自己制造的电化学仪器仍处于绝对劣势，只能充填部分国内低端市场。近年来，随着我国工业的进一步发展和经济结构的转变，人们对高效、节能、环保、安全、绿色的发展模式将更加重视，工业用腐蚀检监测技术和仪器必然具有更加广阔的市场需求，成为一个极具活力的技术市场，电化学传感器及腐蚀检监测仪器在此方面的应用越来越广泛。工业用的腐蚀检监测仪器大部分是基于电化学传感器，即以待测物的腐蚀电化学特性转变成电信号进行测量，电化学传感器主要有：电位型传感器、电流型传感器、电导型传感器以及其他电化学传感器。然而，目前在我国工业用腐蚀检监测技术和仪器的研制、生产及工业应用仍相当薄弱，绝大部分工业应用仍严重依赖进口产品。国内专门生产工业用腐蚀检监测传感器和监测仪器的厂家很少，却有不少国内代理公司从事进口产品的代理、推销等业务。

值得注意的是：我国已有不少高校和研究所长期致力于研制、开发各种工业用腐蚀检监测传感器和监测仪器，并研制成功不少用于石化工业、海洋环境、地下管线、钢筋混凝土结构及大气腐蚀等检监测技术和测量仪器。譬如，天津大学研制成功多种用于海洋环境腐蚀测试的传感器和测试仪器、中科院金属研究所研制成功多种用于在线监测石化工业设备腐蚀的实用技术和测试仪器、华中科技大学研制成功用于在线监测石油管线腐蚀的测试系统、厦门大学研制成功多种用于监测钢筋混凝土结构腐蚀破坏的多功能传感器和测量系统、厦门大学和北京化工大学分别研制成功基于电化学多重循环极化法和特征频率交流阻抗法的有机涂层下金属腐蚀的工业实用性测试仪器。然而，由于我国总体工业实力较弱，高端技术水平低，特别是技术转化环节薄弱，长期以来政策导向和投入不足，使得实验室科研成果难以转化为产品，更难以实现市场化和实际效益。目前我国已有多家中小型企业致力于研发、生产、推销电化学工作站，专用腐蚀电化学研究的工作站还很少。总体上我国腐蚀电化学高端仪器和工业用腐蚀检监测技术尚无法参与国际竞争，这种局面导致近年来我国对进口腐蚀电化学仪器依赖度居高不下，国内腐蚀电化学仪器与国外产品的差距继续拉大，加强发展我国腐蚀电化学高端仪器迫在眉睫。高性能、高可靠的工业用腐蚀检监测技术和仪器市场也同样被国外产品所控制。当前，国家对于科学仪器和工业监测控制仪器的自主研发进一步高度重视，并投入数十亿元的科研经费开展研发和产业化，这将为国内腐蚀电化学仪器，工业用腐蚀检监测技术和仪器的研发提供一个难得的发展机遇，同时，也要意识到竞争也非常激烈，任重而道远。

(1)未来的腐蚀电化学仪器和工业用腐蚀检监测技术应该朝向多功能、高性能(包括高时间分辨和空间分辨技术)、高可靠、智能化、信息化发展,能够满足不同的科研和工业需求,并能获取多方面的腐蚀监测信息。不论是实验室研究,还是工业腐蚀监测都要求长期运行的可靠性。智能化和信息化必然是未来腐蚀电化学仪器和工业用腐蚀检监测技术的主要趋势,包括测试数据分析、利用数据库和专家系统的推理、判断、构思、决策。此外,远程腐蚀监测、无线网络传输、网络测试及云测试等也是今后重要的发展方向。

(2)腐蚀电化学仪器和工业用腐蚀检监测技术要主动融入国家重大工程。随着国家经济的大发展,各种大型石化、海洋工程、核电、跨海大桥、海底隧道、油气输送管线、水利工程等不断上马,重大工程腐蚀检监测技术的早期设计将必然取得高效和低成本的效果,在工程进行的不同阶段,通过腐蚀检监测技术对于工程材料的研发、防护技术措施的评价、维护维修方案的选定、工程结构腐蚀和防护状态的检测和监测、腐蚀倾向性和腐蚀速度的定量跟踪,以及重大工程的安全性的评估和服役寿命的预测,均离不开对腐蚀实时、无损、定量的检测和监测。

(3)腐蚀电化学仪器和工业用腐蚀检监测技术不仅要不断创新,发展新的测量原理和新的发展方法,还特别要善于应用现代各种传感器技术、电子技术、信息技术、数据分析、图像技术等,不断提高腐蚀电化学仪器和工业用腐蚀检监测技术的功能和性能,树立精品意识和品牌意识,努力在高端产品和高附加值产品中占据重要地位,并逐渐获得国内市场的认可,改变当前严重依赖进口产品的不利局面。中国的腐蚀电化学仪器和工业用腐蚀检监测技术应有足够的信心,发挥我们技术和价格的优势,在不久的将来能在国际市场占有一席之地。

三、发展趋势与展望

1. 高端电化学测试平台或工作站

所谓高端的电化学测试平台或工作站,即集合了多种电化学测试技术于一体,性能进一步优化提高,能满足实验室所有的腐蚀电化学测量,主要有一般电化学研究工作站、腐蚀电化学工作站及扫描电化学工作站。目前国际上几家品牌专业公司的产品占据了中国绝大部分的市场。值得注意的是,从实验室研发的电化学测试技术转变为商品的时间大大缩短,国际腐蚀电化学仪器商均争先搜集各种新技术,实现产品化,强占市场。多功能、高性能(包括高时间分辨和空间分辨技术)、高可靠、智能化、信息化发展将是高端腐蚀电化学仪器和工业用腐蚀检监测技术的发展方向。共主要方向包括:①先进的腐蚀电化学工作站;②先进的扫描电化学工作站;③电化学扫描隧道显微镜/扫描电化学显微镜/扫描SKP探针;④高带宽电化学工作站;⑤腐蚀综合测试、数据分析及寿命评估系统等。

2. 石化工业腐蚀监测

随着高压含硫、含二氧化碳天然气的陆续开采,对油气田的安全性能,提出了更高的要求,腐蚀监测作为腐蚀防护的一项基础工作越来越受到油气生产企业的关注和重视。油气田完整性管理的核心问题是管线和设备的腐蚀,特别是局部腐蚀的监测与控制。然而,对于油气田这样复杂的腐蚀系统,至今没有一种监测技术能够提供足够充分的腐蚀信息。此外，随着超深地层（>4000m）和低渗透储量油气资源的开采，井下高温高压环境中，CO_2 和 H_2S 可造成油气井的严重腐蚀，因此实时监测井下腐蚀速率、腐蚀电位以及井下缓蚀剂效率，对维护油气井安全生产具有重要意义。

此外，随着高酸、高硫原油的开采，炼化企业由于原油腐蚀造成的安全问题时有发生，造成严重的经济损失和环境污染。要控制运行风险，必须及时掌握各装置的实时工艺参数及腐蚀信息。然而，炼化装置系统复杂，不同装置的材料、工作介质、工艺参数和腐蚀机理差别很大。这可能包括全面腐蚀、缝隙腐蚀、点蚀、SCC、氢损伤、磨损腐蚀等多种腐蚀形态。要对设备的安全状态进行评估和诊断，需要根据不同的腐蚀形态来选用合适的在线腐蚀监测方案。

其主要发展方向包括：①高温高精度电阻探针，②高温高压井下腐蚀监测技术；③高温高灵敏度氢通量监测技术；④在线 FSM 指纹电流腐蚀监测技术；⑤基于谐波分析的局部腐蚀监测技术。

（1）高精度电阻探针（ER）。

电阻探针腐蚀监测技术是通过测量金属敏感元件（金属丝或金属薄片）腐蚀过程中，由于金属丝或金属薄片逐渐减薄所造成的微小电阻值的增加，来实现腐蚀速度的在线监测。由于其测量原理是基于欧姆定律，因此适用于包括气相、液相、固相和流动颗粒等多种油气田介质工作环境，具有其他腐蚀监测技术所没有的优势。

高精度电阻探针技术依赖于精密电压信号的测量（分辨率要求 $1\mu V$），然而由于温差电势和接触电势对电阻探针敏感元件的影响，温度波动引起的微电压信号变化甚至超过了腐蚀因素。当被检测介质的温度波动剧烈时，可导致腐蚀速率测量精度急剧下降，即使采用自动温度补偿技术，也无法完全消除接触电势差。所以，大多数工业电阻探针监测精度只有探头敏感元件使用寿命的 1/1000－1/500，当腐蚀速率较低时，这样的分辨率无法灵敏反应腐蚀速率的快速变化。因此，必须研究提高电阻探针腐蚀监测精度的方法和相应的影响因素，当前可通过交变电流激励，借助换向电流测量，以降低探针内部接触电势给腐蚀测量带来的干扰，大幅度提高电阻探针腐蚀速率测量精度。

（2）高温高压井下腐蚀监测技术。

相对于地面管线，油气井井下管柱腐蚀监测技术主要依靠测井作业检管、产出水比色测定等方法。测井作业检管对腐蚀状况只能定性判断，无法定量测量腐蚀速率。产出水比色测定虽然能定量判断，但误差高，数据可靠性差，且无法知道井下腐蚀速率随井深的变化趋势。

深井恶劣条件下的在线腐蚀监测，可用于实时监测井下腐蚀速率、腐蚀电位和温度等参数。通过数据回放，可实时显示各参数在不同井深的变化趋势，以及缓蚀剂随井深和井温变化的缓蚀效率。根据井下腐蚀监测结果可对缓蚀剂加注工艺进行应用评价，并优化综合防腐路线，促进井下防腐蚀技术的推广应用。

井下腐蚀监测可采用电化学阻抗（EIS）和电阻探针（ER）两种独立技术，监测装置应采用集供电、存储、腐蚀测量于一体的黑匣子式井下腐蚀监测方案。由于井下的高温高压环境，要求所有电子器件能耐 140－150℃的高温，其中的模拟器件还必须在高温下具有偏流小、偏压低、温漂系数小的特点。考虑到监测装置的运行可靠性，井下监测数据应通过铠装电缆实时上传到地面监测系统，同时井下监测装置内部还可集成高温电池和高温数据存储器，用于测试数据备份。井下腐蚀监测探针可以附着在各式钢质电缆线上，以便在测井开始时把经核准的运行工具装入生产井，而在测井结束后再从井下回收，选择适当的下载器和钢制电缆可以把腐蚀监测装置置于井内任何深度。

井下腐蚀监测装置可与地面腐蚀监测系统集成，构建数字化的油气田腐蚀监测与管理系统，用于油气田的安全开发与完整性管理。

(3)高温氢通量监测技术。

氢探针(Hydrogen flux probe, HFP)是通过检测腐蚀反应还原生成的原子氢渗入金属中的流量，以监测金属的腐蚀速度和应力腐蚀开裂的危险性。在酸性环境中，管线内壁腐蚀产生的原子氢难于在金属表面复合形成 H_2 逸出，而是倾向于向金属内部扩散，从而导致应力腐蚀问题。通过监测金属中的氢氧化电流，可以测量管道内壁的氢生成速率和腐蚀速率。目前有 3 种类型的氢探针：压力型(pressure hydrogen probe)、真空型(vacuum hydrogen probe)和电化学型(electrochemical hydrogen probe)，并已广泛应用于实际现场的在线监测。其中压力型和真空型氢探针只能测量一段时间的平均氢流量，需要定期泄压或抽真空，所以难于实现自动连续不间断监测。而电化学型氢探针可连续在线监测实际管道上的氢扩散流量，而且灵敏度高、响应速度快，更适合自动监测。

影响氢探针腐蚀监测结果准确性的因素众多(诸如温度、管壁厚度、安装部位、进入金属的原子氢分数等)，造成氢通量与腐蚀速率的相关性存在较大的误差，这也是阻碍氢探针在工业腐蚀监测中推广的一个主要障碍。此外，高温(150－400℃)环境下的电化学氢探针腐蚀监测技术的适用性差，由于高温下水性电解质已呈现不稳定状态，因而高温下的电化学氢探针的可靠性显著下降。为此，需要研究新型的固体电解质或离子液体型电解质来提高电化学氢探针的高温适应性。

(4) FSM 指纹电流腐蚀监测技术。

电指纹法(Field signature method, FSM)是基于欧姆定律的一种方法，通过在管道外周布置多组电极，监测在激发电场下，管道表面电位及电流分布图来判断管道的腐蚀状态。FSM 可将不同时刻的电位分布图与腐蚀初始分布图相比较，这些初始值代表了管道或部件的最初几何形状，当腐蚀发生后，部件表面的电位图形发生改变，通过对图像数据的解析，可计算出管壁厚度，并可对局部现象进行监测和定位。与传统的腐蚀监测方法(探针法)相比，FSM 在操作上没有元件暴露在腐蚀、磨蚀、高温和高压环境中，没有将杂物引入管道的危险，不存在监测部件损耗问题，在进行装配或发生误操作时没有泄漏的危险。FSM 可获得全面腐蚀和局部腐蚀的信息，其精度可达到管壁的 1/1000。然而，FSM 腐蚀监测方法数据解析复杂，价格昂贵，此外导电性腐蚀产物(如硫化物等)的存在，也会能影响监测结果，降低腐蚀速率测量精度。改进 FSM 测量方法的研究应着重在电位图形的新算法，以及校正导电性腐蚀产物对电位分布图的畸变效应等方面。

3. 电厂(核电)腐蚀失效监测

凝汽器管腐蚀损坏已成为影响高参数大容量发电机组安全运行的主要因素之一。据统计，国外大型锅炉的腐蚀损坏事故中，大约有 30% 是由于凝汽器管的腐蚀损坏所引起的。凝汽器管损坏的直接危害除凝汽器管材本身的损失外，更重要的是冷却水漏入凝结水，造成炉前系统、锅炉、汽轮机的腐蚀与结垢。由此所造成的更换水冷壁管、降低锅炉热效率、减少机组运行时间及降低汽轮机的出力和效率，其直接和间接经济损失，每年一台机组可达数百万甚至上千万元。因此，防止凝汽器管的腐蚀损坏是保证机组安全经济运行的一项重要措施。

尤其是，随着我国核电建设进入高峰期，核电站安全受到国内外普遍关注和高度敏感，对核电站安全运行提出了更高的要求。有鉴于此，电厂（核电）在线腐蚀检监测技术作为电厂安全运行的基础和保障，日益引起核电及大型电厂，甚至政府机构的高度关注和重视。

主要技术有：①电化学噪声腐蚀监测；②现场交流阻抗腐蚀监测；③电偶腐蚀监测；④长寿命腐蚀监测探针。

（1）电化学噪声局部腐蚀监测技术。

电化学噪声（Electrochemical noise，EN）是指腐蚀系统的电位或电流随机非平衡波动现象。腐蚀电化学噪声监测技术是一种真正的原位无扰动腐蚀监测技术。通过分析EN的时域或频域谱图或特征量，可以监测、判断诸如全面腐蚀、孔蚀、裂蚀、应力腐蚀开裂等多种类型的腐蚀，是唯一可以方便实施的局部腐蚀在线监测技术，也是唯一能够在局部腐蚀（如点蚀）开始孕育的早期，就能够获取其特征信息的监测方法，这对局部腐蚀监控的早期介入和效果评价具有十分重要的意义。但是由于EN是一个新发展的监测技术，仍需进行许多基础性研究和技术开发工作。研究的重点应该包括：局部腐蚀特征谱积累，特征谱的自动提取和识别，现场监测数据的有效管理，现场微弱检测信号和环境噪声的分离，以及在多相系统中可实现灵敏监测的噪声探针设计等。

（2）线性极化腐蚀监测探针。

线性极化（Linear polarization resistance，LPR）是应用时间最长的工业腐蚀监测技术之一，能快速地反映全面腐蚀状态变化的趋势，但不能提供局部腐蚀的信息。氧化膜或钝化膜甚至腐蚀产物的堆积，可能产生假电容而引起很大的误差，甚至无法测量。特别是它不适于在气相和导电性差的液相介质中应用，因此无法监测多相流系统的腐蚀。LPR采用直流或三角波对被测电极进行极化，测量过程容易受到外部交流干扰的影响，需要可靠的低通滤波技术来消除外部干扰，以提高LPR技术的测量精度和稳定性。

（3）现场交流阻抗腐蚀监测。

交流阻抗探针（AC impedance，ACI）技术是线性极化技术的继续和发展，在理论上它适合于多种体系。它不但可以求得极化阻力 R_p、微分电容 C_d 等重要参数，而且还可用于研究电极表面吸附、扩散等过程的影响。交流阻抗技术采用小幅度的正弦波信号激励，不会引起被测电极的大幅度极化，对材料的自然腐蚀状态影响小；同时，由于交流阻抗采用数字锁相环技术，抗干扰能力强、测量数据稳定，特别适用于强干扰环境的工业腐蚀监测。基于交流阻抗的腐蚀监测技术，对于大多数腐蚀体系，只需要测量高、中、低频等几个频率点的阻抗，然后借助于快速拟合算法，直接计算出介质电阻，极化电阻和双层电容，因此特别适用于低电导率的电厂循环水系统腐蚀监测。但交流阻抗技术需要导电性介质支持，不适于监测气相或油相的金属腐蚀，需要研究新型的腐蚀监测探头，包括平板型或栅格型气相腐蚀监测探头。

4.钢筋混凝土结构腐蚀监测技术

大型基础设施，如跨海桥梁、高速公路、高铁、机场、地下隧道、码头、海洋工程、堤坝、沿海建筑等钢筋混凝土结构的腐蚀与保护是一个十分重要的课题。尤其是侵蚀性介质对钢筋混凝土结构的腐蚀破坏相当迅速，以致使用 5—10 年后，为保持其结构功能和安全不得不花费大大超过结构本身的造价维修费用。据国外专家估计，由混凝土和钢筋混凝土锈蚀造成的经济损失占国民经济的 1.25%。钢筋锈蚀现象在我国普遍存在，一些重要工程的安全性还直接关系到人们的生存环境甚至是生命安全，其间接损失难以估计。近年来，我国对钢筋混凝土的耐久性和安全性更加关切，并提出了更为严格的要求。

虽然有关钢筋在模拟/真实混凝土环境中的腐蚀机制研究不少，但对于在役混凝土结构健康监测，特别是与之密切相关的钢筋局部腐蚀缺陷的在线监测，以及各种防腐蚀措施的有效性评估在理论和工程上还面临许多问题。钢筋混凝土在线腐蚀监测方法必须适用于钢筋网格(工作电极)面积巨大的特点，需要采用精确的电流约束方法，将极化电流约束在限定区域，才能得到较准确的腐蚀速率信息。其次，现场腐蚀监测方法还必须能自动补偿混凝土的高介质阻抗。特别值得注意的是，由于钢筋在混凝土中腐蚀破坏过程属于典型的复杂腐蚀过程，多种影响因素交互作用，单一的腐蚀参数难以正确评价钢筋在混凝土中的腐蚀倾向和腐蚀速度，必须同时获取多方面信息，才能精确评价结构工程的腐蚀行为、安全性及服役寿命。

混凝土腐蚀监测的主要技术有：①基于护环电极补偿的电化学极化；②现场电化学阻抗测试；③恒库仑极化；④埋入式光纤参数诊断；⑤多功能腐蚀探头电化学测量技术等。

(1)基于护环电极的钢筋锈蚀在线测量。

大型钢筋混凝土结构内的钢筋锈蚀状态监测，可利用电化学阻抗、护环电极技术、电化学噪声以及微区电位/电流扫描等技术，通过现场测量来判断混凝土中钢筋局部腐蚀发生位置、严重程度和阻锈剂防蚀效果。为现役混凝土结构工程的耐久性、防护方法有效性和剩余寿命预测提供基础数据。

然而，在混凝土结构腐蚀监测中，由于所有钢筋互联在一起，当将钢筋作为工作电极施加电化学极化时，由于电流分布随离辅助电极的距离而逐步降低，因此钢筋的实际极化面积无法确定，导致测量的腐蚀速率出现偏差。为了获得较真实的钢筋腐蚀速率，可采用电流约束(护环电极)技术将极化电流限制在指定区域。

护环电极技术可使辅助电极的极化电流精确限制在其投影区域，达到精确测量腐蚀速率的目的。然而由于钢筋锈蚀状态的不同，且混凝土内电流分布的不均匀，采用混凝土表面电流的补偿技术很容易出现过度补偿或欠补偿引起的测量误差。因此有必要研究钢筋混凝土腐蚀监测的智能补偿技术，如根据混凝土电阻率和开路电位确定护环电极电流的补偿系数，以提高混凝土结构内钢筋锈蚀速率的测量精度。

(2)恒电量腐蚀监测技术。

恒电量法测试技术是一种瞬态电荷脉冲张弛法，可用于快速电极过程、吸附动力学的研究测量和高阻体系的快速腐蚀测量。恒电量法是在没有任何净电流通过的开路条件下进行的。作为一种断电松弛技术，其测量过程不受溶液介质电阻的影响，适合于在高阻介质中的快速测量。同时，由于电位的衰变是双电层中贮存的注入电荷因腐蚀反应消耗所致，所以不存在法拉第电流和双电层充电电流的竞争，因而双电层电容 C_d 不干扰测量过程；此外，恒电量测量的过程很短，对测试系统扰动小，重现性(特别是极化电阻 R_p 的重现性）好。

但是，恒电量法特别是在现有恒电量腐蚀快速测试系统设计中，尚存在着一些局限性和问题。例如：①高的溶液介质电阻将延迟电量传送到电解池的时间，影响测量过程；②电量注入电解池的瞬间，会出现瞬时高电压，容易使测试放大器过载；③应用范围的理论界限含混不清；④等效电路模型特别是含有溶液电阻的模型的电位响应研究较少，同时，现在常用的 Tafel 常数的测试和解析方法可能产生较大误差；⑤测试操作的自动化智能化水平(特别是使用者较难确定的极化电量和采样时间间隔)较低。为此需要从以上多个方面来改进现有恒电量腐蚀监测技术的可靠性。

(3)多功能腐蚀检监测技术。

由于钢筋/混凝土复合体系的腐蚀破坏过程与传统敞开体系的裸金属腐蚀过程有诸多显然不同的特点和复杂性：①钢筋在混凝土中的腐蚀过程的本质是电化学反应，但混凝土在宏观和微观层次上均属非均质、多孔、多尺度的材料，混凝土内部的 O_2、水、pH 值、Cl^- 及盐浓度等呈时空的不均匀分布，钢筋在混凝土中腐蚀破坏过程总是存在各种微观腐蚀电池和宏观氧浓差电池，微电池与宏电池相互偶合、交互作用，使得腐蚀过程异常复杂。②钢筋在混凝土中的腐蚀破坏必然发生在钢筋/混凝土界面，钢筋/混凝土界面状态是决定钢筋腐蚀倾向性和腐蚀速率的核心。在钢筋/混凝土界面结构中，气一固一液三相共存，界面化学微环境，如水分、溶解氧、pH 值、侵蚀性离子及各物种浓度分布等对钢筋表面微观腐蚀电池的发生、发展或终止起到关键性的作用。③钢筋在混凝土中的腐蚀过程，混凝土扮演着保护层和环境电解质的双重作用，但混凝土是一种化学活性物质，一些环境介质进入混凝土相可与混凝土中的组分发生化学反应，并产生新的腐蚀性物种，从而对钢筋腐蚀产生复杂的交互和重叠作用。混凝土的物理化学特性及传输行为在服役环境中呈动态变化，从而可直接影响钢筋/混凝土界面状态及腐蚀破坏过程。④钢筋在混凝土中的腐蚀过程是在相当闭塞的几何条件，即在传输过程严重受限条件下进行的，其腐蚀动力学规律性与敞开体系显然不同。钢筋/混凝土界面微化学环境对于钢筋表面钝性或活性腐蚀关系密切，而界面微化学环境又依赖于混凝土相物化性能和服役环境。⑤由于混凝土相的高阻、多尺度非均质、气一固一液三相共存、化学活性动态变化等特点，使之可同时发生多种形式的腐蚀破坏，腐蚀过程复杂。对于这样异常复杂的腐蚀体系，只测量单一的钢筋腐蚀参数显然不能全面、正确地评价钢筋混凝土结构的腐蚀状态和趋势。

进一步探明钢筋/混凝土界面物理化学环境与电化学腐蚀状态对应定量关系、研制埋置式可同时检测钢筋/混凝土 pH 值、Cl^- 浓度、E_{corr}、I_{corr} 等关键参数的复合型传感器、研制工业现场原位检测和远程监测传输的钢筋/混凝土结构腐蚀监测系统等将是钢筋混凝土结构腐蚀控制和监测的一个主要发展方向。

5. 自然环境(大气)腐蚀监测

大气腐蚀在线监测主要采用 Kelvin 探头参比电极技术，通过扫描薄液膜下金属表面电位分布，测量金属表面的局部腐蚀。Kelvin 探针采用非接触测量技术，不干扰测定体系，且对界面状态变化敏感，但 Kelvin 扫描技术不适用涂膜下或水溶液中的腐蚀测量。

由于设备复杂，Kelvin 探针也很难用于现场腐蚀监测。

当前飞机和船舶的大气腐蚀在线监测，多采用内嵌多电极的汽相探针进行，通过电极表面凝结液膜的微导电通道，借助交流阻抗测试方法，可实时监测大气腐蚀形态。

大气腐蚀监测的主要领域包括：①现场扫描 Kelvin 探针装置；②薄液膜气相电极技术；③局部电化学阻抗扫描监测技术；④各种大气腐蚀传感器；⑤图像分析技术等。

6. 外加电流/涂层保护技术评价

重要工业设施的腐蚀控制仍主要采用有机覆盖层（涂层）加阴极保护的方案。但采用传统的阴极保护电位标准无法补偿 IR 降的影响，为此，长输管线的阴极保护电位需采用 GPS 授时技术，在严格的断电时序下进行保护电位测试。此外，阴极保护系统即便使用断电测量法消除了 IR 降的影响，但仍然无法避免杂散电流对管线的腐蚀。针对杂散电流腐蚀，工业上还需测量被保护装置上的交流信号频率、幅值和均方根等。

电化学阻抗已广泛用于研究涂层下的金属腐蚀行为，根据涂层介电常数来计算涂层含水率，并进一步对涂层的破坏因素和寿命做出预测。美国已制定了用 EIS 评价涂层的 ASTM 标准。然而由于没有适于现场的便携式阻抗测量仪，对现场施工涂层质量和老化的快速检测尚缺乏可靠的方法和评估手段。

外加电流/涂层保护有效性评测研究方向：①GPS 同步的远程遥控断电电位测试技术，②脉冲阴极保护技术及检测；③阴极保护的分布及保护度评价；④工业现场快速评测涂层耐腐蚀性及老化程度；⑤现场涂层诊断和评价方法。

7. 海洋腐蚀及检监测技术

海洋环境是腐蚀性最强的自然环境，海洋腐蚀灾害向来十分严重。随着沿海城市经济的高速发展、海洋开发规模的扩大及世界海洋资源竞争的激化，海洋腐蚀与防护已成为国内外海洋开发利用必须解决的关键和热点问题。但目前尚普遍缺乏先进、实用的向海洋工程结构腐蚀与防护的检测和监测技术，难以获得海洋工程结构腐蚀与防护状态的实时、原位数据，从而限制了耐腐蚀海洋工程结构材料和先进的防腐蚀技术的发展，同时，对工程防护质量保证、结构防护和修复、安全性评估及寿命预测等缺乏可靠的实验依据。为了评价各种工程材料在海洋环境中的耐腐蚀特性、进一步发展先进的海洋工程结构材料保护技术、实时监测大型海洋工程的防腐蚀状态，确保海洋工程结构的安全运行、长寿命服役，保护海洋环境，减少海洋工程的维护维修费用，亟须发展多种综合性先进技术对海洋工程结构包括钢筋混凝土结构、海水中钢结构阴极保护系统、涂层下钢结构、浪花飞溅区、深海钢结构等腐蚀与防护状态进行实时、无损、定量检测和监测。

8. 腐蚀检监测远程自动化

基于无线通讯的分布式腐蚀监控系统，可极大地提高腐蚀监测的自动化水平。通过对油气管线、港口、桥梁等设施的腐蚀与防护状态进行实时监测，管理人员足不出户就可以随时从终端上了解到设备腐蚀状况，一旦出现故障，中央监控系统即会报警，提示用户及时处理。

由于无线监测无需沿线铺设电缆，相比传统网络在设备添加、升级、扩展上具有更大的开放性和灵活性，可大幅度减少施工费用，降低监测成本。基于无线商用网络（GSM/

GPRS 或 CDMA)的远程监测系统特别适用于作业点分散于野外、环境恶劣、需要无人值守远传控制的地区。

远程腐蚀监测系统还可结合三维地理信息,实现现场装置腐蚀状态的生动表示。同时系统还应具有智能化的腐蚀监测/预测功能,并根据监测结果实时报警。

腐蚀监测自动化研究方向:①分布式现场腐蚀监测数据库与腐蚀预测;②基于现场腐蚀数据的安全状态及剩余寿命评估。

(1)分布式现场腐蚀监测网络。

当前,油气生产企业对于腐蚀监测技术要求越来越高。传统的现场腐蚀监测大都采用离线方式,其测量结果一般保存在设备缓存中,需要管理人员通过专用采集器定期到现场读取数据,石油企业作业点分散,各种管线、阀门较多,这种方法显然要消耗大量的人力物力,而且不能保持监测数据的实时性。

跨海大桥、海底隧道、港口码头及核电设施等钢筋混凝土结构遭受海水侵蚀破坏,其腐蚀监测系统同样由于监测点多、分散,采用人工巡检因工作量太大而难以有效实施。

随着监测自动化和网络化技术的进步,在腐蚀监测领域也开始逐步实现远程监控。各腐蚀参数和其他物理量(如温度、压力、流量)的数据采集采用分布式远程监控(DCS)技术,通过有线或无线通讯网络,将现场数据及 GPS 地理信息上传到中央数据库管理系统,方便业主随时了解现场状态。通过集成专家系统或预测工具,使用户能实时了解并预测腐蚀发生和发展趋势,评估结构或装置的腐蚀损坏程度、耐久性和安全服役寿命,一旦出现异常能及时报警并可在远程进行指挥调度和调整。腐蚀数据库也可集成到第三方管理软件平台上(ERP、CRM、SCM 等),为管理层从管理学和经济学角度全方位掌握设备运行状态提供依据。

目前的腐蚀监测网络可分为有线和无线两大类。有线网络可借助光纤或租用电信专线并利用 Modem 组建,而基于无线通讯网络的远程监测,可借助无线数字电台、专用无线数据传输系统或借用 CDPD、GSM、CDMA 等公用网信息平台等方法来组建。

腐蚀监测网络包括现场腐蚀监测设备、无线数据收发器和监控中心(软件),监控中心采用 Browser/Server 模式,确保授权用户能通过 Internet 网络对监测数据实施远程访问。所有数据和测量参数均可以通过 GSM、CDMA 移动网络上传到远程服务器中,实现测量数据或曲线的远程浏览和监测设备远程控制。

(2)腐蚀监测数据库及剩余寿命评估。

腐蚀监控中心服务器的中央数据库,可对收到的数据进行整理储存,产生相应的报表和指示。并可开发分析决策模块,判断要监控对象的工作状态(如是否正常工作,有何异常事件),并对该情况做出相应指令,传回数据终端侧执行,或通过短信发送给管理和维护人员。从而实现对现场设备运行状态的实时监控,数据在人员、控制中心和设备间的互通互传,使技术人员和管理人员可随地随时得到每个监控点的腐蚀数据,并及时响应处理。

腐蚀监测数据库采用基于浏览器的前台应用程序 B/S 远程访问模式,并能将授权用户需要的数据按用户要求格式输出(显示或打印),通过神经网络或其他预测算法,实现腐蚀趋势预测和安全预警功能。腐蚀数据库还可与专家系统实现接口,对设备管线的完整性和运行的可靠性做出判断,借助安全评估软件,还可对设备的剩余寿命进行评估。

参考文献

[1] 柯伟. 中国腐蚀调查报告[M]. 北京:化学工业出版社,2003.

[2] 万惠霖. 固体表面物理化学若干研究前沿[M]. 厦门:厦门大学出版社,2006.

[3] 梁文平. 新世纪的物理化学学科前沿与展望[M]. 北京:科学出版社,2004.

[4] 曹楚南. 腐蚀电化学基原理[M]. 北京:化学工业出版社,1985.

[5] 田昭武. 电化学研究方法[M]. 北京:科学出版社,1984.

[6] 吴荫顺. 金属腐蚀研究方法[M]. 北京:化学工业出版社,1993.

[7] 胡会利,李宁. 电化学测量[M]. 北京:国防工业出版社,2007.

[8] 贾铮,戴松元,陈玲. 电化学测量方法[M]. 北京:化学工业出版社,2006.

[9] Yang L T, Sridhar N. Coupled multi electrode array systems and sensors for real time corrosion monitoring— A review[C]//Corrosion. Houston, TX: NACE Intemational,2006.

[10] Cotti R A. Simulation of electrochemical noise due metastable pitting[J]. Corr. SCi. Eng., 2000(3): 4-6.

[11] Tan Y J, Aung N N, Liu T. Novel corrosion experiments using the beam electrode (I)—Study electrochemical noise signatures from localized corrosion process[J]. Corrosion Science, 2006(48): 23-38.

[12] Rong-Gui Du, Rong-Gang Hu, Ruo-Shuang Huang ,et al. In-situ Measurement of Cl^- Concentrations and pH at the Reinforcing Steel Concrete Interface by combination sensors[J]. Analytical Chemistry, 2006(78):3179-3185.

[13] Shi Gang Dong, Chang Jian Lin, Rong-Gang Hu, et al. Effective Monitoring of Corrosion in Reinforcing Steel in Concrete Constructions by a Multifunctional Sensor[J]. Electrochimica. Acta., 2011(56):1881-1888.

撰稿人:林昌健　董泽华

新型功能材料腐蚀与防护发展研究

一、引言

现代科技进步和社会发展每年都会产生许多新材料，特别是新型功能材料的开发和应用日益广泛。新型功能材料中尤其以电子信息材料、生物医用材料、铁性功能材料、纳米材料和能源材料具有代表性。传统的结构材料在服役过程中都承受着一定外加应力，因而会发生由于环境因素导致的各种腐蚀问题或者滞后开裂，使得材料过早失效甚至产生灾难性事故。这些新型材料在服役过程中有时没有外加载荷，是否也会发生腐蚀问题或者滞后开裂呢？近年来的研究表明，传统材料的腐蚀问题在功能材料上也有其特有的表现形式，这使得“腐蚀”概念得到了进一步深化和拓展。本报告以铁性功能材料、纳米材料和生物医用材料的腐蚀为例，介绍讨论了这些新型功能材料的腐蚀进展，及对传统腐蚀概念的深化和拓展趋势。

二、铁性功能材料

微电子和微机械系统中使用的智能材料，铁电陶瓷材料大约占 70％。随着铁电陶瓷材料的大量应用，其服役安全可靠性已成为科技界和工业界研究的焦点。铁电陶瓷及其器件在制备和使用过程中可能与湿空气、水或油等相接触，同时可能会受到电场、应力及环境介质的耦合作用。由于铁电陶瓷是一种化学惰性材料，在介质中一般不存在电化学作用，但是在应力和环境介质的协同作用下有可能会发生滞后开裂，即存在应力腐蚀。

对于具有压电效应的某一类热释电晶体，当温度低于居里点时就会通过相变而发生自发极化，从而形成一个个电畴。每个电畴中自发极化矢量相同，从负电荷指向正电荷，而且在外加电场或应力场作用下，自发极化矢量会向外场方向转动，从而发生畴变，这类晶体称铁电体，例如 $BaTiO_3$ 单晶或 PZT 陶瓷，就是典型的铁电晶体陶瓷。

电场和应力在铁电陶瓷内电极处和缺陷附近产生较强的电场集中与应力集中，从而导致微裂纹的萌生和扩展，发生环境断裂。高畴变应变和低断裂韧性成为发展铁电材料的两难问题。近年来，有关铁电陶瓷的环境一应力一电场三者耦合的环境断裂研究发现，铁电陶瓷如 PZT 和 $BaTiO_3$ 在有水或无水环境中，应力能使压痕裂纹发生滞后扩展即存在应力腐蚀；恒电场能引起铁电陶瓷的畴变；不协调畴变会产生内应力，电场和应力场对环境断裂存在耦合作用；等等。因此，恒电场下铁电陶瓷的环境断裂本质是内应力引起的环境断裂。下面分别对这些研究进展进行详细叙述。

(一)铁电陶瓷的畴转与环境断裂

1. 恒电场下的畴变和裂纹扩展

在过去的工作中,外加电场下的畴转行为被广泛的研究,并提出了很多畴变准则。根据最早的畴变准则,电场能引起 180°的畴转和 90°的畴转,而机械应力只能引起 90°的畴转,当电场方向反平行于初始畴的极化矢量时,将发生 180°畴转。关于 180°畴变是由两个 90°畴变完成还是直接 180°畴翻转完成有争议,而且缺乏实验证据。北京科技大学环境断裂实验室利用偏光显微镜或微分干涉相衬(DIC)显微镜,结合原子力显微镜和压电力显微镜,首次从试验上观察到了 $BaTiO_3$ 单晶畴变的过程,发现在反平行电场作用下,180°畴转可以由两步 90°畴转完成(见图 1)[1]。在低于矫顽场时,只有部分畴发生 90°畴转;在等于矫顽场时,电畴可通过完整的两步 90°畴转完成 180°的极化翻转;在高于矫顽场时,一部分畴发生两步 90°转动,另一部分畴直接发生 180°翻转。该研究为 180°畴变理论提供了直接的实验依据。原位观察还发现,在恒位移下,湿空气中水的吸附能促进从 c 畴变为 a 畴的 90°畴变。当吸附促进的畴变接近裂尖时就会引起裂纹亚临界扩展[2]。

光滑试样加恒电场,会先发生畴变后才产生裂纹,随着畴变的不断发生,裂纹不断滞后扩展,当裂尖附近不再发生畴变时,裂纹止裂。对单边裂纹试样,如外加恒电场很大,畴变和裂纹扩展同时发生,当裂纹不再扩展后畴变可继续发生。

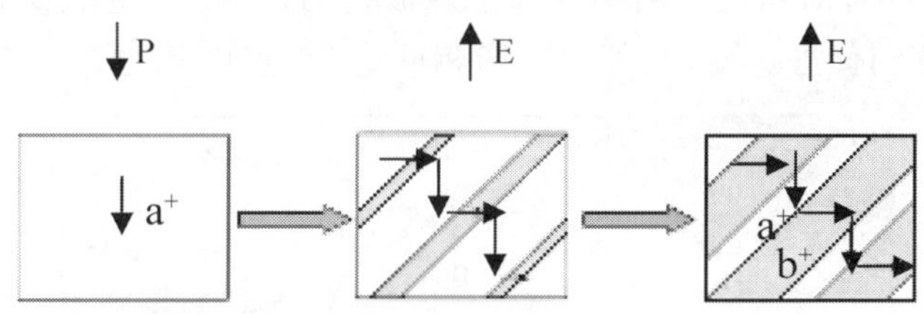

图 1 反平行电场下的畴变过程(100V/mm)

2. 湿度与外场耦合下的畴转与裂纹扩展

大家知道,铁电材料在适当的电场和力场作用下能发生畴转。铁电材料在室温环境中的畴转行为已被广泛研究,通过电子显微镜等手段观察畴结构。在实际应用中,铁电器件经常被用到特殊环境中,例如湿空气或水中等,而环境因素对畴变的影响研究鲜有涉及。近年来,北京科技大学研究了湿度和外场耦合作用下 PZT 和 $BaTiO_3$ 单晶的畴转过程和裂纹扩展行为[3,4]。发现在恒电场或恒应力作用下,干空气对畴转没有影响;但湿空气能促进 a 畴向 c 畴的转变,抑制 c 畴向 a 畴转变,而对 $a-b$ 畴变没有影响;处于 $a-b$ 畴结构中的裂纹能发生滞后扩展,而处于 $a-c$ 畴结构中的裂纹不发生滞后扩展。原因是湿空气引起的 a 畴向 c 畴的转变释放了裂尖周围的应力,抑制了裂纹的滞后扩展。另外,压痕引起的残余应力在较低的湿度下不能引起裂纹的扩展,而在较高的湿度下可以引起裂纹扩展。这表明电场、应力场和环境因素三者之间对铁电陶瓷的滞后开裂存在耦合作用。该研究为 $BaTiO_3$ 单晶的滞后开裂现象提供了很好的理论解释。

3. 外场作用下 $BaTiO_3$ 单晶裂纹扩展和畴变的关系

在外场作用下铁电陶瓷内部会产生裂纹，而裂纹能引起周围的畴变，畴变也会影响裂纹的扩展，因此，畴变可能在铁电陶瓷的断裂行为中起着重要的作用。但是目前对铁电陶瓷中畴变和裂纹扩展的关系并不是很清楚，有很多学者正致力于这方面的研究，尝试找出畴变和裂纹扩展的关系及相关机理，目前主要集中在理论计算方面，对裂纹扩展和畴变的直接观察研究较少。北京科技大学选取了 $BaTiO_3$ 铁电单晶作为研究对象，利用 PLM 原位观察了在电场作用下、应力作用下以及力电耦合作用下，铁电单晶中的裂纹扩展过程。在连续载荷的作用下，裂尖处应力集中导致出现畴变带，裂纹与畴变带垂直相交，畴带和裂纹一起向前移动，但是畴变在先，裂纹扩展在后；在恒电场作用下，发生畴转的临界电场强度为 200V/mm，发生裂纹扩展的临界电场强度为 300V/mm，畴变的不协调应变引起电致裂纹扩展，畴变始终发生在裂纹扩展之前；当不再有畴变发生时，裂纹停止扩展。

4. $PbTiO_3$ 铁电材料力电耦合的三维相场模拟

利用三维相场模拟研究力电耦合对 PT 铁电材料畴结构的影响结果发现，PT 铁电材料自发极化过程中畴结构自由能的最小化使得新畴形核、长大以及畴壁移动，最终得到稳定的畴结构；在自发极化的基础上，通过施加准静态循环电场得到了 PT 铁电材料的电滞回线，在矫顽场附近观察到极化强度的突变，畴结构表明这是电畴发生 90°畴转的结果（见图 2）；模拟力电耦合对铁电材料畴变与宏观极化的影响，发现垂直电场方向的拉应变阻碍畴变，而压应变则促进畴变，当外加电场相同时，垂直电场方向的压应变对极化强度

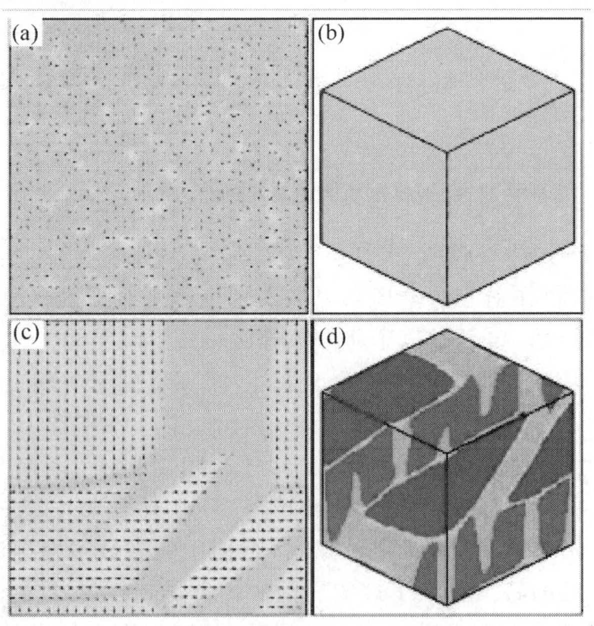

图 2　$PbTiO_3$ 自发极化前后的畴结构

(a)自发极化前无序分布的二维畴结构；(b)自发极化前无序分布的三维畴结构；
(c)自发极化后的二维畴结构；(d)自发极化后的三维畴结构

的影响并不大，但垂直电场的拉应变则使极化强度略有下降；偏压使得铁电材料的电滞回线发生偏移，当偏压与原宏观极化方向相同时，电滞回线向左向上偏移，而当偏压与原宏观极化方向相反时，电滞回线向右向下移动[5]。

(二)氢对铁电陶瓷相变和介电性能的影响

1. 氢阻碍铁电相变

实验表明，对 PZT－5H 试样在低于居里温度的条件下进行充氢，PZT－5H 的四方结构并不发生改变。而在高于居里温度的条件下充氢后，PZT－5H 冷却到室温后将仍然保持立方顺电相结构，不存在铁电性。再经 800℃除氢处理，室温下四方铁电相可以得到恢复。因此，在高于居里温度的条件下充氢，氢能阻碍在冷却过程中 PZT－5H 从立方顺电相到四方铁电相的铁电相变。第一性原理计算表明，当氢进入 $PbTiO_3$ 四方结构后，Ti 原子在 c 轴上的两个能量最小值位置消失，最低能量位置位于 c 轴中心，即氢能够阻碍 PZT 从立方顺电相向四方铁电相的转变。

2. 氢对电滞回线的影响

一般文献均认为氢使铁电材料如 PZT 的电滞回线发生变化，剩余极化强度下降，甚至铁电性消失，电滞回线变成一条直线[6]。最近的研究结果表明，只有进入试样的氢浓度超过临界值时，才会降低剩余极化强度。但当氢浓度小于临界值时，情况正相反，且随氢浓度升高，剩余极化强度升高且增值幅度也加大。在含毒化剂的 NaOH 溶液中电解充氢，当电流密度小于 300mA/cm^2(对应氢浓度 10.2ppm)时，随电流密度升高，PZT 的剩余极化强度增大的幅度逐渐变大。但当流密度大于 300mA/cm^2，随电流密度升高，剩余极化强度逐渐降低(见图 3)。在 0.4MPa 的 H_2 中气相充氢，当温度低于 400℃时，随充氢温度的升高，剩余极化强度逐渐增大；但当温度高于 400℃时，随着温度的升高，剩余极化强度降低。而对 PZNT，无论是电解充氢，还是气相充氢，总是使剩余极化强度增加。如经过 130℃除氢，则电滞回线又回复到充氢前的状态，即氢使电滞回线的变化是可

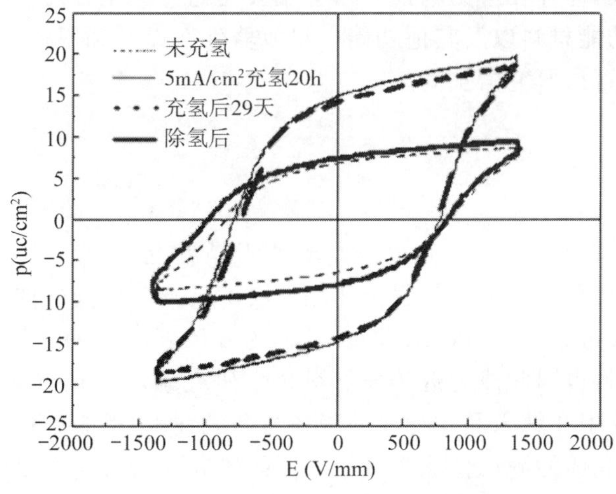

图 3 电解充氢对 PZNT 电滞回线的影响

逆的。

以上表明，铁电陶瓷在湿空气和水中一般会存在与电场或磁场的耦合作用，导致材料发生应力腐蚀。有些陶瓷如 $BaTiO_3$、HAP、Y－ZrO_2 等可以在油、有机溶剂甚至 N_2 中也能发生亚临界裂纹扩展，甚至有可能比在空气中更为敏感，这和陶瓷的成分有关。另外，即使在真空中，某些铁电陶瓷也能够发生滞后开裂，如含 3%Y 的 ZrO_2 陶瓷（Y－TZP）。

（三）铁电陶瓷滞后开裂机理

关于铁电陶瓷的滞后开裂机理，目前主要被归因于吸附降低表面能。和玻璃一样，铁电陶瓷在湿空气，水和其他介质（如油、有机溶剂、N_2 等）中也能发生亚临界裂纹扩展。通过吸附、反应（包括电子和质子转移）可使有效表面能下降，从而在更低的外加恒应力下就能使裂纹扩展。吸附降低表面能和热激活的作用互相叠加，加速裂纹扩展。从能量判据来说，真空中裂纹扩展阻力除了表面能外，还有耗散能，它随裂纹扩展速率升高而升高，此外它依赖组织结构变化，如应力引起 ZrO_2 相变，PZT 的畴变。当外加恒应力引起的裂纹扩展能量释放率接近裂纹扩展阻力时，裂纹仍不能扩展；但由于热激活的协助，可以克服阻力而使裂纹缓慢扩展。

恒电场或应力场能引起铁电陶瓷畴变，畴边界处的应变不协调会产生内应力，从而有可能发生亚临界裂纹扩展。由此可知，恒电场促进恒载荷下的应力腐蚀；反之，恒载荷促进恒电场下的滞后断裂。对于大多数的金属材料，氢致滞后开裂可以用氢压理论解释。对 PZT－5H 沿长度方向极化（高温小电场）试样，在远低于氢压裂纹的充氢电流下就能发生氢致滞后断裂。由此可知，陶瓷的氢致滞后断裂的机理以氢降低原子键合力或氢降低表面能为主，在微孔洞中的氢压则能促进裂纹形核和扩展。

总之，铁性功能材料由于自身材料的特殊性（即陶瓷材料的化学惰性），在环境或介质中一般不发生腐蚀，但这种材料及其器件在制备和使用过程中可能与湿空气、水或油等介质相接触，同时可能会受到电场、磁场和应力的耦合作用，因此可能会在多种因素的协同作用下发生滞后开裂，即存在应力腐蚀。以上主要是近年来有关铁电陶瓷环境断裂的研究进展。关于这种功能材料以及其他功能材料或器件在设计和服役过程中的安全性和稳定性问题，尚有很多可以研究的空间。

三、纳米材料

纳米晶体由于晶粒异常细小，大量的原子处于晶界上，并存在高体积分数的三叉晶界，从而表现出一系列普通多晶体材料及非晶材料不具备的优异性能，并在强度与晶粒尺寸的关系上表现出反常的 Hall-Petch 关系，从而为发展新一代的高性能材料创造了有利的条件，纳米晶体材料也因此成为近年来材料科学研究领域的热点之一。而近年来对纳米材料的研究主要集中在纳米晶体材料的制备与合成技术，微观结构特征、性能及其应用等方面，而对于纳米晶体的耐蚀性能和机理方面的研究却没有给予足够的重视。事实上，纳米晶体金属中由于大量晶界的存在，具有很高的活性，按照传统的腐蚀理论，晶界是腐蚀的活性区，因此，纳米晶体材料的耐腐蚀性能是让人不能不担心的问题。如果纳米晶体材料的耐腐蚀性能很差，那么其诱人的应用前景必然会受到很大的限制。我们就近几年来国内外在纳米材料耐腐蚀性能方面的研究进展进行较简单的综述，并对存在的问题提出一些看法。

（一）纳米材料的耐腐蚀性能

目前关于纳米晶体耐蚀性能的研究比较集中在Fe－M－B软磁材料上（M代表金属元素），原因是纳米材料与多晶和非晶材料相比在磁结构上有很大的差别，这导致其在磁性方面具有独特的性能，如纳米晶体结构使Fe－M－B的有效磁导率、饱和磁通密度等性能得到显著提高，但使用过程中的环境腐蚀会使常规晶粒尺寸磁体的饱和磁通密度大幅降低，因此，纳米晶体结构对该体系的耐蚀性能的影响自然引起了人们的关注。

1. 几种典型纳米材料的耐蚀性

在对Fe－M－B(M为Zr或Nb)合金的研究中，通过测定均匀腐蚀失重率和阳极极化曲线，发现局部晶化的纳米晶体与相同成分的非晶材料相比其耐腐蚀性能明显地降低，原因是α－Fe晶态相的耐蚀性比非晶相的差，降低了合金表面的钝化性能和均匀性。在对FeCuNbSiB体系的研究中却发现局部纳米晶化有利于提高合金的耐腐蚀性能，原因是纳米晶态提高了元素扩散速率，使得表面可以生成更厚的SiO_2表面膜，而对于含硅只有2.5%的体系，局部纳米晶化则降低了合金的耐腐蚀性能，因为Si含量不足以形成表面致密的SiO_2表面膜，此时纳米晶的晶界带来的优先腐蚀位置对腐蚀性能起了主导作用，导致其耐蚀性能下降。对Fe－Si－B体系的研究结果表明，由非晶晶化获得的纳米结构合金的耐蚀性能比非晶合金的耐蚀性好，这归因于纳米结构使硅的扩散速率提高，使得表面沉积更多的Si，从而导致表面形成的SiO_2膜。对Fe－(Cu或Nb)－B非晶带晶化后的耐蚀性能的研究发现，纳米晶态与非晶态相比，其耐蚀性能增加，但原因不清楚。而在对Fe－Si－B基合金的研究中却发现，虽然合金中Si含量高达11%以上，但非晶纳米晶化并没有明显改变合金的电化学特性。纳米晶NdFeB的耐蚀性能随晶粒尺寸(100－600nm)的增加而增强，原因归结为晶界富钕相的减少[7]。

中国科学院金属研究所利用表面机械研磨的方法获得了表面纳米化的低碳钢材料，研究了该材料在H_2SO_4溶液中的腐蚀行为，发现纳米化显著提高了材料的溶解速度。纳米化后低碳钢的阴阳极反应同时得到促进，进而材料的腐蚀速度增加。纳米低碳钢涂层在H_2SO_4水溶液中的电化学腐蚀行为显示，纳米化大大提高了材料的活性溶解速度，与块体纳米纯铁的电化学腐蚀行为一致。浙江大学研究了惰性气体沉积原位温压法(IGC-WC)制备的块体纳米晶铜的耐蚀性能，发现纳米晶铜呈现均匀的表面溶解并伴随有不均匀的局部腐蚀，纳米晶铜块体材料的综合耐蚀性能比多晶铜差，其电化学腐蚀行为存在晶粒尺寸效应。

华南理工大学的研究表明，化学镀非晶镀层通过热处理获得晶粒细小的两相合金在提高镀层的硬度和耐磨性的同时，耐蚀性能会显著下降，其原因是镀层经过晶化处理后由非晶态合金变成晶态多相合金，大量晶界、相界的存在形成了大量腐蚀微电池，促进了腐蚀。通过直接化学镀和非晶晶化法分别获得了完全晶化的单相镍基纳米晶Ni－P和Ni－W－P镀层，排除了第二相析出对耐蚀性能带来的影响，从而考察纳米结构本身对合金耐蚀性能的影响。研究表明：镀态条件下，纳米结构本身对镀态 Ni－P 镀层的耐蚀性能是有害的，钝化元素 W 的加入虽然可以改善镀层的耐蚀性能，但由于镀态镀层中存在缺陷，明显降低了镀层的耐蚀性；退火晶化条件下，W 的加入可以显著改善纳米晶镀层的耐蚀性能。这一方面归因于退火晶化消除了镀态镀层的一些结构缺陷，镀层与基体间的界面结合力提高，因而导致镀层耐蚀性能提高；另一方面归因于纳米晶中大量晶界的存在，在退火晶化过程中为 W 元素的扩散提供了大量的扩散通道，使得钨可以富集到镀层的表面，形成致密的 WO_3 表面膜，从而大大提高了纳米晶镀层的耐蚀性能[8]。

用化学镀方法制备出不同成分和不同晶粒尺寸的 Ni－P、Ni－W－P 和 Ni－Mo－P 纳米晶镀层，发现各镀层随着纳米晶粒尺寸减小，耐蚀性能都提高，但没有明显的阳极钝化行为，且都比纯镍的耐蚀性能差。

在其他纳米晶合金耐蚀性能的研究中，也有互相矛盾的一些结果。例如纳米晶结构和非晶结构的锆基储氢合金的环境腐蚀性能没有明显差别，而抗氧化性能方面纳米晶结构明显优于非晶态结构。利用喷丸处理在 304 不锈钢的表面获得纳米晶表层，经过低温退火处理的纳米晶表面耐蚀性能最好，表面钝化膜修复性能最好，表面稳定性最高；表面钝化膜的力学性能最高，与基体的结合力最好；而直接喷丸处理的纳米晶表面耐蚀性能最差，表面钝化膜修复性能和表面稳定性最差。

2. 表面钝化膜和晶界扩散通道理论

纳米晶涂层在适当的结构和成分条件下，具有远远优于常规晶粒尺寸涂层的抗氧化性能。这是因为对应于涂层中一定的溶质含量，存在一个形成完整钝化保护膜的临界晶粒尺寸，当晶粒尺寸小于该临界值时，具有自钝化性能的溶质元素会因为晶界的扩散通道作用而更易于在表面形成完整的保护膜，这相当于晶粒细化使合金表面形成保护性氧化膜所需要的临界溶质含量降低了。因此，纳米晶结构的形成不但没有降低涂层的抗氧化性能，反而因为有利于形成完整的表面钝化膜而提高了涂层的抗氧化性能。这种晶界扩散通道理论对于分析纳米晶结构对合金耐腐蚀性能的影响机理很有借鉴作用。

(二)纳米材料耐腐蚀性研究中存在的问题

(1)纳米晶化时除纳米晶基体外，还含有第二相的析出，因此影响纳米晶体耐蚀性能的因素就不仅是纳米晶体结构本身带来的影响，还有第二相的影响。

(2)非晶态结构向纳米晶态结构转变时，如果获得的基体是纳米晶和非晶的混合体，研究耐蚀性能时必须要考虑到晶化程度的完整性的影响。

(3)关于纳米晶结构对耐蚀性能影响的机制分析方面，都是以定性推理为主，缺乏足够相关试验的支持。

(4)有关合金化对纳米晶耐蚀性能的影响趋势及影响机制方面缺乏系统的研究。钨、钼、铬等元素具有很好的自钝化性能，作为第三元素加入到二元 Ni－P 镀层中时，会提高镀层的耐蚀性。但上述研究均是针对粗晶镀层进行的，有关添加合金元素对纳米晶 Ni－P 镀层的耐蚀性能的影响还缺乏系统的研究。

总之，纳米材料由于其优异的性能而具有诱人的应用前景，但耐蚀性能很可能是制约其应用的一个负面因素。目前关于纳米晶结构对耐蚀性能影响的研究结果有的互相矛盾，远没有形成对其腐蚀机制一致的看法。因此，关于纳米晶结构及合金化对纳米材料耐腐蚀性能的影响规律及影响机制尚需进一步研究，以便对纳米材料的性能有一个更加全面的认识。

四、生物医用材料

生物材料（生物医学材料）这类特殊的功能材料，随着生命科学和材料科学的不断发展而演变。利用它可以对有机体进行修复、替代与再生，并在有效使用期内不会对宿主引起急性或慢性危害，生物医学材料是生物医学科学中的最新分支学科，是生物、医学、化学和材料科学交叉形成的边缘学科。生物医用材料在人体这一严苛的腐蚀环境（存在钠离子、氯离子和碳酸氢根离子等电解质及各种复杂的有机化合物）中的腐蚀性能是决定其使用寿命以及使用性能的关键因素，同时也与生物相容性息息相关，这是生物医用材料区别于其他功能材料的最重要特征。生物医用材料的腐蚀问题主要集中在金属材料方面，一般医用金属材料在体液环境中必须是惰性的或是高耐蚀性的，但也存在腐蚀问题。而这些材料在生物环境下的腐蚀失效远比在一般工程环境复杂。研究表明金属材料在生物环境下的腐蚀问题主要是由水参与的电化学腐蚀过程，也称为水溶液腐蚀与溶解过程。生物医用金属表面上各个区域电极电位的高低是由其电化学不均匀性所决定的。引起化学不均匀性的原因不仅有金属表面结构上的显微不均匀性（例如化学成分或个别晶体取向上的差异，晶界的存在或有异种夹杂物），还有超显微不均匀性（例如晶格的不完整，晶格中有位错，异种原子或金属原子的能量状态不同）。生物医用金属材料的种类从最初的不锈钢、贵金属，逐渐发展完善到现在常用的 Ti 及其合金，镍钛记忆合金等，可以预见在未来，拥有极大发展潜力的镁合金等将在生物医用领域发挥重要的作用。

（一）生物医用典型金属材料的腐蚀

1. 生物医用不锈钢的腐蚀

医用不锈钢具有适宜的力学性能、加工性能和低成本优势，应用最多，也最早。迄今为止仍在口腔医学和骨科（人工关节、固定器材）中广泛应用；但是在生物体复杂的生理环境中，不锈钢出现大量腐蚀失效问题，导致植入物断裂，并且腐蚀产物还会引起恶性组织反应。人们就此开展了大量的研究工作，研究结果表明：在人体环境中，不锈钢材料尤其对缝隙腐蚀敏感，且多发生于多零件植入装置（如带有螺钉的骨板）的界面处。对失效骨板腐蚀情况的研究表明：腐蚀发生在螺孔/螺钉的金属/金属界面处，因在界面处发生缝隙腐蚀而导致的骨板失效率达到 34.2%[9]；在骨钉与骨板的界面处，磨蚀也占很大比重，且会加剧缝隙腐蚀破坏。不锈钢植入体受力区域与未受力区域相比对腐蚀更敏感，因钝化层在机械作用的过程中可能被破坏引，在生理盐水环境中，表面再钝化的驱动力不大，局部点状腐蚀将会发生，而加入 2%～4%的钼能提高不锈钢的抗点腐蚀能力，机制是通过表面吸收钼酸根离子而使表面重钝化；不锈钢材料的粗糙表面和多孔性会增加反应表面积，从而增加腐蚀量。不锈钢低碳含量可减少晶界碳化物的形成，使其在模拟生理环境下对盐和氯具有更好的抗腐蚀能力。若不锈钢晶界处有碳化物形成时，晶界临近的区域就会缺铬，表面钝化性能会受到影响，将会有选择性的发生晶间腐蚀，并且一旦引发腐蚀，就会快速发生，而且可能彻底导致植入物的破裂和大量的腐蚀产物向组织扩散。尽管奥氏体不锈钢耐腐蚀性能优良，耐磨损性能却很差。

为了提高不锈钢耐磨损腐蚀复合性能，目前国内外主要采取两种方法：一是开发新型不锈钢材料，由于对不锈钢的稳定组织结构的要求，限制了合金元素成分变化的范围，从而使得不锈钢的磨损腐蚀性能难以发生本质的改变；二是使用等离子处理、离子注入等表面改性方法。Martinesi 等研究结果表明：在 PBS 中处理过的奥氏体不锈钢有较好的耐腐蚀和较高的表面硬度，其良好的表现性会持续更长时间[10]。但离子注入、渗氮等改性工艺在提高耐磨损性能的同时，多以牺牲材料的耐腐蚀性能为代价，而且离子注入获得的改性层较薄，承载能力有限，难以满足较大负荷下的耐摩擦磨损要求；在奥氏体不锈钢表面沉积薄膜或涂层，由于改性层自身结构的不均匀，以及改性层与基体间的应力不匹配，均可造成在生物体环境中改性层与基体的结合失败，目前尚缺乏适宜的医用奥氏体不锈钢耐磨损腐蚀复合改性技术。

不锈钢腐蚀磨蚀会释放出金属(Fe、Cr、Ni)离子，其中镍被认为是潜在的致敏因子，镍离子在植入物附近组织富集可诱发毒性效应，引发细胞破坏和发炎，对生物体有致畸、致癌等危害。研究表明，由不锈钢支架中的镍、铬、钼等元素离子的溶出而引起的过敏反应与冠脉再狭窄有一定的关系。为了排除镍过敏等毒素问题，应当使不锈钢材料无镍或低镍，减少植入不锈钢在体内的组织反应，提高材料的生物相容性。

2. 生物医用钛合金的腐蚀

医用钛合金由于其高耐蚀性，现今得到普遍认可与应用，是目前最引人注目的生物医学用金属材料。在医学中钛合金可用作植入装置以替代损坏的硬组织。例如人工髋关节、人工膝关节、骨板、骨折固定螺钉、心瓣膜修补物、起搏器以及人造心脏等一直是一种主要的医疗钛合金。然而对于永久植入应用来讲，这种钛合金因为释放钒和铝而可能具有毒性。因此，基于 Ti－6Al－4V 植入物的无钒和无铝钛合金已经引入植入应用领域，这些新合金包括 Ti－6AI－7Nb(ASTM F1295)，Ti－13Nb－13Zr(ASTM F1713)和 Ti－12Mo－6Zr6Zr(ASTM F1813)。商业纯钛被认为是最好的生物兼容金属材料，这是由于其表面性质导致其会自发形成一层稳定的惰性氧化物。钛是一种安全性较高的材料，在正常条件下，钛合金表面会生成一种十分稳定而连续的、结合牢固的氧化物钝化膜，因此通常具有良好的耐蚀性能。但由于人体环境的复杂性，在外力和体液的侵蚀下，表面钝化膜有可能被剥离、溶解，因此，在使用过程中会有物质释放到组织中，在生物体内产生毒性、炎症、血栓等反应。研究发现，在硫酸中 Ti 表面的阳极氧化膜为两层结构，内层为致密层，外层为多孔层。恒电流方法形成的氧化膜的生长动力学取决于致密层的生长速度，而恒电位形成的氧化膜生长动力学受到两层膜生长的共同影响。低浓度的 H_2O_2 会使氧化膜形成多孔结构，其浓度的增加会导致氧化膜溶解和击穿。虽然目前 Ti26Al24V EL I 合金是国内外广泛使用的生物医学钛合金，但是 β_2 钛合金兼具比强度高、弹性模量低、断裂韧性高、优异的耐腐蚀和耐磨性以及平滑的疲劳强度这些无可比拟的性能，使 β_2 钛合金替代 Ti26Al24V EL I 合金的趋势成为必然。

3．生物医用镁合金的腐蚀

镁作为生物医用植入材料，具有良好的生物相容性和力学相容性，不但不用考虑释放的微量镁离子对细胞的毒性，而且植入材料中的镁离子在人体内的微量释放还是有益的。将镁基合金与不锈钢、钛及钛合金的力学性能进行比较，镁基合金的压缩强度、弹性模量及密度与骨和牙齿的更为接近。另外，镁合金还具有第三代医用材料所需的可降解性和生物活性等特征，这是其他金属基生物材料和可降解高分子材料所不具备的性能。但镁基合金植入材料在人体体液环境下长时间承力产生的摩擦磨损、应力腐蚀及腐蚀疲劳等破坏现象会影响和缩短植入体的使用寿命。动物试验研究结果表明，镁合金作为骨植入材料在动物体内仅存在较短时间（60－90 天）就会降解消失，不能满足骨骼生长对力学性能的要求，同时，腐蚀造成镁离子浓度过高，氢气释放过多，形成皮下气肿，给患者带来痛苦。医用镁合金过快的腐蚀降解速度严重制约着其推广应用，是亟待解决的关键科学技术问题。镁合金的纯度是影响镁合金耐蚀性能的最重要因素之一。尤其镁合金中的杂质含量，特别是有害元素的含量。在镁合金中杂质元素主要为 Fe、Ni 和 Cu。这些有害元素在 Mg 中的固溶度很小，与 Mg 形成网状的晶界相，在镁合金中表现出活跃的阴极特性，促进了镁合金表面微电池的形成，对镁合金的耐腐蚀性能有害。所以，大幅度降低镁合金中有害重金属杂质的含量，可有效提高镁合金的耐腐蚀性能。另外，一些合金元素能够起到细化组织的作用，一般来说，对于活泼的镁合金基体，第二相多为阴极相，添加合金元素后，第二相得到细化，因此合金基体上大的阴极相变得细小弥散，降低了局部腐蚀倾向。研究结果表明：Zn 能够延长合金的钝化区间，并且提高合金的点蚀电位，在纯镁中添加 Zn 元素能够显著降低合金的腐蚀速度，另外，对含 Zn 镁合金添加 Mn 后合金的腐蚀速度继续降低。稀土元素也能够提高合金的耐蚀性能，在生物医用镁合金中研究较多的是 Y. M. Bobby Kannan 等对含钙的 AZ91 镁合金进行研究[11]，发现添加钙显著提高了镁合金抗点蚀能力，AZ91Ca 合金的自腐蚀电流密度显著低于 AZ91，在浸泡中 AZ91Ca 的表面膜厚度比 AZ91 高 5 倍。任伊宾等研究表明：降低纯镁中杂质元素的含量和细化晶粒可以提高纯镁的开路腐蚀电位，降低腐蚀速率。宋光铃等研究了含不同合金元素和纯度的镁合金在仿生溶液的腐蚀行为[12]，认为含 Zn 和少量 Mn 的镁合金有成为可降解生物材料的潜力，Mg2Zn0. 2Mn 合金的氢气释放量大约在每天 0. 012ml/ cm^2，接近于可接受的水平（0. 01ml/cm^2）。因此适当的 Al、Zn、Mn 及 Y 可以降低镁基材料腐蚀速率，而高纯镁亦有较好的抗腐蚀性，溶液中 Cl^- 的浓度和 pH 值直接影响镁基材料的腐蚀。随着镁合金生物环境下腐蚀研究的深化，将带来镁合金在生物医用领域的广泛应用。

4．医用镍钛形状记忆合金的腐蚀

医用镍钛形状记忆合金的形状记忆恢复温度为 36±2℃，符合人体温度，因此在生物医学应用上显示了优势，主要用于整形外科和口腔科，镍钛记忆合金应用最好的例子是自膨胀支架，特别是心血管支架。镍钛形状记忆合金的在临床上表现出与不锈钢和钛合金相当的生物相容性。由于镍钛记忆合金中含有大量的镍元素，其腐蚀或表面处理不当，其中的镍离子可能向周围组织扩散渗透。NiTi 合金在生理盐水、Hanks 溶液、人工模拟体液等环境中具有良好的耐蚀性。在 37℃的 0. 9%生理盐水中，将 NiTi 合金和 316L 不锈钢接触放置，结果发现 316L 不锈钢发生缝隙腐蚀。在 Hanks 溶液中，与 Co_2Cr_2Mo 和 316L 不锈钢对比研究发现 Ni Ti 合金的耐蚀性最好；将不锈钢和 Ni Ti 牙齿矫正丝放在人造唾液中，结果发现 Ni Ti 合金丝的耐腐蚀性能与不锈钢丝相差不多或更好；但在 1%NaCl 溶液中，NiTi 合金比 Ti26Al24V 更容易受到腐蚀，在 Ni Ti 合金表面有点蚀坑出现，认为可能是由于 NiTi 合金中的 Ni 更容易受到选择性腐蚀。在 0.9%NaCl 溶液中对 Ni－Ti－Cu、Ni－Ti 和 Ti－Mo 的耐蚀性能进行研究，发现 Ni－Ti－Cu 和 Ni－Ti 材料的耐局部腐蚀性能相近，Ti－Mo 合金具有最好的耐蚀性能，其在外加电位 800mV 以下不发生局部腐蚀现象。

（二）生物医用金属材料的表面改性

针对生物医用金属材料的磨损和腐蚀，表面处理是目前采用最多的一种方法，并可利用表面改性技术来提高医用材料的生物相容性。近些年国内外的学者对此已经开展了较多的研究，尤其是对骨、齿等硬组织植入物，以及心血管金属支架的表面改性。对采用钛合金以及不锈钢加工的人工关节，通过离子束进行表面改性，可提高其耐磨性能和抗腐蚀性能，减少植入体在使用过程中产生的磨屑，降低由于磨蚀产物离子析出对植入体周围组织产生的不良反应，提高植入体的服役年限和减少患者的痛苦。例如在不锈钢心血管植入支架 NiTi 形状记忆合金的表面镀一层聚合物膜或覆盖一层有抗凝基因的内皮细胞膜等来改善支架的生物学特性，能有效降低血栓形成，提高支架的血液相容性。目前应用于生物医用材料的表面改性技术，主要是通过离子注入或电化学方法在基体表面制备生物惰性薄膜，以提高植入物的抗腐蚀性和血液相容性。其中研究较多的是类金刚石薄膜、氮化钽薄膜、碳化硅薄膜、高聚物涂层、纤维涂层、仿生涂层等。

对 Ti6Al4V 合金进行表面处理改性，可以在其表面进行阳极氧化获得比较连续的 TiO_2 氧化膜；或者在其表面沉积上一层镀层，如羟基磷灰石(HA)、TiN、TiAlN 等。这些表面涂层可以提高材料的生物活性，也能有效改善其表面 TiO_2 层的耐蚀性、耐磨性能，延长其使用寿命。Yildiz 等对比研究了三种表面镀层 TiN，TiAlN 和 Al_2O_3[13]，发现在这三种镀层中 Al_2O_3 耐磨性能最好，TiAlN 硬度最大，且三种镀层都能提高耐蚀性能，其中 TiAlN 最好。Sahar 在 Ringer's溶液中，用 EIS 方法对比研究 Ti－6Al－4V 合金表面镀 HA 后其耐蚀性能的变化[14]，结果表明带镀层合金的电化学行为特征表现为大面积涂层与孔洞共存，这些孔洞使得钛合金基板暴露在侵蚀性介质中，EIS 解析中采用双层膜模型，水合氧化物和磷酸盐化合物的沉积封闭镀层中的孔洞，这种阻塞作用提高了电阻值，但是这些沉淀对于减少系统内金属离子的溶出只起到一定的作用，并不能有效地阻碍金属离子的溶解；陶瓷涂层对钛合金的耐蚀性能影响不大，合金的耐蚀性能主要取决于其表面钝化的能力，陶瓷涂层的孔隙率对此也略有影响。Cabrini 在钛合金表面等离子喷涂 HA 涂层后发现其电流密度增加一个数量级。材料的表面状态也对其耐蚀性能和生物相容性具有重要的影响；Leinenbach 研究了四种表面处理方法对两种钛合金的疲劳行为的影响[15]，经过喷砂和热氧化处理的合金疲劳强度减小，而阳极氧化处理过的材料比抛光的疲劳强度要好。

针对镁合金，Zhang X. P. 等对比研究了采用微弧氧化的方法前后 AZ91 合金的耐蚀性能和耐磨性能[16]，结果表明未处理合金浸渍 21 天时的平均失重速率是处理后合金的 15 倍，自腐蚀电位由－1.5786V 正移至－0.43019V，自腐蚀电流密度由 0.028703A/cm^2 下降至 2.0456×

10^{-7} A/cm^2，腐蚀性能和耐磨性能都得到显著的提高。王亚明[17]等采用微弧氧化法在 MB6 镁合金表面制备了含 Si 和 P 元素的 MgO 陶瓷化涂层，采用 SEM、XRD、EDS 等方法分析表明：涂层厚约 6μm，表面有微孔，但涂层内层致密，在模拟体液中进行浸泡试验后，镁合金基体的失重量明显高于微弧氧化涂层，致密涂层具有较好的抗 Cl^- 离子侵蚀的能力，但随浸泡时间延长，涂层表面出现明显的微裂纹，加速对基体的腐蚀。Shi 等在纯镁表面采用微弧氧化得到多孔的氧化镁涂层[18]，而后采用溶胶—凝胶工艺进行封孔并采用水热处理使其牢固，分析后发现涂层由氧化镁和 TiO_2 组成，厚度 12μm，通过电化学阻抗谱和极化曲线测试发现与未处理试样相比，抗腐蚀能力增加了 30 倍。医用镁合金表面改性已成为新一代生物材料的研究重点，开发具有梯度、可控降解、表面/界面功能的新型医用镁合金生物复合涂层将是生物医用镁合金材料研究的方向。

目前生物医用材料正在向多种材料复合、性能互补的方向发展，运用材料学、腐蚀科学、表面工程、生物组织工程、医学和药学等多学科理论，开展生物材料表面改性研究，来有效提高医用金属材料耐蚀性能、生物相容性能，并赋予植入体新的功能，是生物材料领域的发展的重要趋势。

参考文献

[1] Jiang B, Bai Y, Chu W, et al. Direct observation of two 90° steps of 180° domain switching in $BaTiO_3$ single crystal under antiparallel electric field[J]. Appl. Phys. Lett., 2008, 93(15): 1-3.

[2] Sun X, Su Y J, Gao K, et al. The effect of humidity on nano-scaled domain switching in $LiNbO_3$ single crystal[J]. J. Appl. Phys. 2011, 110(1): 41-43.

[3] Li L W., Sun X, Li J X, et al. Effect of humidity on subcritical crack growth of indentation crack under sustained electric field in PZT ceramic[J]. Appl. Surf. Sci, 2009, 255(18): 7841-45.

[4] Jiang B, Bai Y, Cao J L, et al. The crack delayed propagation and domain switching of $BaTiO_3$ single crystal in humid air[J]. J. Appl. Phys., 2008, 103(11): 2-3.

[5] Liu P L, Wang J Zhang T Y, et al. The process of 180° domain switching in $PbTiO_3$ single crystal under antiparallel electric field - Phase field simulation[J]. J. Appl. phys., 2010, 115(10): 23-25.

[6] 武明，黄海友，褚武扬．氢对 PZT-5H 铁电陶瓷导电性变化[J]. 北京科技大学学报，2010(6)：782—786.

[7] 周俊，谢发勤，吴向清，等．纳米晶体材料腐蚀行为的研究进展[J]. 材料导报，2007，21(4)：126-128，134.

[8] 高岩，罗承萍．纳米晶体材料耐腐蚀性能的研究现状[J]. 机械工程材料，2005，29(1)：40-42，62.

[9] Sivakumar M, Dhanadurai K S K, Rajeswari S, et al. Failures in stainless steel orthopaedic implant devices[J]. J. Mater. Sci. Lett., 2005, 14(5): 351-357.

[10] Martinesi M Bruni S Stio M, et al. Biocompatibility evaluation of surface—treated AISI 31 6L austenitic stainless steelin human cell cultures[J]. J. Biomed Mater. Res. A., 2007; 80(1): 131-145.

[11] BobbyK M, SinghRK. In vitrodegradation andmechanical integrity of calcium- containin magnesium alloys in modified - simulated body fluid[J]. Biomaterials, 2008 (9): 2306-2314.

[12] 宋光铃，宋诗哲．镁在人体模拟液中的腐蚀行为[J]. 物理化学学报，2006，22(10)：1222-1226.

[13] Yildiz F, Yetim A. F, Alsaran A, et al. Wear and corrosion behaviour of various surface treated medical grade titanium alloy in bio-simulated environment[J]. Wear, 2009(267): 695-701.

[14] Sahar A. Fadl-Allah, Rabab M. El-Sherief, Waheed A. Badawy. Electrochemical formation and characterization of porous titania (TiO_2) films on Ti[J]. Journal of Applied Electrochemistry, 2008(38): 1459-1466.

[15] Leinenbach C, Eifler D. Fatigue and cyclic deformation behaviour of surface-modified titanium alloys in simulated physiological media[J]. Biomaterials, 2006(27): 1200-1208.

[16] Zhang X P,Zhao Z P,Wu F M,et al. Corrosion and wear resistance of AZ91D magnesium alloy with and without microarc oxidation coating in Hank's solution [J]. Journal of Materials Science,2007, 42(20): 8523-8528.

[17] 王亚明,王福会,雷廷权,等. 镁合金表面生物陶瓷涂层在模拟体液中的腐蚀性能[J]. 热处理技术与装备,2007,12(6):7-9.

[18] Shi P,Ng W F,Wong M H,et al. Improvement of corrosion resistance of pure magnesium in Hanks' solution by microarc oxidation with sol-gel TiO_2 sealing[J]. Journal of Alloys and Compounds, 2009(469): 286-292.

撰稿人:李金许　高　瑾

ABSTRACTS IN ENGLISH

Comprehensive Report

Advances in Material Corrosion Science

Corrosion science and engineering, which is subordinated to machine building, plays a big role in the domestic economy and national defense. Recently, our paper publications in the corrosion science are greatly improved and rank second in the world, indicating that the subject has entered a new era of rapid development in China. A large number of new corrosion resistant materials, corrosion inhibitors, various coatings and electrochemical protection techniques have been developed. Corrosion protection engineering has formed a huge industry during the designs of corrosion protection in various industries. The corrosion data of various materials, corrosion behavior of various materials in specific environments and experimental methods developed in past years have found many applications in the state major projects, such as the projects of Transmitting Natural Gas from China's West to the East, Qinghai-Tibet Railway, South-to-North Water Diversion, High-Speed Railways, Sea-crossing Bridges, Large Aircraft Engineering, Ocean Exploitation, Infrastructure and Environmental Protection.

But we must realize that we are not the most powerful in this subject. Firstly, we are lacking in leading research programs or leading original theories in fundamental research of corrosion; Secondly, the less original protection techniques, a large amount of imported high corrosion resistance materials & corrosion research equipments and the imperfection of the standards system development indicate that our comprehensive level of corrosion protection technology is significantly lower.

In the coming years, the service environments of the materials in our country will change from land, superficial part, dead load, simple atmospheric environ-ment, and simple stress to marine, deep part, kinetic load, complex acid & alkaline environments, and complex stress. A new generation equipm-ents and components with high performing properties are designed to better accommodate such service environments. Accordingly, material design should develop original theories, original techniques, and original technologies to enhance the strength, toughness, ductility, corrosion resistance and creeping resistance of the materials. Hence, the development aim of the "12th five-year plan" in corrosion science is to establish a national innovation system for the combination of politics, production, learning and research, which meets the urgent and big demand in the field of marine, petroleum, electric power, transport, aerospace and aviation in terms of the common technologies during the material design with high performing properties, machine building and service in the complex environment, complex loading; to establish a cooperation innovation workstation with multidisciplinary combination, teamwork combination and multitechnology integration; to develop the high performing structure materials which are urgently needed in the field of marine, energy, transport, the state large technical equipments, avoid the grave incident due to the material corrosion; to sustain the industrial structure adjustment, accelerate the corrosion education development in higher professional training and technology transfer.

Corrosion science and engineering is an interdisciplinary field that includes aspects of materials science, chemistry, electrochemistry, physics, surface science and environment science. At the same time, corrosion science and engineering is relatively independent and clearly different from other subjects. It pays more attention to the service safety and service life of equipments or components. Therefore, the corrosion mechanism and behavior of materials in the service environment should be understood by multiple length (from nano-scale to component scale) and time scale (from μs to year). The effects of single factors and the cooperation effects of multi factors on the corrosion behavior of materials should also be considered. Unfortunately, solving these issues is a challenge which can be compared with the challenge existed in physics and chemistry, which is an indication of human cognitive competence.

By now, the experimental investigations and theoretical analysis on the corrosion mechanism/behavior of metals indicate that the initiation & propagation of corrosion and their interaction with environment are very complex. Despite of these, the understanding to the corrosion has not been impeded. However, the understanding to corrosion is limited at the stage of experimental investigation and data collection, whose characteristic is to develop various test methods, investigate the corrosion behavior and mechanism, and develop kinetic & in situ observation techniques.

With the development of environmental corrosion theory, the current research is of a few limitations. For example, the modeling of atmospheric and soil corrosion based on the fitting to the corrosion data during long time exposure experiment; the pitting modeling based on the fitting to the experimental data; low measuring accuracy and shortness of perfect test method is the weakness for the investigation of stress cracking corrosion. The common characteristic is that they are all empirical. These models can not timely and successively describe the changing process on the surface of materials due to that these data are non continuously and non in situ obtained. Therefore, the study on the theoretical modeling is at the initial stage.

Although conventional corrosion electrochemistry develops continuously and is now ripe at macro level, local corrosion electrochemistry will be an important issue for the development of environment corrosion science. In the past, electrochemical measurements of corrosion were averaged over macro scale. Recently, with develop of nanoscale characterization technique and computation, atomic details of elctro-and ion-transfer reactions associated with dissolution and passivation are gradually understood. Advances such as scanning electrochemical microscopy; electrochemical capillary probe microscopy; and electrochemical mapping combined with other techniques such as micro-Raman and atomic force microscopy, scanning Kelvin probe, or scanning tunneling microscopy will allow understanding beyond that enabled by global electrochemical methods traditionally used. Spatial radiotracer methods combined with electrochemistry is another way to understand corrosion with atomic details. Micro-or nanoscale electrochemistry in combination with other methods will advance the field toward new discoveries in both corrosion and electrochemical research.

For corrosion mechanism, it is ongoing that atomistic-scale understanding of the effect of various specific chemical species on the initiation of corrosion. For example, the effect of ions on the processes such as pitting or cracking still needs to understand on atomic scale; the hierarchy of important defects across the length scales has been established only in a rudimentary way; understanding of the effects of distributions of defects on corrosion is in its infancy; for fracture mechanics, effect of defects was well understood on micro- or nano-scale, but its effect on corrosion needs further investigation. However, with the development of imaging techniques, much progress has been made in understanding various defects on nano-scale. It is necessary to investigate water absorption, passivity, dissolution, and cathodic reaction rates at the nanolength scale. On the other hand, the developments of scanning tunneling microscopy and atomic force microscopy as well as first-principles modeling methods have contributed to further understand foundational corrosion mechanics.

Research on local corrosion is still another important issue in the future. The key to such issue is to understand the chemical/electrochemical reactions at occluded sites. Although the chemical compositions and electrochemical conditions in pits and crevices has been substantially understood, the research in areas such as ionic and transport properties of films, precipitates, and corrosion product is still limited. At the same time, it is necessary to understand conductivity and transport in concentrated solutions, such as activity coefficients and pH. Existing models remain elusive due to the steep chemical concentration gradients and the size of probes to the local environments.

Effect of stress and strain on the corrosion initiation and propagation is also an important issue in the future. Elastic tensile stress or strain and plastic strain will markedly affect dissolution of metals. The effects of tensile stresses may involve the aggravation of IGC by opening the fissures that develop along grain boundaries facilitating diffusion and electrochemical current flow within the fissures. By now, understanding of such effect by either thermodynamic or kinetic interpretations is still limited, which longs to further research.

With the successive research on nature environmental corrosion, a model of this type of corrosion will be obtained and be improved gradually by the combination of computer simulation and experimental or field data. This will be an orientation of the research on nature environmental corrosion of metals. Successful cases have been done for cellular automaton models to simulate corrosion processes. This can be attributed to the fact that corrosion process is always a series of electrochemical reactions and diffusion process which can be simulated by setting the evolution rules of cellular automaton models. However, the research on this issue just starts in our homeland.

With the development of functional materials, ceramics materials, polymer materials and composite materials, especially the biomedical materials from metals and traditional structure materials, it will be an important issue that the data collection, experimental research and simulation on the corrosion failure of these new materials. This is because that although we are in a composite material era, specially, understanding of their corrosion and failure mechanism of biomedical materials in various environments is still lag and limited.

Today, nature environments are changing gradually, even many artificial extreme industry environments appear. For example, many huge components or equipments will work in the space, deep sea, heat & wet marine, high-cold land and new industrial environment with strong acid, strong alkali, concentrated salts, high-temperature-high-pressure and microbes. It is necessary to understand the corrosion behavior of the materials in such environments, and build up corresponding accelerated test method, which can give accurate safety evaluation and lifetime assessment of components in real service environments. This is an important issue of corrosion science and engineering needed to research for a long time.

Hence, the basic principles for the development of corrosion science and engineering in China is that more attention should be paid on influential fundamental research programs in the world as well as original research work. Then, we should improve our corrosion resistant materials engineering, surface treatment and coating engineering, electrochemical protection engineering, environment medium treatment engineering and new techniques or equipments used in protection engineering, and enhance our ability of innovation and engineering application, which is the goal of all corrosion researcher in China.

Written by Li Xiaogang, Zhang Jianqing, Wang Fuhui,
Zuo Yu, Qiao Lijie, Meng Guozhe, Du Cuiwei, Li Jin

Reports on Special Topics

Report on Advances in Electrochemical Corrosion

This special report reviews the main improvement on collection and analysis of electrochemical noise technology, the application and study of electrochemical impedance spectroscopy (EIS) on the atmospheric corrosion process, electrochemical corrosion research of metallic material under static and dynamic thin film, the basic theory of electrochemical corrosion of nano-materials, and typical electrochemical corrosion failure process under harsh environments, such as high temperature, deep sea and nuclear materials. The report also tracks the latest international research of corrosion electrochemistry and comparative analysis with the domestic research.

Written by Zhang Jianqing, Wang Jia, Li Ying

Report on Advances in High Temperature Corrosion

The report reviews current research and development in the field of high temperature corrosion and protection in China. It has two parts, corrosion theory research and coatings development. Major achievements on the fundamental aspect of corrosion research have been highlighted, including application extension of the classical Wagner's oxidation theory to more complicated multi-component alloy systems in oxidation atmospheres containing two oxidants, electrochemical impedance study of hot corrosion of materials in molten salts and the synergistic effect of NaCl and water vapor on the corrosion of pure metals such as iron and chromium at temperatures of 500 -700℃ as well as fundamental aspect of the effect of reactive element oxide such as CeO_2 on the growth process of alumina scale during oxidation. Significant and distinctive progresses on the development of corrosion-resistant coatings have also been briefly addressed. These include design, fabrication and corrosion behaviour study of nanocrystalline and ultrafine-grained coatings with an aim at improving corrosion resistance of alloys through grain refinement rather than content increase of chromium or/and aluminium, development of new thermal barrier materials and corrosion-resistant metal-enamel composite coatings and design and preparation of cracking-free, multi-phase ceramic composite coatings, etc. Finally, a prospect for fundamental corrosion research and high temperature protective coating development is put forward.

Written by Peng Xiao, Wang Fuhui

Report on Advances in Research on the Tip of Stress Corrosion Cracking

Stress corrosion cracking (SCC) is one of the most important issues that limit the applications of metal material, such as stainless steel, pipeline stress, and high strength aluminium alloys, which are used as engineering materials. Stress corrosion cracking can lead to catastrophic failures of critical engineering components, resulting in significant economic losses and safety hazards. Generally speaking, stress corrosion cracking is the type of attack which relates to the environmental degradation of the mechanical integrity of structural components. Although several mechanisms, such as anodic dissolution and hydrogen embrittlement, of stress corrosion cracking have been proposed by scientists to offer an explanation on the nucleation and propagation processes of SCC, there is still no consensus for the wide variety of SCC systems. Two majors issues remain: (1) as the nucleation sites of stress corrosion cracking are usually stochastical, it is different to detect and determine the process of SCC nucleation; (2) the corrosion process and the joint effect of stress and electrochemistry at the crack tip is still the subject of research. Therefore, understanding the nucleation process of SCC (from pitting or other structural defects) and the effect of the tensile stress on the degradation process at the crack tip is essential to gain insight into the mechanism of SCC. Although the large amount of data, the mechanism of SCC is still under discussion. Traditional methods to study the SCC behaviourare limited to fracture mechanics and electrochemical methods, which only macro and average information of SCC. Recently, the localized electrochemicalmethods and finite element method have been developed and utilized to detect and monitor the SCC processes. With the help of novel instruments and analytical tools, it could be expected that the studies on SCC would be one of the most active and productive fields in scientific and engineering areas and the mechanisms of SCC would be further developed.

Written by Li Xiaogang, Sheng Hai

Report on Advances in Corrosion Fatigue of Metallic Materials

Several active research aspects on corrosion fatigue of metallic materials in recent years have been reviewed in the present work, special attention was paid to the latest progress on monitoring and inspection of corrosion fatigue, corrosion fatigue of magnesium alloys, corrosion fatigue of structural materials used in nuclear power plants, and so on. The future developing tends of corrosion fatigue of metallic materials have also been proposed and discussed, including R&D of in-situ monitoring and inspection techniques, experimental investigations under simulating in-service environments and clarification of related mechanisms, integration of corrosion fatigue laws, manufacturing processes and environmental parameters, predicting models for service lives of corrosion fatigue through combing theoretical calculation and experimental simulation.

Written by Han Enhou, Wu Xinqiang, Wang Jianqiu, Ke Wei

Report on Advances in Local Corrosion

When the corrosion rates at some discontinous sites on the surface of metallic materials are obviously faster than on the other areas, localized corrosion damages are produced and this form of corrosion is denoted as localized corrosion, including mainly pitting corrosion, crevice corrosion and intergranular corrosion. Generally the localized corrosion is related to passivation. When most part of the surface is passivated, the damages of passive film at local sites would result in accelerated corrosion at these sites and induce localized corrosion. Because localized corrosion occurs only at localized areas on the surface and the nucleation sites and time are usually stochastical, it is very difficult to be detected at the early stage. Hence localized corrosion is one of the most dangerous corrosion types among various forms of corrosion. In engineering practice the localized corrosion types such as pitting corrosion, crevice corrosion and stress corrosion cracking are the main reasons for sudden corrosion accidents. In recent years, many progresses have been made on the nucleation and propagation mechanisms of pitting corrosion and crevice corrosion, and on the detection and evaluation techniques for pitting and itergranular corrosion. However, because localized corrosion at their early stages is of the nanometer size, so far we are still lack of the knowledge on the electrochemical reactions and the chemical and microstructural changes in nanometer or atomic dimentions. On the other hand, there is no effective method so far to detect and monitor the nucleation and development of pitting, crevice corrosion and intergranular corrosion in situ. It may be anticipated that no matter in corrosion science or in corrosion engineering areas, the studies on localized corrosion would be one of the most important frontier fields in the future, and important progress may be expected.

Written by Zuo Yu

Report on Advances in Corrosion Inhibitor

In recent years, the study and development of environmental friendly inhibitors has become one of the hotspots in the research of corrosion inhibitors. The environmental friendly inhibitors can be developed through the synthesis of organic compounds and the extraction from natural plants, such as distillers′ grains, cassava, bamboo leaves and tree leaves, etc. The synthesized environmental friendly inhibitors mainly include imidazoline, amino acids, Mannich alkali compounds and thiophosphate compounds. The researches on rebar inhibitors for reinforced concretes, volatile corrosion inhibitors and the inhibitors for Al, Mg and their alloys all have made some progress. In cases of the formation of a corrosion product film on the metal surface, the interaction between the corrosion product film and corrosion inhibitors will become an important factor to affect the inhibitor's performance. On one hand, new in-situ analysis tools are needed to explore the inhibitor's behavior and mechanism at molecular scale; and on the other hand, quick, accurate and in-situ methods are demanded for the field evaluation of inhibitors so as to establish practical field injection technology for inhibitors.

The inhibitors′ synergistic effects and their structure-activity relationships based on quantum chemistry computation are also hot areas in the research of corrosion inhibitors. Generally, in the corrosion inhibitors field our country is at the same level with other countries in the world. In recent two years, a lot of research works about the corrosion inhibitors have been done in China, India, Egypt and United States etc. The most of papers about corrosion inhibitors in international academic journals come from China, whose number is more than 17% of the total papers in this area published in the world. In addition, there are also many researches on corrosion inhibitors reported from Europe, and most of the works are focused on rebar inhibitors for reinforced concretes and inhibitors for Al alloys. The future trends for the corrosion inhibitor's research will be the development of green, eco-friendly, efficient and multifunctional inhibitors and the study on corrosion inhibitors based on molecular design.

Written by Guo Xingpeng, Chen Zhenyu

Report on Advances in Green Surface Engineering Technology

The industry status, research and technology progress of environmental friendly paint and chromate-free passivation technology were briefly summarized in this article, the insights on the research and development tendency in the field was also discussed.

Written by Liu Min, Wang Dihua, Zhu Hua, Lin An, Gan Fuxing

Report on Advances in High Corrosion Resistant Steels

With the exploitation of the energy industry as well as the utilization of marine resources and development of ship industry, high performance corrosion resistant structure steels advance rapidly, of which typical of progress include: (1) Various levels of domestic offshore platform steel plates have already covered the major international classification society specifications. But the large-thickness, high strength steels used in the key parts still depend on imports. Also, anti-corrosion technology needs to achieve new breakthroughs and the basic database of corrosion and protection needs to complete and enrich. (2) The ability to resist localized corrosion and hydrogen-induced cracking for high strength submarine pipeline steel exceeding X70 is poor. The future developing trends of submarine pipeline steels are those with high toughness, good weldability and environmental corrosion resistance. (3) Our national ship plate steels have made a rapid progress in the aspects of mechanical properties, varieties and specifica-tions. However, when dealing with problems about applicability and reliability of materials in complex deep marine environments, or relating to marine corrosion resistant performance and other aspects, we still lack basic data and using experience. Some research has been done in China on weathering bridge steels, of which partial products have reach 420MPa and 500MPa levels, but applications are limited. Presently, certain performance requirements, like high strength, weather resistance and low yield ratio are proposed for bridge steel. (4) China is developing a high level of oil well pipes, but a wide gap still exists in aspects of lifetime and quality stability compared to foreign products. So self-developing ultra-deep oil and gas pipe is essential in order to meet the demands of the oil industry. To further increase the transmission capacity, there is a need to develop new oil and gas transport pipeline steels possessing high strength and toughness, low temperature resistance, corrosion resistance, large deformation resistance and long lifetime.

Written by Yang Dejun, Cheng Xuequn, Li Xiaogang

Report on Advances in Local Corrosion of Stainless Steel

Stainless steel, characteristic of anti-corrosion under various environments, is a key structural and functional material. The localized corrosion of stainless steel is the major failure mode. During the past decades, numerous researchers have systematically studied the localized corrosion of stainless steel, especially pitting and intergranular corrosion. Many useful methods were established to evaluate the pitting and intergranular corrosion both qualitatively and quantitatively. Meanwhile, several mechanisms were proposed to interpret the intrinsic reason resulted in localized corrosion, such as microstructural evolution, inclusions and other factors. Due to the complicated alloy elements as well as the microstructure of stainless steel, it is very hard to get a clear picture of localized corrosion of stainless steel. So there are still a lot of researchers put their emphasis on studying of localized corrosion of stainless steel, especially in developing countries. In the recent years, the study of corrosion of stainless steel is developed due to the following reasons: (1) new problems are arose because of the development of stainless steel making technologies; (2) the new mechanisms and laws due to the extension of applicationdomain; (3) the use of new theory and technology to clarify old problems. Based on the above, we reviewed the recent progress in the localized corrosion of stainless steel. First, the history of stainless steel was briefly discussed. Second, the research status of localized corrosion of stainless steel was reviewed. Some up to date mechanisms and techniques were presented. Third, a comparative study between china and developed countries was conducted. It suggested that china had a long way to catch with the developed countries. Fourth, a development perspective was proposed. In order to fully understand the localized corrosion of stainless steel, new mechanism and characterization techniques should be established.

Written by Xu Juliang, Li Jin

Report on Advances in Electrochemical Protection Technology

Recently, with social progress and technological development, electrochemical protection has been developed greatly both in the applications and the advanced technologies. The regional cathodic protection technology has been developed rapidly. Besides, the numerical simulation technology is developed by combining advanced analysis & measuring techniques and traditional cathodic protection. The application of CP probe monitoring and wireless transmission technology improves the level of CP design and maintenance greatly. Simultaneously, with rapid development of oil & gas pipelines, high voltage grid and urban rails, AC and DC stray current interferences are becoming more severe, and present some new challenges to the traditional CP technologies. In solving these problems, corrosion theory, evaluation system and mitigation technology of AC & DC stray current interference are developed, too. As for anode material, flexible auxiliary anode and composite sacrificial for marine environment are developed most rapidly. For all these technologies above, the latest development is summarized and also the trend is given.

Written by Lu Minxu, Du Yanxia

Report on Advances in Corrosion Monitoring & Inspection Technology

In this report, the progress and current status of corrosion research methods, corrosion detection and monitoring techniques and instruments in China are briefly summarized, and the new technical developments and their industrial applications are highlighted as well. Based on a comparison with the international developments in the relevant filed, the direction and strategy of the corrosion research methods, corrosion detection and monitoring techniques and instruments in China in coming years are suggested. Especially, the current industrial demands, frontier developments and technical improvements of the corrosion research methods, corrosion detection and monitoring techniques and instruments are emphasized in this review report.

Written by Lin Changjian, Dong Zehua

Report on Advances in Corrosion and Protection of New Functional Materials

In this report, the progress of corrosion studies on ferroelectric functional materials, nanomaterials and biomedical materials was introduced respectively. First, it was summarized that the environmental fracture of ferroelectric ceramics due to the coupling effect of chemical medium, stress and electric field. The results showed that a strong electric fields concentration and stress concentration was generated resulting from the action of the inside electrode and the defects, which led to microcracks initiation and propagation. Stress could cause the delayed propagation of indentation crack for PZT and $BaTiO_3$. Constant electric field could cause domain change. Uncoordinated domain change could bring internal stress, and so on. Therefore, the innate character of environment fracture for ferroelectric ceramics under constant electric field is caused by the internal stress. In the second part, corrosion resistance of several typical nanomaterials was summarized. The corrosion resistance for nanocrystalline obtained from amorphous phase was different from its polycrystalline and amorphous because of the difference in microstructure, even if the same system. And the results of different researchers were also disaccord to each other. Hence the influence law and the mechanism of corrosion resistance for nanocrystalline is still to be studied. The last part outlines current corrosion problems of biomaterials in complicated biotic environment, which is an interdisciplinary subject related to functional materials and medicine. Biomedical metal material, such as stainless steel, Titanium alloy, titanium-nickel shape memory alloy (TiNi-SMA) and magnesium alloy, as a kind of promising biomaterial has been widely used. The corrosion problems, current research status, solutions and the development tendency of this kind of biomaterial were discussed. At the same time biocompatibility of materials and functionality were also illustrated. Surface treatment can improve corrosion resisting, abrasion resistance and biocompatibility of biomedical metal materials. Therefore, the methods of surface treatment, the performance treated, research achievement and development direction were indicated as well.

Written by Li Jinxu, Gao Jin